排污单位自行监测技术指南教程
——原料药制造

生态环境部生态环境监测司

中国环境监测总站　编著

中国环境出版集团·北京

图书在版编目（CIP）数据

排污单位自行监测技术指南教程. 原料药制造 / 生态环境部生态环境监测司，中国环境监测总站编著. —北京：中国环境出版集团，2019.12

ISBN 978-7-5111-4278-8

Ⅰ．①排… Ⅱ．①生…②中… Ⅲ．①制药工业—排污—环境监测—教材 Ⅳ．①X506②X787

中国版本图书馆 CIP 数据核字（2019）第 299373 号

出 版 人	武德凯	
责任编辑	曲 婷	
责任校对	任 丽	
封面设计	彭 杉	

出版发行　中国环境出版集团
　　　　　（100062　北京市东城区广渠门内大街 16 号）
　　　　　网　　　址：http://www.cesp.com.cn
　　　　　电子邮箱：bjgl@cesp.com.cn
　　　　　联系电话：010-67112765（编辑管理部）
　　　　　发行热线：010-67125803，010-67113405（传真）
印　　刷　北京中科印刷有限公司
经　　销　各地新华书店
版　　次　2019 年 12 月第 1 版
印　　次　2019 年 12 月第 1 次印刷
开　　本　787×960　1/16
印　　张　26.25
字　　数　420 千字
定　　价　85.00 元

序

　　党中央、国务院高度重视生态环境保护工作，党的十八大从新的历史起点出发，做出"大力推进生态文明建设"的战略决策。党的十九大提出了一系列新理念、新要求、新目标、新部署，为提升生态文明、建设美丽中国指明了前进方向和根本遵循。习近平总书记在全国生态环境保护大会上指出生态文明建设是关系中华民族永续发展的根本大计。生态环境是关系党的使命宗旨的重大政治问题，也是关系民生的重大社会问题。习近平生态文明思想开启了新时代生态环境保护工作的新阶段。

　　生态环境监测是生态环境保护工作的重要基础，是环境管理的基本手段。几十年来，中国环境监测为生态环境保护工作作出了重要贡献。我国相关法律法规中明确要求排污单位对自身排污状况开展监测，排污单位开展排污状况自行监测是法定的责任和义务。

　　为规范和指导排污单位开展自行监测工作，生态环境部发布了一系列排污单位自行监测技术指南。生态环境部生态环境监测司组织中国环境监测总站编写了排污单位自行监测技术指南教程系列图书，将排污单位自行监测技术指南分类解析，既突出对理论的解读，又兼顾实践中应用的案例，力求实现权威性、技术性、实用性、科学性，具有很强的指导意义。本套图书既可以作为各级环保主管部门、各研究机构、企事业单位环境监测人员的工作用书和培训教材，还可以作为大众学习的科普图书。

自行监测数据承载包含大量污染排放和治理信息，这是生态大数据重要的信息源，是排污许可证申请与核发等新时期环境管理的有力支撑。随着生态环境质量的不断改善，环境管理的不断深化，自行监测制度也会不断的完善和改进。希望本书的出版能为推进排污单位自行监测管理水平，落实企业自行监测主体责任发挥重要作用，为打赢污染防治攻坚战作出应有的贡献。

编　者

2018 年 10 月

前　言

　　自 1972 年以来，我国环境保护工作从最初的意识启蒙阶段，经过环境污染蔓延、加剧和规模化、综合化治理、主要污染物总量控制等阶段发展，逐渐发展到了"十三五"期间以环境质量改善为核心的全面改善的环境保护思路上来。为顺应环境保护工作的发展趋势，对污染源监测的形式也由原来的政府主导为主的监督性监测转变到以排污单位为主的自行监测轨道上来。因此，开展排污单位自行监测就成为当今污染源监测的重要方式。

　　排污单位自行监测是排污单位依据相关法律、法规和技术规范对自身的排污状况开展监测的一系列活动。《中华人民共和国环境保护法》第四十二条、《中华人民共和国大气污染防治法》第二十四条、《中华人民共和国水污染防治法》第二十三条、《中华人民共和国环境保护税法》第十条和《控制污染物排放许可制实施方案》（国办发〔2016〕81 号）第十一条都对排污单位的自行监测提出了明确要求，排污单位开展自行监测是法律赋予的责任和义务，也是排污单位自证守法、自我保护的重要手段和途径。

　　为规范和指导原料药制造排污单位开展自行监测，2017 年 12 月，环境保护部颁布了《排污单位自行监测技术指南 提取类制药工业》《排污单位自行监测技术指南 发酵类制药工业》《排污单位自行监测技术指南 化学合成类制药工业》三项自行监测技术指南。为进一步规范排污单位自行监测行为，提高自行监测质量，在生态环境部生态环境监测司的指导下，中国环境监测总站和江苏省南京市环境监测中心共同编写了《排污单位自行监测技术指南教程——原料药制造》。本书共分 13 章。第 1 章从我国污染源监测的发展历程及管理的框架出发，引出了排污单位自行监测在当前污染源监测管理中的定位及一些管理规定，并理顺了《排污单位自行监测技术指南 总则》与行业自行监测技术指南的关系。第 2 章主要介绍了排污单位开展自行监测的一般要求，从监测方案、监测设施、开展自行监测的要求、质量控制和质量保证、记录和保存五个方面进行了概述。第 3 章在分析目前制药行业概况和发展趋势的基础上对化学合成类、发酵类、提取类三大主要原料药制造的生产工艺及产排污节点进行分析，并简要介绍了制药行业采用的一些常用污染治理技术。第 4 章对化学合成类、发酵类、提取类三个自行监测技术指南自行监测方案中各监测点位、监测指标、监测频次、监测要求等如何设定进行了解释说明，并选取了三个典型案例进行分析，为排污单位制定规范的自行监测方案提供了指导，在附录中给出了参考模板。第 5 章简要介绍了开展监测时，排污口、监测平台、自动监测设施等监测设施的设置和维护要求。第 6 章和第 8 章针对化学合成类、发酵类、提取类三个自行监测技术指南中废水、废气所涉及的监测指标如何采样、监测分析及注意事项进行了一一介绍。第 7 章和第 9 章对废水、废气自动监测系统从设备安装、调试、验收、运行管理及质量保证五个方面进行了介绍。第 10 章简要介绍了根据化学合成类、发酵类、提取类三个自行监测技术指南开展厂界环境噪声、地表水、近岸海域海水、地下水和土壤等周边环境质量监测时的基本要求和注意事项。第 11 章从实验室体系管理角度出发，从人—机—料—法—环等环节对监测的质量保证和质量控制进行了简要概述，为提高自行监测数据质量奠定了基础。第 12 章是关于自行监测信息记录、报告和信息公开方面的相关要求，并就化学合成类、发酵类、提取类三个原料药制造企业生产、运行等过程中的记录信息进行了梳理。第 13 章简要介绍了全国重点污染源监测数据管理与信息公开系统的总体架构和主要功能，为排污单位自行监测数据报送提供了方便。

　　本书在附录中列出了与自行监测相关的标准规范，以方便排污单位在使用时查询和索引。另外，还给出了一些记录样表和自行监测方案模板，为排污单位提供参考。

编　者

2019 年 7 月

目　录

第 1 章　排污单位自行监测定位与管理要求

　　污染源监测作为环境监测的重要组成部分，与我国环境保护工作同步发展，40 多年来不断发展壮大，现已基本形成了排污单位自行监测、管理部门监督性监测（执法监测）、社会公众监督的基本框架。排污单位自行监测是国家治理体系和治理能力现代化发展的需要，是排污单位应尽的社会责任，是法律明确要求的义务，也是排污许可制度的重要组成部分。我国关于排污单位自行监测的管理规定有很多，并从不同层级和角度对排污单位进行了详细规定。为了支撑排污单位自行监测制度的实施，指导和规范排污单位自行监测行为，我国制定了排污单位自行监测技术指南体系。制药工业排污单位自行监测技术指南是其中的一个行业技术指南，是按照《排污单位自行监测技术指南　总则》的要求和有关管理规定要求制定的，用于指导制药工业排污单位开展自行监测活动。

　　本章围绕排污单位自行监测定位和管理要求，对排污单位自行监测在我国污染源监测管理制度中的定位、排污单位自行监测管理要求以及《排污单位自行监测技术指南》的定位和应用进行介绍。

1.1　污染源监测发展历程

　　自 1972 年以来，我国环境保护工作经历了环境保护意识启蒙阶段（1972—1978 年）、环境污染蔓延和环境保护制度建设阶段（1979—1992 年）、环境污染加剧和规模化治理阶段（1993—2001 年）、环保综合治理阶段（2002—2012 年）。[①]集中的污染治理，尤其是严格的主要污染物总量控制，有效遏制了环境质量恶化的趋势，但仍未实现环境质量的全面改善，"十三五"期间，我国环境保护思路转向以环境质量改善为核心。

与环境保护工作相适应，我国环境监测大致经历了三个阶段：第一阶段是污染调查监测与研究性监测阶段；第二阶段是污染源监测与环境质量监测并重阶段；第三阶段是环境质量监测与污染源监督监测阶段。[②]

根据污染源监测在环境管理中的地位和实施情况，将污染源监测划分为三个阶段：严格的总量控制制度之前（"十一五"之前），严格的总量控制制度时期（"十一五"和"十二五"时期），以环境质量改善为核心阶段时期（"十三五"时期）。

1.1.1 严格的总量控制制度之前（"十一五"之前），污染源监测主要服务于工业污染源调查和环境管理"八项制度"

1973 年，我国召开了第一次全国环境保护会议，通过了"全面规划、合理布局、综合利用、化害为利、依靠群众、大家动手、保护环境、造福人民"的环保 32 字方针和我国第一个环境保护文件——《关于保护和改善环境的若干规定（试行草案）》。第一次全国环境保护会议之后，北京、沈阳、南京等城市相继开展了工业污染源调查，各省（自治区、直辖市）环境管理机构和环境监测站相继建立。20 世纪 80 年代，为了摸清工业污染源排放状况，我国开展了一次全国性工业污染源调查；20 世纪 90 年代，开展了全国乡镇工业污染源调查。污染源监测结果是工业污染源污染排放状况调查的重要依据。

环境管理"八项制度"需要污染源监测的支撑。如排污收费污染源监测；"三同时"制度中的"验收监测"、污染处理设施的"运转效果监测"，环境影响评价中污染源的"现状监测"与"验证性监测"，环境目标责任制中的"污染负荷监测"，

①中国环境保护四十年回顾及思考（回顾篇），曲格平在香港中文大学"中国环境保护四十年"学术论坛上的演讲。
② 中国环境监测总站原副总工程师张建辉接受网易北京频道与《环境与生活》杂志采访时的讲话。

排污许可证制度中的"排污申报核查监测"，污染限期治理中的"治理效果监测"，城市环境综合整治定量考核中的"流动污染源监测"等。总之，环境管理"八项制度"中，每项制度都有污染源监测的内容。在实施过程中，根据各项制度推进情况的不同，污染源监测的实施也有所差别。

1.1.2　严格的总量控制制度时期（2006—2015 年），污染源监测围绕着总量控制制度开展总量减排监测

"十一五"期间，化学需氧量和二氧化硫排放总量指标首次被列为国民经济和社会发展五年规划纲要约束性指标，这标志着我国开始实施严格的污染物排放总量控制制度。"十二五"期间，化学需氧量、氨氮、二氧化硫、氮氧化物 4 项污染物排放总量指标纳入国民经济和社会发展五年规划纲要约束性指标。这个时期，总量控制制度在环境保护工作中占据非常重要的地位，很多基础性工作都围绕总量控制制度推进和实施。为了进一步明确主要污染物总量减排污染源监测相关要求，我国分别于 2007 年、2013 年印发了《"十一五"主要污染物总量减排监测办法》《"十二五"主要污染物总量减排监测办法》，对各级监测部门的监测职责、监测内容进行了明确要求。

2011 年，国务院批复《重金属污染综合防治"十二五"规划》，提出重金属污染防治控制要求，与此相适应，对重金属重点监控企业监督性监测提出要求。

这一时期，污染源监测以服务主要污染物总量控制为主，同时服务重金属污染防治等环境保护重点工作。

1.1.3　以环境质量改善为核心阶段时期（2016 年以来），污染源监测主要服务于环境保护执法和排污许可制实施

"十三五"期间，尽管二氧化硫、氮氧化物、化学需氧量、氨氮 4 项污染物仍是国民经济和社会发展五年规划纲要的约束性指标，但随着环境保护工作向以环境质量改善为核心的转变，污染源监测体制机制也相应启动了改革进程，逐步向

支撑服务环境保护执法的方向不断完善。

《生态环境监测网络建设方案》（国办发〔2015〕56 号）要求："实现生态环境监测与执法同步。各级环境保护部门依法履行对排污单位的环境监管职责，依托污染源监测开展监管执法，建立监测与监管执法联动快速响应机制，根据污染物排放和自动报警信息，实施现场同步监测与执法。"

2016 年 11 月，国务院办公厅印发了《控制污染物排放许可制实施方案》（国办发〔2016〕81 号），提出控制污染物排放许可制的一项基本原则为："权责清晰，强化监管。排污许可证是企事业单位在生产运营期接受环境监管和环境保护部门实施监管的主要法律文书。企事业单位依法申领排污许可证，按证排污，自证守法。环境保护部门基于企事业单位守法承诺，依法发放排污许可证，依证强化事中事后监管，对违法排污行为实施严厉打击。"

因此，企业"自证守法"，管理部门根据执法需要开展污染源监测是这个时期污染源监测的主要发展方向。

1.2　我国污染源监测管理框架

我国现在已经基本形成排污单位自行监测、政府部门监督管理、公众监督的污染源监测管理框架，见图 1-1。

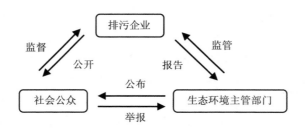

图 1-1　污染源监测管理框架体系

1.2.1　加强排污单位自行监测及信息公开

2013 年，环保部发布了《国家重点监控企业自行监测及信息公开办法（试行）》，并将国家重点监控企业自行监测及信息公开率先作为主要污染物总量减排考核的一项指标。近年来，我国大力推进自行监测，《环境保护法》《大气污染防治法》《水污染防治法》《环境保护税法》等相关法律中均明确了排污单位自行监测的责任，但是由于我国企业自行监测处于起步阶段，实施情况并不理想。因为多数企业监测能力薄弱，甚至根本没有开展监测的能力，在自行监测指标完整性、数据质量准确性、公开及时性等方面都存在问题，所以企业有待继续不断完善监测能力。当前和今后一段时间，通过以下几个方面的努力，可以强化排污单位自行监测及信息公开。

第一，进一步强化排污单位在污染源排放监测中的主体地位。明确并不断强化排污单位应按照新修订的《环境保护法》的要求开展排放监测并向社会公开。通过宣传等多种形式不断改变排污单位和各级生态环境主管部门的意识，真正认识到排污单位在污染源监测中的主体地位。意识的转变对排污单位承担监测职责以及污染源监测主管部门工作的开展都将产生促进作用。值得强调的是，自动监测是自行监测的一种方式，自动监测数据是自行监测数据的一种，自动监测设备应由排污单位自行运行和维护，以保证数据质量的可靠性。

第二，制定相关技术指南，规范排污单位自行监测行为。一方面，污染源监测的技术性较强，需要相关的技术指南指导排污单位开展监测；另一方面，监测数据的代表性直接受监测行为的影响，如监测时间、监测点位、监测时工况控制等，为保证监测结果的代表性，应对排污单位的监测行为进行规范。我国已经制定了一系列监测技术规范，包括采样、实验室分析等各环节，除此之外，自行监测技术指南的实施，可以直接指导排污单位自行监测的开展。

第三，加强排污单位数据质量控制，提升排污单位数据质量。排污单位数据质量控制可以分为三个层次。一是实验室层次的数据质量控制，可以按照国家发布的相关技术规范实施；二是企业内部的数据质量控制，其不同于实验室层面的控制，而是一方面根据企业的生产情况总体把握监测数据的合理性和可靠性以发现问题，另一方面通过对企业监测行为和实验室运行管理情况等进行全方位的审核以提高监测数据的质量；三是监测数据的外部质量控制，即生态环境主管部门对排污单位自行监测数据的监督检查。

第四，完善监测信息公开，为公众参与提供便利。针对目前排污单位自行监测数据公开零散且查询不便的现状，应不断完善，使公众可以非常便利地获得排污单位排放信息，为公众监督提供条件。

1.2.2　优化监督性监测任务，强调测管协同

"十一五""十二五"时期，我国污染源监督性监测虽然在总量减排、环境执法、污染防治等环境管理重点工作中发挥了重要的作用，但是仍然存在一些问题。首先，污染源监督性监测在环境管理中的定位至今没有明确的规定。由于定位不清，难以将对污染源排放监管的要求转化为通过监测结果进行监督，降低了监督性监测数据的应用效果，制约了污染源监督性监测对环境管理支撑作用的发挥。其次，由于环境管理对污染源监测的需求相对单一，污染源监督性监测差异性不高。从监测指标上来说，以各排污单位执行的排放标准为依据，以总量减排主要污染物为主，兼顾排放标准中规定的其他项目，排放标准中规定的项目以外的指标很少涉及。从监测频次上来说，总量减排主要污染物可以保证一年监测 4 次，重金属污染物一年 6 次，其他排放标准中规定的项目多数企业一年监测 1～2 次，也有部分企业只监测化学需氧量、氨氮、二氧化硫、氮氧化物等总量减排主要污染物指标。从不同地区对污染源排放监测的要求来看，基本是"一刀切"的管理模式，尚未根据区域、流域特点进行差别化要求。

由于新修订的《环境保护法》明确了排污单位在污染源监测中的主体地位，污染源监督性监测可以更好地发挥监督作用。因此，在不断强化排污单位自行监测及信息公开的同时，将进一步明确监督性监测的技术监督地位。通过对排污单

位的抽测和自行监测全过程的检查，对排污单位自行监测数据质量和排放状况进行监督，对排污单位自行监测数据的质量提出意见，对排污单位自行监测工作的开展提出要求，对排污单位自行监测工作的改进提出指导，从而更好地推进排污单位自行监测。

另外，污染源监督性监测还应能够发挥技术执法的作用。监督性监测不应局限于末端排放的监测，而应完成监测开展时"大生产工况"的调查，即完成从原辅材料使用、生产负荷、污染治理设施运行、监测时的辅助参数等影响污染物排放和监测结果的全流程数据收集和记录，并得到被监测单位主要责任人的确认，从而使得监督性监测数据符合作为执法证据的条件，能够直接被环境监察部门用于开展环境执法。

在明确了污染源监督性监测地位的基础上，应进一步优化污染源监督性监测方案，改变"一刀切"的管理模式。本着问题导向、突出重点的原则，各地可以根据质量目标管理的要求，对区域、流域内影响较大的污染源、污染物指标进行重点监测。对环境质量影响相对较小，超标不严重的污染物指标可降低监测频次。由于监督性监测的经费和人力都相对有限，应尽可能地集中发现解决一些突出问题。每年度按照重点关注某个重点行业或某项重点指标开展专项监测，通过监测结果发现和分析污染源排放状况，为环境管理提供更加深入和全面的支撑。

1.2.3　培育和提升公众参与能力

我国污染源量大面广，仅靠生态环境主管部门的监督远远不够，因此只有发动群众、实现全民监督，才能使得违法排污行为无处遁形。新修订的《环境保护法》更加明确地赋予了公众环保知情权和监督权："公民、法人和其他组织依法享有获取环境信息、参与和监督环境保护的权利。各级人民政府环境保护主管部门和其他负有环境保护监督管理职责的部门，应当依法公开环境信息、完善公众参与程序，为公民、法人和其他组织参与和监督环境保护提供便利。"尽管近年来我国公众的环保意识有了很大的提升，尤其是雾霾天气频现很大程度上促进了环境保护领域的公众参与，但是在污染源排放监管方面，公众参与程度还很低，有待大幅提升。

首先，加强科普，提升公众监督能力。由于污染排放相对专业，对于公众来说难以透彻理解排污单位公布的排放信息。因此需要加强宣传，对公众进行科普，使得公众能够有能力对排污单位进行监督。

其次，优化信息公开的方式，使之更加便民和直观。除了排污单位自行公开监测数据之外，生态环境主管部门还应建设污染源监测信息公开平台，将污染源监督性监测、排污单位自行监测等数据进行整合，并通过电子地图等形式直观地展现给公众。

最后，完善公众参与途径。落实新修订的《环境保护法》的要求，为公众监督举报提供便利。考虑到污染源排放变化大、企业可操作空间大的问题，为保证公众监督的积极性，应明确排污单位的举证责任。

1.3　排污单位自行监测的定位

1.3.1　开展自行监测是构建政府、企业、社会共治的环境治理体系的需要

（1）环境治理体系变革的社会因素和主要表现

党的十九大报告中提出构建政府为主导、企业为主体、社会组织和公众共同参与的环境治理体系。环境治理体系变革是时代发展的必然，是社会发展的自我完善，是40多年环境管理发展经验和教训的总结。

1）直接原因，传统生态环境治理模式亟待完善。多元共治的环境治理体系的提出和探索，既源自环境治理问题的复杂性，又源自传统生态环境治理模式的弊端。长期以来，我国更多采取以政府为主导的单一化管制型环境治理模式。实践证明，这种治理模式监管效率低下。因此，多元共治的环境治理体系是对传统生

态环境治理模式的改进和提升。

2）内在驱动，第四次工业革命的影响。第四次工业革命是以互联网产业化、工业智能化、工业一体化为代表，以人工智能、清洁能源、无人控制技术、量子信息技术、虚拟现实以及生物技术为主的全新技术革命。以人工智能为代表的第四次工业革命给政府在环境治理领域的政策制定和执行带来新的挑战。公众参与的便捷、社交媒体的影响、个体解决问题的能力，都对环境治理体系的重构产生内在驱动力，推动环境治理体系的改变。

3）时代需求，大数据时代和数据精准决策的要求。大数据作为新的技术手段和思维方式，打破了传统收集、整合、存储、处理、分析和可视化数据信息的方式，管理的定量化水平和决策的科学性提高，为环境管理逐渐向网络化和智能化转变带来新的机遇。新技术的发展，将真正实现面向现在和未来的数据精准决策。大数据时代，需要来自各方的多元数据输入，最大限度地解除数据垄断和减少信息源的缺失，从而提供更多维、更全面的支撑决策的信息。

4）外在表现，环境管理工作方式改变。原生态环境部李干杰部长指出，新的生态环境治理体系正在形成，在工作方式方法上，从以自上而下为主，向自上而下、自下而上相结合转变，强化信息公开透明，发挥社会监督作用。多方参与、社会监督是新的环境管理工作方式的最大特点。

（2）对排污单位自行监测的要求

污染源监测是污染防治的重要支撑，需要各方的共同参与。为适应环境治理体系变革的需要，自行监测应发挥相应的作用，补齐短板，提供便利，为社会共治提供条件。

应改变传统生态环境治理模式中污染治理主体监测缺位现象。长期以来，污染源监测以政府部门监督性监测为主，尤其在"十一五""十二五"总量减排时期，监督性监测得到快速发展，其每年对国家重点监控企业按季度开展主要污染物监测，而排污单位在污染源监测中严重缺位。2013 年，为了解决单纯依靠环保部门有限的人力和资源难以全面掌握企业污染源状况的问题，环境保护部组织编制了

《国家重点监控企业自行监测及信息公开办法（试行）》，大力推进企业开展自行监测。2014 年以来，陆续修订的《环境保护法》《大气污染防治法》《水污染防治法》明确了排污单位自行监测的责任和要求。但是，自行监测数据的法定地位，以及如何在环境管理中应用并没有得到明确，自行监测数据在环境管理中的应用更是十分不足，并没有从根本上解决排污单位在环境治理体系中监测缺位的现象。新的环境治理体系中，应改变这一现状，使自行监测数据得到充分应用，这才能保持多方参与的生命力和活力。

为公众提供便于获取、易于理解的自行监测信息。公众是社会共治环境治理体系的重要主体，公众参与的基础是及时获取信息，自行监测数据是反映排放状况的重要信息。正如前文所述，社会的变革为公众参与提供了外在便利条件，为了提高自行监测在环境治理体系中的作用，就要充分利用当前发达的自媒体、社交媒体等各种先进、便利的条件，为公众提供便于获取、易于理解的自行监测数据和基于数据加工而成的相关信息，为公众高效参与提供重要依据。

1.3.2　开展自行监测是社会责任和法定义务

企业是最主要的生产者，是社会财富的创造者，企业在追求自身利润的同时，向社会提供了产品，满足了人民的日常所需，推进了社会的进步。当然，在当代社会，由于企业是社会中普遍存在的社会组织，其数量众多，类型各异，存在范围广，对社会影响最大。在这种情况下，社会的发展不仅要求企业承担生产经营和创造财富的义务，还要求其承担环境保护、社区建设和消费者权益维护等多方面的责任，这也是企业的社会责任。企业社会责任具有道义责任的属性和法律义务的属性。法律作为一种调整人们行为的规则，其对人之行为的调整是通过权利义务设置而实现的。因而，法律义务并非一种道义上的宣示，其有具体的、明确的规则指引人的行为。基于此，企业社会责任一旦进入环境法视域，即被分解为具体的法律义务。

企业开展排污状况自行监测是法定的责任和义务。《环境保护法》第四十二条明确提出，"重点排污单位应当按照国家有关规定和监测规范安装使用监测设备，保证监测设备正常运行，保存原始监测记录"；第五十五条要求，"重点排污单位应当如实向社会公开其主要污染物的名称、排放方式、排放浓度和总量、超标排放情况，以及防治污染设施的建设和运行情况，接受社会监督"。《水污染防治法》第二十三条规定，"重点排污单位应当安装水污染物排放自动监测设备，与环境保护主管部门的监控设备联网，并保证监测设备正常运行。排放工业废水的企业，应当对其所排放的工业废水进行监测，并保存原始监测记录。具体办法由国务院环境保护主管部门规定"。《大气污染防治法》第二十四条规定，"企业事业单位和其他生产经营者应当按照国家有关规定和监测规范，对其排放的工业废气和本法第七十八条规定名录中所列有毒有害大气污染物进行监测，并保存原始监测记录"。

1.3.3　开展自行监测是自证守法和自我保护的重要手段和途径

作为固定污染源核心管理制度的排污许可制度明确了排污单位自证守法的权利和责任，排污单位可以通过以下途径进行"自证"。一是依法开展自行监测，保障数据合法有效，妥善保存原始记录；二是建立准确完整的环境管理台账，记录能够证明其排污状况的相关信息，形成一整套完整的证据链；三是定期、如实向生态环境部门报告排污许可证执行情况。可以看出，自行监测贯穿自证守法的全过程，是自证守法的重要手段和途径。

首先，排污单位被允许在标准限值下排放污染物，应当说清自身的排放状况，也就是说证明自身排放的合规性。随着管理模式的改变，管理部门不对企业全面开展监测，仅对企业进行抽查抽测。排污单位需要对自身排放进行说明，这就需要开展自行监测。

其次，一旦出现排污单位对管理部门出具的监测数据或其他证明材料存在质疑，或者对公众举报等相关信息提出异议时，就需要有足以说明自身排污状况的相关材料进行证明，这种情况下自行监测数据是非常重要的证明材料。

最后，开展自行监测对自身排污状况定期监控，同时加上必要的周边环境质量影响监测，及时掌握自身实际排污水平和对周边环境质量的影响，以及周边环境质量的变化趋势和承受能力，可以及时识别潜在环境风险，以便提前应对，避免引起更大的、无法挽救的环境事故，对人民群众、生态环境和排污单位自身造成巨大的损害和损失。

1.3.4 开展自行监测是精细化管理与大数据时代信息输入与信息产品输出的需要

随着环境管理向精细化的发展，强化数据应用、根据数据分析识别潜在的环境问题，作出更加科学精准的环境管理决策是环境管理面临的重大命题。大数据时代信息化水平的提升，为监测数据的加工分析提供了条件，也对数据输入提出了更高需求。

自行监测数据承载了大量污染排放和治理信息，然而长期以来并没有得到充分地收集和利用，这是生态环境大数据中缺失的一项重要信息源。通过收集各类污染源长时间序列的监测数据，对同类污染源监测数据进行统计分析，可以更全面地判定污染源的实际排放水平，从而为制定排放标准、产排污系数提供科学依据。另外，通过监测数据与其他数据的关联分析，还能获得更多、更有价值的其他信息，为环境管理提供更有力的支撑。

1.3.5 开展自行监测是排污许可制度的重要组成部分

《控制污染物排放许可制实施方案》（国办发〔2016〕81号）明确了排污单位应实行自行监测和定期报告。《排污许可管理办法（试行）》（环境保护部令 第48号），第十一条明确将排污单位自行监测技术指南作为支撑排污许可制度实施的四类重要技术文件之一；第十八条明确将自行监测要求作为一项环境管理要求由核发环保部门根据排污单位的申请材料、相关技术规范和监管需要，在排污许可证副本中进行规定。

因此，自行监测既是有明确法律法规要求的一项管理制度，也是固定污染源基础与核心管理制度——排污许可制度的重要组成部分。

1.4　排污单位自行监测的管理规定

我国现行法律法规、管理办法中有很多涉及排污单位自行监测的相关管理规定，具体见表 1-1。

表 1-1　我国现行与排污单位自行监测相关的法律法规和管理规定

名称	颁布机关	实施时间	主要相关内容
中华人民共和国环境保护法	全国人民代表大会常务委员会	2015.1.1	规定了重点排污单位应当安装使用监测设备，保证监测设备正常运行，保存原始监测记录，并进行信息公开
中华人民共和国环境保护税法	全国人民代表大会常务委员会	2018.1.1	规定了纳税人按季申报缴纳时，向税务机关报送所排放应税污染物浓度值
中华人民共和国海洋环境保护法	全国人民代表大会常务委员会	2000.4.1（2017.11.4 修正）	规定了排污单位应当依法公开排污信息
中华人民共和国水污染防治法	全国人民代表大会常务委员会	2008.6.1（2017.6.27 修正）	规定了实行排污许可管理的企业事业单位和其他生产经营者应当对所排放的水污染物自行监测，并保存原始监测记录，排放有毒有害水污染物的还应开展周边环境监测，上述条款均设有对应罚则
中华人民共和国大气污染防治法	全国人民代表大会常务委员会	2016.1.1（2018.10.26 修正）	规定了企业事业单位和其他生产经营者应当对大气污染物进行监测，并保存原始监测记录
中华人民共和国土壤污染防治法	全国人民代表大会常务委员会	2019.1.1	规定了土壤污染重点监管单位应制定、实施自行监测方案，并将监测数据报生态环境主管部门
城镇排水与污水处理条例	国务院	2014.1.1	规定了排水户应按照国家有关规定建设水质、水量检测设施
畜禽规模养殖污染防治条例	国务院	2014.1.1	规定了畜禽养殖场、养殖小区应当定期将畜禽养殖废弃物排放情况，报县级人民政府环境保护主管部门备案

名称	颁布机关	实施时间	主要相关内容
企业信息公示暂行条例	国务院	2014.10.1	—
建设项目环境保护管理条例	国务院	2017.10.1	—
中华人民共和国环境保护税法实施条例	国务院	2018.1.1	规定了未安装自动监测设备的纳税人，自行对污染物进行监测所获取的监测数据，符合国家有关规定和监测规范的，视同监测机构出具的监测数据作为计税依据
最高人民法院 最高人民检察院 关于办理环境污染刑事案件适用法律若干问题的解释	最高人民法院 最高人民检察院	2017.1.1	规定了重点排污单位篡改、伪造自动监测数据或者干扰自动监测设施视为严重污染环境，并依据《刑法》有关规定予以处罚
生态环境监测网络建设方案	国务院办公厅	2015.7.26	规定了重点排污单位必须落实污染物排放自行监测及信息公开的法定责任，严格执行排放标准和相关法律法规的监测要求
关于深化环境监测改革 提高环境监测数据质量的意见	中共中央办公厅 国务院办公厅	2017.9.21	规定了环境保护部要加快完善排污单位自行监测标准规范；排污单位要开展自行监测，并按规定公开相关监测信息，对存在弄虚作假行为要依法处罚；重点排污单位应当建设污染源自动监测设备，并公开自动监测结果
"打赢蓝天保卫战"三年行动计划	国务院	2018.6.27	规定了重点排污单位应及时公布自行监测和污染排放数据、污染治理措施、重污染天气应对、环保违法处罚及整改等信息
水污染防治行动计划	国务院	2015.4.2	规定了各类排污单位要开展自行监测，并依法向社会公开排放信息
土壤污染防治行动计划	国务院	2016.5.28	规定了土壤环境重点监管企业每年要自行对其用地进行土壤环境监测，结果向社会公开；加强对矿产资源开发利用活动的辐射安全监管，有关企业每年要对本矿区土壤进行辐射环境监测
关于支持环境监测体制改革的实施意见	财政部 环境保护部	2015.11.2	规定了落实企业主体责任，企业应依法自行监测或委托社会化检测机构开展监测，及时向环保部门报告排污数据，重点企业还应定期向社会公开监测信息

名称	颁布机关	实施时间	主要相关内容
"十三五"生态环境保护规划	国务院	2016.11.24	规定了工业企业要开展自行监测,属于重点排污单位的还要依法履行信息公开义务,全面实行在线监测
"十三五"节能减排综合工作方案	国务院	2016.12.20	规定了强化企业污染物排放自行监测和环境信息公开,2020 年企业自行监测结果公布率保持在 90%以上
控制污染物排放许可制实施方案	国务院办公厅	2016.11.10	规定了企事业单位应依法开展自行监测,安装或使用监测设备应符合国家有关环境监测、计量认证规定和技术规范,建立准确完整的环境管理台账,安装在线监测设备的应与环境保护部门联网
排污许可管理办法（试行）	环境保护部	2017.11.6	规定了持证单位自行监测责任和要求
环境监测管理办法	国家环境保护总局	2007.9.1	规定了排污者必须按照国家及技术规范的要求,开展排污状况自我监测;不具备环境监测能力的排污者,应当委托环境保护部门所属环境监测机构或者经省级环境保护部门认定的环境监测机构进行监测
关于加强化工企业等重点排污单位特征污染物监测工作的通知	环境保护部办公厅	2016.9.20	规定了①化工企业等排污单位应制订自行监测方案,对污染物排放及周边环境开展自行监测,并公开监测信息;②监测内容应包含排放标准的规定项目和涉及的列入污染物名录库的全部项目;③监测频次,自动监测的全天连续监测,手工监测的,废水特征污染物每月开展一次,废气特征污染物每季度开展一次,周边环境监测按照环评及其批复执行,可根据实际情况适当增加监测频次
污染源自动监控设施现场监督检查办法	环境保护部	2012.4.1	规定了①排污单位或运营单位应当保证自动监测设备正常运行;②污染源自动监控设施发生故障停运期间,排污单位或者运营单位应当采用手工监测等方式,对污染物排放状况进行监测,并报送监测数据

名称	颁布机关	实施时间	主要相关内容
环境保护主管部门实施限制生产、停产整治办法	环境保护部	2015.1.1	规定了被限制生产的排污者在整改期间按照环境监测技术规范进行监测或者委托有条件的环境监测机构开展监测，保存监测记录，并上报监测报告
关于实施工业污染源全面达标排放计划的通知	环境保护部	2016.11.29	规定了①各级环保部门应督促、指导企业开展自行监测，并向社会公开排放信息；②对超标排放的企业要督促其开展自行监测，加密对超标因子的监测频次，并及时向环保部门报告；③企业应安装和运行污染源在线监控设备，并与环保部门联网
企业事业单位环境信息公开办法	环境保护部	2015.1.1	规定了重点排污单位应当公开排污信息，列入国家重点监控企业名单的重点排污单位还应当公开其环境自行监测方案
关于印发《国家重点监控企业自行监测及信息公开办法（试行）》和《国家重点监控企业污染源监督性监测及信息公开办法（试行）》的通知	环境保护部	2014.1.1	规定了企业开展自行监测及信息公开的各项要求，包括自行监测内容、自行监测方案内容、对手工监测和自动监测两种方式开展的自行监测分别提出了监测频次要求、自行监测记录内容、自行监测年度报告内容、自行监测信息公开的途径、内容及时间要求等
关于加强污染源环境监管信息公开工作的通知	环境保护部	2013.7.12	规定了各级环保部门应积极鼓励引导企业进一步增强社会责任感，主动自愿公开环境信息。同时严格督促超标或者超总量的污染严重企业，以及排放有毒有害物质的企业主动公开相关信息，对不依法主动公布或不按规定要求公布的要依法严肃查处

注：截至 2019 年 1 月 31 日。

1.5　排污单位自行监测技术指南的定位

1.5.1　排污许可制度配套的技术支撑文件

党的十八届三中全会《关于全面深化改革若干重大问题的决定》中提出：完善污染物排放许可制。排污许可证制度，是国外普遍采用的控制污染的法律制度。从美国等发达国家实施排污许可制度的经验来看，监督检查是排污许可制度实施效果的重要保障，污染源监测是监督检查的重要组成部分和基础。自行监测是污染源监测的主体形式，自行监测的管理备受重视，自行监测要求作为重要的内容在排污许可证中进行载明。

排污许可制度在我国自 20 世纪 80 年代作为新五项制度开始局部试点，近 30 年来，并没有在全国范围内统一实施。当前，我国正在借鉴国际经验，整合衔接现行各项管理制度，研究制定"一证式"管理的排污许可制度，将其建设成为固定点源环境管理的核心制度。

我国当前研究推行的排污许可制度中，明确了企业"自证守法"，其中自行监测是排污单位自证守法的重要手段和方法。只有在特定监测方案和要求下的监测数据才能够支撑排污许可"自证"的要求。因此，在排污许可制度中，自行监测要求是必不可少的一部分。

重点排污单位自行监测法律地位得到明确，自行监测制度初步建立，而自行监测的有效实施还需要有配套的技术文件作为支撑，排污单位自行监测技术指南是基础而重要的技术指导性文件。因此，制定排污单位自行监测技术指南是落实相关法律法规的需要。

1.5.2　对现有标准和管理文件中关于排污单位自行监测规定的补充

对每个排污单位来说，生产工艺产生的污染物、不同监测点位执行排放标准和控制指标、环评报告要求的内容都有不同情况及独特内容。虽然各种监测技术标准与规范已从不同角度对排污单位的监测内容做出了规定，但不够全面。

监测频次是监测方案的核心内容，现有标准规范对监测频次规定不全。以化学合成类制药工业企业为例，《化学合成类制药工业水污染物排放标准》（GB 21904—2008）中没有明确废水污染物监测指标的监测频次，只是要求企业按照国家有关污染源监测技术规范的规定执行。《地表水和污水监测技术规范》（HJ/T 91—2002）、《水样 采样技术指导》（HJ 494—2009）和《水样 采样方案设计技术规定》（HJ 495—2009）中要求监测频次按照生产周期和生产特点确定，生产周期与生产日不统一，每个生产日不少于 3 次，频次过高，企业监测压力大，可操作性不强。《建设项目竣工环境保护验收技术规范 制药》（HJ/T 792—2016）仅对验收监测期间的监测频次进行了规定，如果作为排污单位日常自行监测的频次要求，频次过高，排污单位监测压力大，不适用于日常监测要求。《环境影响评价技术导则 总纲》（HJ 2.1—2016）仅规定要对建设项目提出监测计划要求，缺少具体内容。《国家重点监控企业自行监测及信息公开办法（试行）》（环发〔2013〕81 号）对国控企业的监测频次提出部分要求，但是作为规范性管理文件，规定的相对笼统，无法满足量大面广的制药工业排污单位自行监测方案编制的具体要求。

为提高监测效率，应针对不同排放源污染物排放特性确定监测要求。监测是污染排放监管必不可少的技术支撑，具有重要的意义，然而监测是需要成本的，应在监测效果和成本间寻找合理的平衡点。"一刀切"的监测要求，必然会造成部分排放源监测要求过高，从而引起浪费；或者对部分排放源要求过低，从而达不到监管需求。因此，需要专门的技术文件，从排污单位监测要求进行系统分析，进行系统性设计，提高监测要求的精细化要求，提高监测效率。

1.5.3　对排污单位自行监测行为指导和规范的技术要求

我国自 2014 年以来开始推行国家重点监控企业自行监测及信息公开，从实施情况来看存在诸多问题，需要加强对排污单位自行监测行为的指导和规范。

　　污染源监测与环境质量监测相比，涉及的行业较多，监测内容更复杂。国家规定的污染物排放标准数量众多，我国现行国家污染物排放（控制）标准达150余项，省级人民政府依法制定并报生态环境部备案的地方污染物排放标准总数达 120 余项；标准控制项目种类繁杂，如现行标准规定的水污染物控制项目指标总数达 124 项，与美国水污染物排放法规项目指标总数（126 项）相当。

　　由于国家发布的有关规定必须有普适性、原则性的特点，因此排污单位在开展自行监测过程中如何结合企业具体情况，合理确定监测点位、监测项目和监测频次等实际问题上面临着诸多疑问。

　　生态环境部在对全国各地区自行监测及信息公开平台的日常监督检查及现场检查等工作中发现，部分排污单位自行监测方案的内容、监测数据结果的质量稍差，存在排污单位未包括全部排放口、监测点位设置不合理、监测项目仅开展主要污染物、随意设置排放标准限值、自行监测数据弄虚作假等问题，因此应进一步加强对排污单位自行监测的工作指导和规范行为，为监督监管排污单位自行监测提供政策和技术支撑，因此需要建立和完善排污单位自行监测相关规范内容。为解决排污单位开展自行监测过程中遇到的问题，加强对排污单位自行监测的指导，有必要制定自行监测技术指南，将自行监测要求进一步明确和细化。

1.6　行业技术指南在自行监测技术指南体系中的定位和制定思路

1.6.1　自行监测技术指南体系

　　排污单位自行监测指南体系以《排污单位自行监测技术指南　总则》（HJ 819—2017）为统领，包括一系列重点行业分行业排污单位自行监测技术指南，其共同组成排污单位自行监测技术体系，见图 1-2。

　　《排污单位自行监测技术指南　总则》在排污单位自行监测指南体系中属于

纲领性的文件，起到统一思路和要求的作用。首先，对行业技术指南总体性原则进行规定，是行业技术指南的参考性文件；其次，对于行业技术指南中必不可少，但要求比较一致的内容，可以在《排污单位自行监测技术指南 总则》中体现，在行业技术指南中加以引用，既保证一致性，也减少重复；第三，对于部分污染差异大、企业数量少的行业，单独制定行业技术指南意义不大，这类行业排污单位可以参照《排污单位自行监测技术指南 总则》开展自行监测。行业技术指南未发布的，也应参照《排污单位自行监测技术指南 总则》开展自行监测。

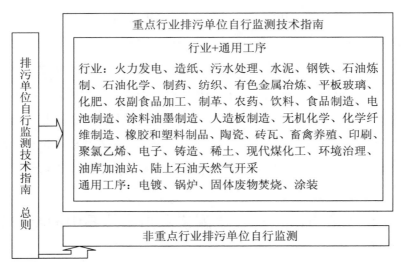

图1-2 排污单位自行监测技术指南体系

1.6.2 行业排污单位自行监测技术指南是对总则的细化

行业技术指南是在《排污单位自行监测技术指南 总则》的统一原则要求下，考虑该行业企业所有废水、废气、噪声污染源的监测活动，在指南中进行统一规定。行业排污单位自行监测技术指南的核心内容要包括以下两个方面：

（1）监测方案。在指南中明确行业的监测方案。首先明确行业的主要污染源，各污染源的主要污染因子。针对各污染源的各污染因子提出监测方案设置的基本要求，包括点位、监测指标、监测频次、监测技术等。

（2）数据记录、报告和公开要求。根据行业特点，各参数或指标与校核污染物排放的相关性，提出监测相关数据记录要求。

除了行业技术指南中规定的内容，还应执行《排污单位自行监测技术指南　总则》的要求。

1.6.3　制药行业排污单位自行监测技术指南制定原则与思路

（1）以《排污单位自行监测技术指南　总则》为指导，根据行业特点进行细化

制药行业自行监测技术指南中的主体内容是以《排污单位自行监测技术指南　总则》为指导，根据其确定的基本原则和方法，在对制药行业产排污环节进行分析的基础上，结合制药工业企业实际的排污特点，对制药行业监测方案、信息记录的内容进行具体化和明确化。

（2）以污染物排放标准为基础，全指标覆盖

污染物排放标准规定的内容是行业自行监测技术指南制订过程中的重要基础。在污染物指标确定上，行业指南主要以当前实施的、适用于制药行业的污染物排放标准为依据。对于污染物排放标准中已明确规定了监测频次的污染物指标，以污染物排放标准为准，同时，根据实地调研以及相关数据分析结果，对实际排放的或地方实际进行监管的污染物指标，进行适当的考虑，在标准中进行了列明，但标明为选测，或由排污单位根据实际监测结果判定是否排放，若实际排放，则应进行监测。

（3）以满足排污许可制度实施为主要目标

制药行业自行监测技术指南的制订以能够满足支撑制药行业排污许可制度实施为主要目标。

由于制药行业不同企业实际存在的废气排放源差异较大，有些类型的废气源

仅在少数制药企业中存在，制药行业排污许可证申请与核发技术规范中将常见的废气排放源纳入管控。制药行业自行监测技术指南中对常见废气排放源监测点位、指标、频次进行了规定。

排污许可制度中，对主要污染物提出排放量许可限值，其他污染物仅有浓度限值要求。为了支撑排污许可证制度实施对排放量核算的需求，有排放量许可限值的污染物，监测频次一般高于其他污染物。

第 2 章　自行监测的一般要求

按照开展自行监测活动的一般流程，排污单位应查清本单位的污染源、污染物指标及潜在的环境影响，制定监测方案，设置和维护监测设施，按照监测方案开展自行监测，做好质量保证和质量控制，记录和保存监测数据，依法向社会公开监测结果。

本章围绕排污单位自行监测流程中的关键节点，对其中的关键问题进行介绍。制定监测方案时，应重点保证监测内容、监测指标、监测频次的全面性、科学性，确保监测数据的代表性，这样才能全面反映排污单位的实际排放状况；设置和维护监测设施时，应能够满足监测要求，同时为监测的开展提供便利条件；自行监测开展过程中，应该根据本单位实际情况自行监测或者委托有资质的单位开展监测，所有监测活动要严格按照监测技术规范执行；开展监测的过程中，还应该做好质量保证和质量控制，确保监测数据质量；监测信息记录与公开时，应保证监测过程可溯，同时按要求报送和公开监测结果，接受管理部门和公众的监督。

2.1　制定监测方案

2.1.1　自行监测内容

排污单位自行监测不仅限于污染物排放监测，还应该围绕说清楚本单位污染物排放状况、污染治理情况、对周边环境质量影响监测状况来确定监测内容。但考虑到排污单位自行监测的实际情况，排污单位可根据管理要求，逐步开展。

（1）污染物排放监测

污染物排放监测对于排污单位自行监测是基本要求，包括废气污染物、废水污染物和噪声污染。废气污染物，包括有组织废气污染物排放源和无组织废气污染物排放源。废水污染物，包括直接排入环境的企业，即直接排放企业和排入公共污水处理系统的间接排放企业。

（2）周边环境质量影响监测

排污单位应根据自身排放状况对周边环境质量的影响情况，开展周边环境质量影响状况监测，从而掌握自身排放状况对周边环境质量影响的实际情况和变化趋势。

《大气污染防治法》第七十八条规定，排放有毒有害大气污染物的企业事业单位，应当按照国家有关规定建设环境风险预警体系，对排放口和周边环境进行定期监测，评估环境风险，排查环境安全隐患，并采取有效措施防范环境风险。《水污染防治法》第三十二条规定，排放有毒有害水污染物的企业事业单位和其他生产经营者，应当对排污口和周边环境进行监测，评估环境风险，排查环境安全隐患，并公开有毒有害水污染物信息，采取有效措施防范环境风险。

由于目前我国尚未发布有毒有害大气污染物名录和有毒有害水污染物名录，故排污单位可根据本单位实际自行确定监测指标和内容。对于污染物排放标准、环境影响评价文件及其批复或其他环境管理制度有明确要求的，排污单位应按照要求对其周边相应的空气、地表水、地下水、土壤等环境质量开展监测。对于相关管理制度没有明确要求的，排污单位应依据《大气污染防治法》《水污染防治法》的要求，根据实际情况确定是否开展周边环境质量影响监测。

（3）关键工艺参数监测

污染物排放监测需要专门的仪器设备、人力物力，具有较高的经济成本。污染物排放状况与生产工艺、设备参数等相关指标具有一定的关联性，而这些工艺或设备相关参数的监测，有些是生产控制所必须开展监测的，有些虽然不是生产过程中必须开展监测的指标，但开展监测相对容易，成本较低。因此，在部分排放源或污染物指标监测成本相对较高、难以实现高频次监测的情况下，可以通过对与污染物产生和排放密切相关的关键工艺参数进行测试以补充污染物排放监测。

（4）污染治理设施处理效果监测

有些排放标准等文件对污染治理设施处理效果有限值要求，这就需要通过监测结果进行处理效果的评价。另外，有些情况下，排污单位需要掌握污染处理设施的处理效果，从而可以更好地对生产和污染治理设施进行调试。因此，若污染物排放标准等环境管理文件对污染治理设施有特别要求的，或排污单位认为有必要的，应对污染治理设施处理效果进行监测。

2.1.2　自行监测方案内容

排污单位应当对本单位污染源排放状况进行全面梳理，分析潜在的环境风险，根据自行监测方案制定能够反映本单位实际排放状况的监测方案，以此作为开展自行监测的依据。

监测方案内容包括：单位基本情况、监测点位及示意图、监测指标、执行标准及其限值、监测频次、采样和样品保存方法、监测分析方法和仪器、质量保证与质量控制等。

所有按照规定应开展自行监测的排污单位，在投入生产或使用并产生实际排污行为之前完成自行监测方案的编制及相关准备工作，一旦产生实际排污行为，就应当按照监测方案开展监测活动。

当有以下情况发生时，应变更监测方案：执行的排放标准发生变化；排放口位置、监测点位、监测指标、监测频次、监测技术任意一项内容发生变化；污染源、生产工艺或处理设施发生变化。

2.2 设置和维护监测设施

开展监测必须有相应的监测设施，为了保证监测活动的正常开展，排污单位应按照规定设置满足开展监测所需要的监测设施。

（1）监测设施应符合监测规范要求

开展废水、废气污染物排放监测，应保证监测数据不受监测环境的干扰，因此，废水排放口、废气监测断面及监测孔的设置都有相应的要求，要保证水流、气流不受干扰、混合均匀，采样点位的监测数据能够反映监测时点污染物排放的实际情况。

我国废水、废气监测相关标准规范中，对监测设施必须满足的条件有相关规定，排污单位可根据具体的监测项目，对照监测方法标准、技术规范确定监测设施的具体设置要求。但是，由于相关标准规范对监测设施的规定较为零散，不够系统，有些地方出台了专门的标准规范，对监测设施设置规范进行了全面规定，这可以作为排污单位设置监测设施的参考。例如，北京市出台了《固定污染源监测点位设置技术规范》（DB 11/ 1195—2015）。

（2）监测平台应便于开展监测活动

开展监测活动，需要一定的空间，有时还需要使用直流供电的仪器设备，排污单位应设置方便开展监测活动的平台。一是到达监测平台要方便，从而可以随时开展监测活动；二是监测平台空间要足够大，能够保证各类监测设备摆放和人员活动；三是监测平台要备有需要的电源等辅助设施，从而保证监测活动开展所必需的各类仪器设备、辅助设备的正常工作。

（3）监测平台应能保证监测人员的安全

开展监测活动的同时，必须能够保证监测人员的人身安全，因此监测平台要设有必要的防护设施。一是高空监测平台，周边要有足够保障人员安全的围栏，监测平台底部的空隙不应过大；二是监测平台附近有造成人体机械伤害、灼烫、腐蚀、触电等危险源的，应在平台相应位置设置防护装置；三是监测平台上方有坠落物体隐患时，应在监测平台上方设置防护装置；四是排放剧毒、致癌物及对人体有严重危害物质的监测点位应储备相应安全防护装备。所有围栏、底板、防护装置使用的材料结构要求，要符合相关质量要求，要能够承受估计的最大冲击力，从而保障人员的安全。

（4）废水排放量大于 100 t/d 的，应安装自动测流设施并开展流量自动监测

废水流量监测是废水污染物监测的重要内容，从某种程度上来说，流量监测比污染物浓度监测更为重要。废水流量的监测方法有多种，根据废水排放形式，流量监测针对明渠和管道可采用明渠流量计和电磁流量计。流量监测易受环境影响，监测结果存在一定不确定性是国际上普遍性的技术问题。但从总体上来说，流量监测技术日趋成熟，能够满足各种流量监测需要，并也能满足自动测流的需要。电磁流量计适用于管道排放的形式，对于流量范围适用性较广。明渠流量计中，三角堰适用于流量较小的情况，监测范围低至 $1.08 \ m^3/h$，即能够满足 30 t/d 排放水平企业的需要。根据环境统计数据，废水排放量大于 30 t/d 的企业数为 7.5 万家，约占企业总数的 80%；废水排放量大于 50 t/d 的企业为 6.7 万家，约占企业总数的 70%；废水排放量大于 100 t/d 的企业为 5.7 万家，约占企业总数的 60%。从监测技术稳定性方面和当前的基础来看，建议废水排放量大于 100 t/d 的企业采取自动测流的方式。

2.3　开展自行监测

2.3.1　开展自行监测的一般要求

排污单位应依据最新的自行监测方案，安排监测计划，开展相应的监测活动。对于排污状况或管理要求发生变化的，排污单位应变更监测方案，并按照新的监测方案实施监测活动。

开展监测活动的技术依据是监测技术规范。除了监测方法中的规定，我国还有一些系统性的监测技术规范，对监测全过程进行规范，或者专门针对监测的某个方面进行技术规定。为了保证监测数据准确可靠，客观反映实际情况，无论是自行开展监测，还是委托其他社会化检测机构都应该按照国家发布的环境监测技术规范、监测方法标准开展监测活动。

开展监测活动的机构和人员由排污单位根据实际情况决定。排污单位可根据自身条件和能力，利用自有人员、场所和设备自行监测，排污单位自行实施监测不需要通过国家的实验室资质认定，目前国家层面不要求检测报告必须加盖 CMA 印章。个别或者全部项目不具备自行监测能力时，也可委托其他有资质的社会化检测机构代其开展。

无论是排污单位自行监测，还是委托社会化检测机构开展监测，排污单位都应对自行监测数据的真实性负责。如果社会化检测机构未按照相应技术规范、监测方法标准开展监测，或者存在造假等行为，排污单位可以依据合同追究所委托的社会化检测机构的责任。

2.3.2 监测活动开展方式分类

监测活动开展是自行监测的核心。在监测组织方式上，开展监测活动时可以选择依托自有人员、设备、场地自行开展监测，也可以委托有资质的社会化检测机构开展监测。在监测技术手段上，无论是自行监测还是委托监测，都可以采用手工监测和自动监测的方式。排污单位自行监测活动开展方式选择流程见图 2-1。

排污单位首先根据自行监测方案明确需要开展监测的点位、监测项目、监测频次，在此基础上根据不同监测项目的监测要求分析本单位是否具备开展自行监测的条件。具备监测条件的项目，可选择自行开展监测；不具备监测条件的项目，排污单位可根据自身实际情况，决定是否提升自身监测能力，以满足自行监测的条件。如果通过筹建实验室、购买仪器、聘用人员等方式满足自行开展监测条件的，可以选择自行开展监测。若排污单位不自行开展监测，而选择委托社会化检测机构开展监测，那么需要按照不同监测项目检查拟委托的社会化检测机构是否具备承担委托监测任务的条件。若拟委托的社会化检测机构具备条件，则可委托社会化检测机构开展委托监测；若不具备条件，则应更换具备条件的社会化检测机构承担相应的监测任务。由此来说，对于同一排污单位，存在 3 种情况：全部自行监测、全部委托监测、部分自行监测部分委托监测。同一排污单位，不同监测项目，可委托多家社会化检测机构开展监测。

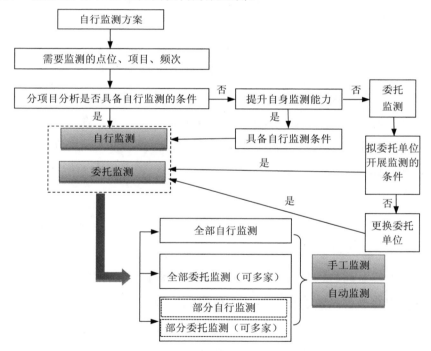

图 2-1　排污单位自行监测活动开展方式选择流程

　　无论是自行监测还是委托监测，都应当按照自行监测方案要求，确定各监测点位、监测项目的监测技术手段。对于明确要求开展自动监测的点位及项目，应采用自动监测的方式，其他点位和项目可根据排污单位实际，确定是否采用自动监测。不采用自动监测的项目，应采用手工监测方式开展监测。采用自动监测方式的项目，应该按照相应技术规范的要求，定期采用手工监测方式进行校验。

2.3.3　监测活动开展应具备的条件

2.3.3.1　自行监测应具备的条件

自行承担监测活动的排污单位，应具备开展相应监测项目的能力，主要从以下几个方面考虑。

（1）人员

自行监测作为排污单位环境管理的关键环节和重要基础，人才是关键，高素质的环境监测人员队伍为排污单位自行监测事业提供坚强的人才保障。

排污单位应有承担环境监测职责的机构，落实环境监测经费，赋予相应的工作定位和职能，配备充足的环境监测技术人员和管理人员。在人员比例上，要考虑各类技术人员的构成，如可要求高级技术人员占技术人员总数比例不低于20%，中级不低于50%。

排污单位应与其人员建立固定的劳动关系，明确技术人员和管理人员的岗位职责、任职要求和工作关系，使其满足岗位要求并具有所需的权力和资源，履行建立、实施、保持和持续改进管理体系的职责。

排污单位监测机构最高管理者应组织和负责管理体系的建立和有效运行。排污单位应对操作设备、检测、签发检测报告等人员进行能力确认，由熟悉检测目的、程序、方法和结果评价的人员，对检测人员进行质量监督。排污单位应制定人员培训计划，明确培训需求和实施人员培训，并评价这些培训活动的有效性。排污单位应保留技术人员的相关资格、能力确认、授权、教育、培训和监督的记录。

（2）设施与环境条件

排污单位应配备用于检测的实验室设施，包括能源、照明和环境条件等，实验室设施应有助于检测的正确实施。

实验室宜集中布置，做到功能分区明确、布局合理、互不干扰，对于有温湿度控制要求的实验室，建筑设计应采取相应技术措施；实验室应有相应的安全消防保障措施。

实验室设计必须执行国家现行有关安全、卫生及环境保护法规和规定，对限制人员进入的实验区域应在其明显部位或门上设置警告装置或标志。

凡是进入对人体有害的气体、蒸气、气味、烟雾、挥发物质的实验室，应设置通风柜，实验室需维持负压，向室外排风必须经特殊过滤；凡是经常使用强酸、强碱、有化学品烧伤的实验室，应在出口就近设置应急喷淋和应急洗眼器等装置。

实验室用房一般照明的照度均匀，其最低照度与平均照度之比不宜小于 0.7，微生物实验室宜设置紫外灭菌灯，其控制开关应设在门外并与一般照明灯具的控制开关分开设置。

为了确保监测结果的准确性，排污单位应做到：对影响监测结果的设施和环境条件应制定相应的技术文件。如果规范、方法和程序有要求，或对结果的质量有影响时，实验室应监测、控制和记录环境条件。当环境条件危及检测的结果时，应停止检测。应将不相容活动的相邻区域进行有效隔离。对影响检测质量的区域的进入和使用，应加以控制。应采取措施确保实验室的良好内务，必要时应制订专门的程序。

（3）仪器设备

排污单位应配备进行检测（包括采样、样品前处理、数据处理与分析）所要求的所有设备，用于检测的设备及其软件应达到要求的准确度，并符合检测相应的规范要求。根据开展的监测项目，可以考虑配备的仪器设备包括：气相色谱仪、液相色谱仪、离子色谱仪、原子吸收光谱仪、原子荧光光谱仪、红外测油仪、分光光度计、万分之一天平、马弗炉、烘箱、烟气烟尘测定仪、pH 计等。对结果有重要影响的仪器的分量或值，应制订校准计划。设备在投入工作前应进行校准或核查，以保证其能够满足实验室的规范要求和相应的标准规范。

仪器设备应由经过授权的人员操作，大型仪器设备应有仪器设备操作规程和仪器设备运行与保养记录；每一台仪器设备及其软件均应有唯一性标识；应保存对检测具有重要影响的每一台仪器设备及软件的记录，并存档。

（4）实验室质量体系

排污单位应建立实验室质量体系文件，制定质量手册、程序文件、作业指导书等文件，采取质量保证和质量控制措施，确保自行监测数据可靠，可根据实际情况确定是否需要取得实验室计量认证和实验室认可等资质。

2.3.3.2 委托单位相关要求

排污单位委托社会化检测机构开展自行监测的，也应对自行监测数据真实性负责，因此排污单位应重视对委托单位的监督管理。其中，具备检测资质是委托单位承接监测活动的前提条件和基本要求。

接受自行监测任务的社会化检测机构应具备监测相应项目的资质，即所出具的检测报告必须能够加盖 CMA 印章。排污单位除应对资质进行检查外，还应该加强对委托单位的事前、事中、事后监督管理。

选择拟委托的社会化检测机构前，应对委托机构的既往业绩、实验室条件、人员条件等进行检查，重点考虑社会化检测机构是否有开展本单位委托项目的经验，是否具备承担本单位委托任务的能力，是否存在弄虚作假的历史等。

委托单位开展监测活动过程中，排污单位应定期不定期抽检委托单位的监测记录，若有存疑的地方，可开展现场检查。

每年报送全年监测报告前，排污单位应对委托单位的监测数据进行全面检查，包括监测的全面性、记录的规范性、监测数据的可靠性等，确保委托单位按照要求开展监测。

2.4 做好监测质量保证与质量控制

无论是自行开展监测还是委托社会化检测机构开展监测，都应该根据相关监测技术规范、监测方法标准等要求做好质量保证与质量控制。

自行开展监测的排污单位应根据本单位自行监测的工作需求，设置监测机构，梳理监测方案制定、样品采集、样品分析、监测结果报出、样品留存、相关记录的保存等监测的各个环节，为保证监测工作质量应制定工作流程、管理措施与监督措施，建立自行监测质量体系。质量体系应包括对以下内容的具体描述：监测机构、人员、出具监测数据所需仪器设备、监测辅助设施和实验室环境、监测方法技术能力验证、监测活动质量控制与质量保证等。

委托其他有资质的社会化检测机构代其开展自行监测的，排污单位不用建立监测质量体系，但应对社会化检测机构的资质进行确认。

2.5 记录和保存监测数据

记录监测数据与监测期间的工况信息，整理成台账资料，以备管理部门检查。对于手工监测，应保留全部原始记录信息，全过程留痕。对于自动监测，除了通过仪器记录全面监测数据外，还应记录运行维护记录。另外，为了更好地说清污染物排放状况、了解监测数据的代表性、对监测数据进行交叉印证、形成完整证据链，还应详细记录监测期间的生产和污染治理状况。

排污单位应将自行监测数据接入全国污染源监测信息管理与共享平台，公开监测信息。此外，可以采取以下一种或者几种方式让公众更便捷地获取监测信息：公告或者公开发行的信息专刊；广播、电视等新闻媒体；信息公开服务、监督热线电话；本单位的资料索取点、信息公开栏、信息亭、电子屏幕、电子触摸屏等场所或者设施；其他便于公众及时、准确获得信息的方式。

第 3 章　工业污染排放状况

制药行业是我国国民经济的重要组成部分，医药制造是关系国计民生的基础性、战略性产业，我国目前已经形成包括化学原料药制造、化药制剂制造、中药材及中成药加工、兽用药制造、生物制品与生化药品制造等门类齐全的产业体系，其中化学原料药制造是医药制造行业的重点污染行业。本章主要就化学合成类、发酵类和提取类三大重点原料药制造工业的工艺生产过程及其产排污情况进行分析，为排污单位自行监测方案的制定提供基础依据。

3.1　行业概况及发展趋势

3.1.1　行业分类

中国是世界医药制造大国之一，制药生产企业遍布全国。按照《国民经济行业分类》（GB/T 4754—2017），医药制造业包括：化学药品原料药制造、化学药品制剂制造、中药饮片加工、中成药制造、中成药生产、兽用药品制造、生物药品制品制造、卫生材料及医药用品制造、药用辅料及包装材料九个子行业。按照制药工业污染物排放标准体系，制药工业包含化学合成类、发酵类、提取类、生物工程类、中药类和混装配制类六大类。本书主要针对的是按照制药工业污染物排放标准分类的化学合成类、发酵类和提取类化学药品原料药制造的排污单位。

3.1.2　行业发展现状

据统计数据，2010—2015 年全球药品销售总额由 7 936 亿美元增长至 10 345 亿美元，年均复合增长率约 5.4%，高于同期全球经济增长速度，2012—2017 年，我国医药市场年复合增长率达到 14%～17%，成为拉动全球药品销售增长的主要力量。"十二五"以来，我国制药工业规模以上企业主营业务收入逐年增长，较"十一五"末增长了 1 倍多，2013 年突破 2 万亿元，但增速逐年下降。2016 年，全国规模以上制药企业 8 377 家，主营业务收入 29 636 亿元，同比增长 9.92%，其中化学原料药主营业务收入 5 034.9 亿元。

3.1.3　行业污染物排放及环保现状

根据历年环境统计年报和第一次全国污染源普查数据，医药制造业废水排放量和 COD 排放量占全国的 2%～3%。化学原料药制造业占较大比例，是医药制造业环境保护治理工作的重点。根据中国化学制药工业协会《中国化学制药工业年度发展报告（2016 年）》统计，化学原料药和制剂生产排污单位共 2 415 家，占全行业总量的 28.8%。化学原料药制造排污单位主要分布在河北、山东、江苏、浙江、安徽、辽宁、内蒙古等地区。

化学药品原料药制造行业是污染排放重点行业。根据 2015 年全国环境统计年报，医药制造业废水排放量为 53 258.7 万 t、COD 排放量为 744 761.7 t、氨氮排放量为 31 018.7 t，分别约占全国废水、COD 和氨氮总排放量的 2.9%、4.1% 和 2.8%；医药制造业 2015 年废气排放量为 3 679.6 亿 m^3，约占全国废气总排放量的 0.5%。从数据上看，废水和废气的排放量占比不是很高，但是医药制造涉及原辅料种类多，生产过程中需使用大量的有机溶剂，且部分溶剂为"致畸、致癌、致突变"物质，若得不到妥善的处理，容易造成水体和大气污染，尤其是 VOCs 排放引起的异味扰民问题非常普遍。

3.1.4 行业发展趋势

3.1.4.1 企业并购重组加快，产业集中度逐步提高

2000 年以来，大型医药企业受研发难度加大、新药推出速度减慢、专利药逐步到期等因素影响，全球药品市场增长速度有所放缓。但发展中国家药品市场的快速发展、仿制药品数量的急速增加，将继续驱动全球药品市场保持较快发展。在国内环保要求趋严和市场竞争日趋激烈的双重压力下，企业生存空间和盈利空间收窄，造成企业正常运营的困难增多。为提高企业市场生存机会，大型制药企业将通过跨省、跨地区甚至跨国重组，推进企业向集团化、特色化、多元化方向发展，实现规模化效益。

3.1.4.2 以市场为导向，提升企业核心竞争力

我国的医药企业一直存在"一小二多三低"的现象，即企业生产规模小，生产企业多、产品重复多，产品技术含量低、新药研发能力低、企业管理水平和经济效益低。随着新的医药改革以及国家强制实施的药品生产质量管理规范（Good Manufacturing Practice，GMP）认证，药品的研发、专业技术人才的需求、产品效益的提升有了更高要求，这就需要企业根据市场需求，不断优化产品结构，整合研发资源，提升专业化水平，培育市场核心竞争力，在市场竞争中立于不败之地。

3.1.4.3 以环保治理为杠杆，推进企业转型升级

2008 年，国家颁布实施了化学合成类、发酵类、提取类等 6 项制药工业水污染物排放标准，对制药工业的水污染物排放提出了更高要求，目前制药行业的大气污染物排放标准也正在制定，这些标准的出台对企业的环保资金投入和环保治理提出了更高要求，加速了一些高污染企业提档升级，以清洁生产为导向，以环保治理为杠杆，不断推进企业转型升级，自然实现优胜劣汰。

3.2　工艺过程污染物产排污节点

本节主要介绍化学合成类、发酵类和提取类三大重点制药工业的工艺生产过程及其污染物排放情况。

3.2.1　化学合成类制药工业

3.2.1.1　定义及产品分类

（1）化学合成类制药

化学合成类制药是指采用一个化学反应或者一系列化学反应生成药物活性成分的过程。化学合成是化学药品原料药生产的主要工艺类型之一，一般包括完全合成制药和半合成制药。目前，在临床治疗中，化学合成制药占据着不可替代的重要地位，医药产品中许多活性成分均通过化学合成工艺生产。

（2）化学合成类药物分类

化学药品原料药种类繁多，根据 2015 年《中国化学制药工业年度发展报告》，按照用途可将其分为二十四大类型，即抗感染类、解热镇痛药、维生素类药、消化系统用药、抗肿瘤药、计划生育及激素类药、心血管系统药、中枢神经系统用药、生化药、泌尿系统用药、制剂用辅料及附加剂、呼吸系统用药、抗寄生虫病药、调节水电解质平衡药、血液系统用药、抗组织胺类及解毒药、麻醉用药、滋补营养药、消毒防腐用药、皮肤科用药、诊断用药、放射性同位素、五官科用药及其他化学原料药。其中，前九大类型 780 余种药物年产量较高，约占化学药品原料药总产量的 80%。

3.2.1.2　生产工艺流程

化学合成类制药就是按照生产工艺，实现各种化学反应生产原料药产品。规模较大的化学合成类制药工业企业在不同的时期可能会生产不同的产品。一批药品生产完成后，清洗设备，再选用其他不同的原料，根据不同的工艺方法，就可以生产不同的产品，但也会产生不同的污染物。

化学合成类制药的生产过程主要以化学原料为起始反应物。生产流程大致包括原辅料的储运及投料、反应阶段、分离纯化、成品检验包装 4 个步骤。其中，反应阶段和分离纯化阶段是制药核心生产环节，也是污染物产生的主要环节，集中了大部分排污节点。化学合成类制药生产工艺流程及产污环节见图 3-1。

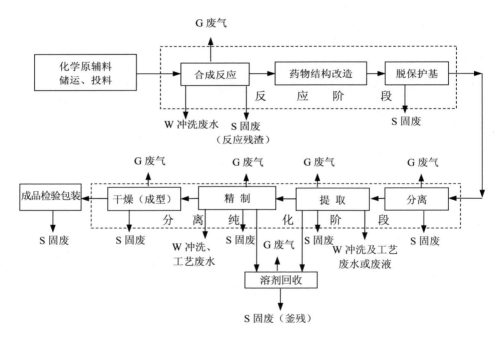

图 3-1 化学合成类制药生产工艺流程及产污环节

反应阶段是获得药物活性成分（通常为含有药物活性成分的混合物）的过程，主要包括合成反应、药物结构改造、脱保护基等过程，具体的化学反应类型包括酰化反应、裂解反应、硝基化反应、缩合反应和取代反应等。

分离纯化阶段是用物理、化学或其他方法把某一药物活性成分或反应过程中间产物（如医药中间体）从反应混合物中分离出来，必要时进一步去除杂质从而获得纯品的过程，其主要包括分离、提取、精制和定型（干燥成型）等。分离主要包括沉降、离心、过滤和膜分离技术；提取主要包括沉淀、吸附、萃取、超滤技术；精制主要包括离子交换、结晶、色谱分离和膜分离等技术；产品定型步骤主要包括浓缩、干燥、无菌过滤和成型等技术。

3.2.1.3 主要原辅材料、有机溶剂的使用分析

各化学合成类制药工业排污单位间由于生产的药品品种不同，化学合成反应过程繁简不一，存在显著差异。一般而言，合成一种原料药需要几步甚至几十步反应，使用原辅料几种、十余种甚至高达 30～40 种；原料总消耗可达每千克产品 10～200 kg；而且不同药物种类生产使用的有机溶剂不同，同种药物生产不同工段使用的有机溶剂也不尽相同，因此整体而言使用的有机溶剂具有种类多、数量大的特点。表 3-1～表 3-4 分别给出了浙江省和江苏省南京市化学合成类制药排污单位使用的原辅材料种类和有机溶剂种类供大家参考。

从表 3-1～表 3-4 可以看出，化学合成类制药工业生产使用的原辅料、有机溶剂种类繁多。此外，化学合成类制药工业生产过程中还会使用含有重金属的物质，如镍、锌、铅、镉等。不同种类的化学合成类药品的制造，因反应工艺类型不同，使用的重金属物质也不同，如加氢还原反应中常使用镍作为催化剂，锌粉在碱性条件下可使硝基苯化合物发生双分子还原等。

表 3-1 浙江省典型化学合成类制药排污单位原辅材料种类

序号	种类	序号	种类	序号	种类	序号	种类
1	乙醇	21	正己烷	42	环己烷	64	三聚氯氰
2	甲醇	22	二甲基亚砜	43	有机催化剂	65	乙酰乙酸甲酯
3	乙酸乙酯	23	醋酸钠	44	苯	66	丙酰氯
4	二氯甲烷	24	二氧六环	45	氯苯	67	N-甲基环己胺
5	甲苯	25	N-甲基吡咯烷酮	46	丙烯酸乙酯	68	氯膦酸二苯酯
6	四氢呋喃	26	氯乙烯	47	邻苯二酚	69	二异丙烯乙基胺
7	正丁基锂四氢呋喃溶液	27	三氯甲烷	48	甲基异丁酮	70	4-BMA
8	4,5-二氯-6-硝基-2-三氟甲基甲苯	28	二甲苯	49	溴乙烷	71	二甲基吡啶
		29	汽油	50	硫脲	72	乙二醇甲醚
9	异丙醇	30	丁酮	51	苯胺	73	丝氨醇
10	反式叔丁基环己酸	31	醋酸钙	52	六氟丙烯	74	L-乳酸
11	2-氨基-3,5-二溴苯甲醇	32	环丙胺	53	1,2-二氯乙烷	75	2-氯-1,4-萘醌
12	乙醚	33	正丁醇	54	草酸	76	溴丁烷
13	5-（N-乙基-2-羟乙基）-2-戊胺	34	甲磺酸	55	二乙胺	77	三乙基硼
		35	甲醇钠	56	三光气	78	乙酰乙酸叔丁酯
14	3-氨基-2-氯-4-甲基吡啶	36	间-（β-羟基乙基砜）硝原苯	57	异丙胺	79	偶氮二异丁腈
15	环氧氯丙烷表氯醇	37	二溴海因	58	2-氨基吡啶	80	三丁基锡氢
16	N,N-二甲基乙酰胺	38	2-氨基-1,3-丙二醇	59	乙二醇	81	戊酰氯
17	吡啶	39	2-氯代烟酸	60	苯甲醛	82	2-甲氧基丙烯
18	甲基叔丁基醚	40	醋化物	61	对氟苯甲醛	83	烯丙基溴
19	污水喀唉	41	乙腈	62	二异丙基氨基锂	84	L-苯丙氨酸
20	乙酸酐			63	乙酸叔丁酯	85	氨基钠

序号	种类	序号	种类	序号	种类	序号	种类
86	4-二甲氨基吡啶	103	2-溴丁酸乙酯	120	多硼烷	137	沙坦主环
87	对氯甲苯	104	4,7-二氯喹啉	121	氨基油	138	联苯溴化物
88	对溴甲苯	105	丁酰胺	122	甲酸铵	139	甲酯盐酸盐
89	偶二异丁腈	106	苯乙酰氯	123	母核	140	正庚烷
90	甘氨酸甲酯盐酸盐	107	对乙酰胺基苯磺酰氯	124	氰苯酚	141	邻氯苯氰
91	对硝基甲酸-5-噻唑酯	108	水杨酸	125	含曲林 D-扁桃酸盐	142	苯氧吡啶盐酸盐
92	冰乙酸	109	乙酸异丙酯	126	甲磺酸多沙唑嗪嗪粗品	143	R-苯乙胺
93	二甘醇二甲醚	110	三氟乙酸	127	单醋酸镁盐	144	石油醚
94	L-脯氨酸	111	N-甲基哌嗪	128	叠氮化物	145	L-脯氨酸甲酯
95	对甲氧基乙基苯酚	112	氟氯苯胺	129	侧链	146	二唑
96	5-氟-2-羟基苯乙酮	113	2,2-二氧基丙烷	130	氯代甘油	147	N-甲基-D-葡萄糖
97	草酸二乙酯	114	撑基二咪唑	131	氨基甘油	148	乙酸丁酯
98	溴氯甲烷	115	苯丙酰氯	132	酰胺化物	149	甲醛
99	硼氢化钠	116	BOC 酸酐	133	环合物	150	间苯二酚
100	苯胺	117	氯化琥珀酰亚胺	134	酒石酸	151	氨
101	愈创木酚	118	二甲苯胺	135	戊腈	152	酚
102	2-吡咯烷酮	119	乙氧甲叉	136	环戊酮		

表 3-2　江苏省南京市典型化学合成类制药排污单位原辅材料种类

序号	种类	序号	种类	序号	种类
1	酮康唑粗品	18	碳酸钠	35	*D*-酒石酸
2	活性酯	19	氢氧化钠	36	氯化汞
3	左旋咪唑碱	20	蔗糖	37	溴化汞
4	酰化物	21	（1R-2R）-1,2-环己二胺	38	乙酸汞
5	二氯乙酸甲酯	22	氯亚铂酸钾	39	三氧化二砷
6	盐酸	23	硝酸银	40	氧氯化磷
7	间三甲氧基苯	24	草酸二水合物	41	碘化钾
8	γ-氯丁酰氯	25	碘化钾	42	氯甲酸乙酯
9	氯化锌	26	氨水	43	丙烯醇
10	碳酸氢钠	27	乙醇酸钠	44	硫酸二甲酯
11	吡咯烷	28	二氧六环	45	丙烯腈
12	活性炭	29	*N*-甲基吗啡	46	2-疏基乙醇
13	氢氧化钾	30	2-疏基苯并咪唑	47	2-甲基 5-硝基咪唑
14	盐酸四咪唑	31	五氧化二钒	48	环氧氯丙烷
15	谷氨酸钠	32	过氧化氢	49	三氯化铝
16	对甲苯磺酰氯	33	亚硫酸钠	50	S-（＋）-环氧氯丙烷
17	三氯化铁	34	1,2-丙二胺	—	—

表 3-3　浙江省典型化学合成类制药排污单位有机溶剂种类

序号	种类	序号	种类	序号	种类
1	甲醛	15	3-溴丙烯	29	邻二氯苯
2	苯	16	乙腈	30	四氢呋喃
3	四氯乙烯	17	正庚烷	31	2-甲基四氢呋喃
4	三氯甲烷	18	乙二醇单甲醚	32	乙酸
5	1,2-二氯乙烷	19	乙醇	33	乙醚
6	二氯甲烷	20	乙酸乙酯	34	丙酮
7	甲基异丁酮	21	正丁醇	35	石油醚
8	四氯化碳	22	2-甲基吡啶	36	氯苯
9	苯胺	23	六甲基二硅胺烷	37	乙酸异丙酯
10	甲基叔丁基醚	24	乙二醇二甲醚	38	甲醇
11	异丙醇	25	丁酮	39	*N*-甲基哌嗪
12	甲苯	26	邻二甲苯	40	己烷
13	对甲苯磺酸	27	对二甲苯	41	二甲基亚砜
14	二乙胺	28	间二甲苯	—	—

表 3-4　江苏省南京市典型化学合成类制药排污单位有机溶剂种类

序号	种类	序号	种类
1	乙酸乙酯	8	异丙醇
2	甲醇	9	草酸（乙酸）
3	丙酮	10	乙醚
4	二甲亚砜	11	DMF（二甲基甲酰胺）
5	乙醇	12	对甲苯磺酸
6	二氯乙烷	13	二氯甲烷
7	甲苯	—	—

3.2.1.4　污染物排放状况分析

化学合成类制药行业属于污染较重的行业，由图 3-1 可知，几乎每个生产环节都会产生污染物，种类包括废水、废气、固体废物（主要是危险废物）。此外，大量生产设备运行时还会产生噪声。

（1）废水

各化学合成类制药工业企业由于生产的药品种类不同，具体的生产工艺也不尽相同，具体包含以下一项或多项废水来源：

1）母液类，即工艺废水：包括各种结晶母液、转相母液、吸附残液等。其污染物浓度高、含盐量高，废水中残余的反应物、生成物等浓度也高且有一定毒性、难降解，此类废水 COD 的量级一般在数万，最高可达几十万；BOD_5/COD 一般在 0.3 以下；含盐量的量级一般在数千以上，最高可达数万，乃至几十万。

2）冲洗废水：包括过滤机械、反应容器、催化剂载体、树脂、吸附剂等设备及材料的洗涤水。其污染物浓度高、酸碱性变化大，一般而言，COD 在 4 000～10 000 mg/L，BOD_5 在 1 000～3 000 mg/L。

3）辅助过程排水：包括循环冷却水系统排污、水循环真空设备排水、去离子水制备过程排水、蒸馏（加热）设备冷凝水等。此类废水 COD 正常情况下小于100 mg/L，多数可回收后循环使用，因此实际排放量较少。

4）生活污水：与企业的人数、生活习惯、管理状态相关，但不是主要废水。

5）厂区雨水：厂区内雨水并非企业生产生活过程中产生的废水，但由于雨水在外排过程中可能含有厂区内的污染物，因此其水质日益受到关注。

化学合成类制药工业企业排放的废水大部分为高浓度有机废水，其含盐量高、pH 变化大，部分指标具有一定毒性或难以被生物降解，如酚类化合物、苯胺类化合物、重金属、苯系物、卤代烃等。水污染物包括常规污染物和特征污染物，常规污染物包括总有机碳、化学需氧量、五日生化需氧量、悬浮物、pH、氨氮、总氮、总磷、色度、急性毒性（$HgCl_2$ 毒性当量）；特征污染物主要包括挥发酚、硫化物、硝基苯类、苯胺类、二氯甲烷、总锌、总铜、总氰化物、总汞、总镉、烷基汞、六价铬、总砷、总铅、总镍等。《化学合成类制药工业水污染物排放标准》对以上 25 种污染物规定了排放限值，其中的硝基苯类、苯胺类、氯苯类、氰化物、多种重金属污染物属于有毒有害或优先控制污染物相关名录中的物质。

（2）废气

化学合成类制药工业主要废气来源包括以下类型：

1）合成反应、分离纯化过程、液体配料投料产生的有机溶剂废气，使用盐酸、氨水调节 pH 产生的酸碱废气；

2）有机溶剂回收工段、蒸馏、蒸发浓缩产生的有机不凝气；

3）固体配料投料、粉碎、干燥、成品包装等工段排放的粉尘（颗粒物）；

4）污水处理厂、固废（危废）暂存场所产生的恶臭气体；

5）各类储罐散逸的有机废气；

6）排污单位自备危险废物焚烧装置产生的焚烧废气，主要包括颗粒物、二氧化硫、氮氧化物、一氧化碳、氯化氢、各类金属元素、二噁英等；

7）排污单位自备的电厂排放的废气，包括颗粒物、二氧化硫、氮氧化物等；

8）挥发性有机物焚烧装置产生的焚烧废气。

化学合成类制药工业生产工艺复杂、设备种类繁多，其中反应阶段和分离纯化阶段两个生产工序，集中了主要的废气排放节点，有机溶剂回收、污水处理厂或处理设施、危险废物暂存和焚烧设施、各类储罐也存在废气产排环节，见表 3-5。

表 3-5 化学合成类制药工业废气主要产排环节

生产工序	污染源	说明
化学原辅料储运、投料	原料库场	封闭式、半封闭式原料库场通风道、换气道排气筒
	粉碎机、反应器投料口	投料口集尘、集气罩、封闭式投料间排气筒
反应阶段（合成、药物结构改造、脱保护基等）	各种类反应器、釜（包括酰化、裂解、硝基化、缩合、取代等反应器、反应釜）	各反应器（釜）工艺反应排气引风、真空（压流）抽气、放空口废气有组织收集排气筒
分离纯化阶段（分离、提取、精制、干燥成型等）	离心机、过滤器、压滤机等	废气有组织收集排气筒
	溶媒罐、提取罐、结晶罐、浓缩罐、蒸馏精馏装置等	挥发性气体排气口引风、真空（压流）抽气、放空口废气有组织收集排气筒
	粉碎机、烘干机	密闭式粉碎机、烘干机废气有组织收集排气筒；封闭式粉碎机、烘干机房排气筒；半封闭式粉碎机、烘干机集尘、集气罩排气筒
其他	各类有机溶剂回收装置	尾气排放口
	集中式污水处理厂/处理设施	恶臭气体有组织收集排气筒
	罐区储罐	呼吸阀排放口
	危险废物焚烧	焚烧炉排气筒

化学合成类制药工业生产过程中，排放的废气污染物种类十分复杂，主要可以划分为 5 类：

1）常规颗粒态污染物：即颗粒物，其广泛存在于固体装卸、投料、干燥、焚烧等多个环节的污染物排放过程中；

2）常规气态污染物：如二氧化硫、氮氧化物等，其主要在危险废物焚烧、火力发电过程中产生；

3）挥发性有机物：这里的"挥发性有机物"特指总量性指标，如非甲烷总烃，其排放环节贯穿化学合成类制药的全过程；

4）臭气浓度：是表征恶臭气体的综合性指标，主要存在于污水处理厂或处理设施、危废暂存设施恶臭气体有组织收集排放过程中；

5）特征污染物指标：这类指标较为复杂，大致可以再细分为三类。①有机类：各种来自于生产过程中使用的有机原辅料、有机溶剂及其衍生物形成的具体的挥发性有机污染物，如苯、甲苯、丙酮等，这类指标种类繁多，是对"3）挥发性有机物"总量指标的补充，是确定自行监测指标的重点和难点；②无机类：主要包括氯化氢（HCl）、氨（NH_3）、各种重金属等，主要是在反应或分离纯化阶段酸碱调节、危险废物焚烧过程中排放；③恶臭类：主要包括硫化氢（H_2S）、氨（NH_3）、二硫化碳（CS_2）等纳入《恶臭污染物排放标准》（GB 14554—93）中的各具体监测因子，是对"4）臭气浓度"指标的补充。

（3）噪声

化学合成类制药工业企业噪声源主要包括：

1）各类生产机械：生产过程中使用的空压机、水泵、真空泵、离心机、冷却塔、干燥/烘干机、冷冻机、冻干机、过滤/压滤机等；

2）污水处理产生的噪声：曝气设备、污泥脱水设备等；

3）独立热源、自备电厂锅炉燃烧产生的噪声：燃料搅拌、鼓风设备等。

（4）固体废物

化学合成类制药工业企业生产过程中产生的固体废物主要与化学合成类制药各个工段采用的工艺技术有关，大部分为危险废物。生产过程中产生的危险废物主要有废催化剂、废活性炭、废溶剂、废酸、废碱、废盐、废酶、精馏釜残、废滤芯（废滤膜）、粉尘、药尘、废药品等。产生的一般固体废物主要为部分废包装材料等。

3.2.2 发酵类制药工业

3.2.2.1 定义及产品分类

（1）发酵

根据《生物技术制药》中发酵的定义，发酵是指借助微生物在有氧或无氧条件下的生命活动来制备微生物菌体本身，或者直接代谢产物或次级代谢产物的过程。

（2）发酵类制药

《发酵类制药工业水污染物排放标准》（GB 21903—2008）中对发酵类制药的
定义，是指通过发酵的方法产生抗生素或其他的活性成分，然后经过分离、纯化、
精制等工序生产出药物的过程。发酵类制药按产品种类分为抗生素类、维生素类、
氨基酸类和其他类。

（3）分类

发酵类药物最开始是从抗生素的生产发展起来的，至今该类药物也以抗生素
类为主。发酵类药物的分类如表 3-6 所示。

表 3-6　发酵类制药工业产品分类

药品种类		代表性药物
抗生素	β-内酰胺类	青霉素
		头孢菌素
		其他
	四环类	土霉素
		四环素
		去甲基金霉素
		金霉素
		其他
	氨基糖苷类	链霉素、双氢链霉素
		庆大霉素
		大观霉素
		其他
	大环内酯类	红霉素
		麦白霉素
		其他
	多肽类	卷曲霉素
		去甲万古霉素
		其他
	其他类	洁霉素、阿霉素、利福霉素等

药品种类	代表性药物
维生素	维生素 C
	维生素 B12
	其他
氨基酸	谷氨酸
	赖氨酸
	其他
其他	核酸类

1）抗生素类药物：抗生素是某些微生物的代谢产物或半合成的衍生物。根据抗生素的结构主要分为 6 类：

a. β-内酰胺类：分子中含有 4 个原子组成的 β-内酰胺环的抗生素，其中以青霉素类（青霉素钠等）和头孢菌素类（头孢菌素 C 等）两类抗生素为主，还有一些 β-内酰胺酶抑制剂（克拉维酸钾等）和非经典的 β-内酰胺类抗生素（硫霉素、诺卡霉素等）。

b. 四环类：由放线菌产生的以并四苯为基本骨架的一类广谱抗生素。如盐酸土霉素、盐酸四环素、盐酸金霉素等。

c. 氨基糖苷类：由氨基糖（单糖或双糖）与氨基醇形成的苷。如硫酸链霉素、硫酸双氢链霉素、硫酸庆大霉素等。

d. 大环内酯类：由链霉菌产生的一类显弱碱性的抗生素，分子结构特征为含有一个内酯结构的十四元或十六元大环。如红霉素、柱晶白霉素、麦白霉素等。

e. 多肽类：由 10 个以上氨基酸组成的抗生素。如盐酸去甲万古霉素、杆菌肽、环孢素、卷曲霉素（卷须霉素）、紫霉素、结核放线菌素、威里霉素、恩拉霉素（持久霉素）、平阳霉素等。

f. 其他类：洁霉素、利福霉素、创新霉素、赤霉素、井岗霉素、环丝氨酸（氧霉素）、更新霉素、自立霉素、正定霉素（柔红霉素）、链褐霉素、光辉霉素（多糖苷类）、阿克拉霉素、新制癌霉素、克大霉素（贵田霉素）、阿霉素等。

2）维生素类药物：维生素是维持机体健康所必需的一类低分子有机化合物。

目前，在生产中只有少数几种维生素完全或部分应用发酵方法制造，主要包括维生素 B12、维生素 C 等。

3）氨基酸类药物：主要包括赖氨酸、谷氨酸、苯丙氨酸、精氨酸、缬氨酸。

4）其他类药物：其他还有很多药物可以采用微生物发酵的方法制得，如核酸类药物（辅酶 A）、甾体类药物（氢化可的松）、酶类药物（细胞色素 C）等。

3.2.2.2　生产工艺流程

发酵类制药生产工艺流程一般为菌种筛选、种子培养、微生物发酵、发酵液预处理和固液分离、提取、精制、干燥、包装等步骤。种子培养阶段通过摇瓶种子培养、种子罐培养及发酵罐培养连续的扩增培养，可获得足量健壮均一的种子投入发酵生产。发酵液预处理的主要目的是将菌体与滤液分离开，便于后续处理，通常采用过滤法处理。提取包括从滤液中提取和从菌体中提取两种不同工艺过程，产品提取的方法主要有萃取、沉淀、盐析等。产品精制纯化主要有结晶、喷雾干燥、冷冻干燥等几种方式。典型发酵类制药的生产工艺及产污环节如图 3-2 所示。

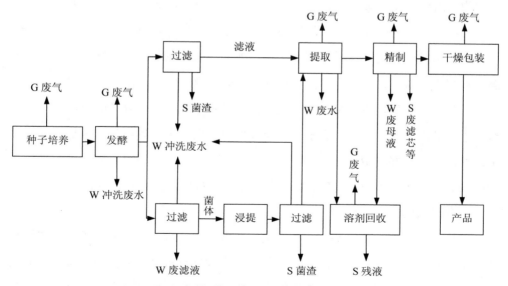

图 3-2　典型发酵类制药生产工艺流程及产污环节

3.2.2.3　污染物排放状况分析

根据典型生产工艺及产污环节（图 3-2）对发酵类制药工业产生的废水、废气、噪声、固体废物的排放状况进行说明。

（1）废水

废水主要包括生产废水、辅助工程废水、冲洗水和生活污水。

生产废水包括废滤液、废母液、溶剂回收残液等。废水污染物浓度高、酸碱性和温度变化大、含药物残留，但水量小。辅助工程废水包括工艺冷却水、动力设备冷却水、循环冷却水、去离子水制备过程排水、蒸馏设备冷凝水等，此类废水污染物浓度低，但水量大。冲洗水包括容器设备冲洗水、过滤设备冲洗水、树脂柱再生水、地面冲洗水等，其污染物浓度高，酸碱性变化大。生活污水与排污单位人数、生活习惯、管理状态相关。

1）抗生素类

发酵类抗生素生产过程产生的废水污染物浓度高、水量大，废水中所含成分主要为发酵残余物、破乳剂和残留抗生素及其降解物，还包括抗生素提取过程中残留的各种有机溶剂和一些无机盐类等。其废水成分复杂、碳氮营养比例失调（氮源过剩），部分抗生素含有大量硫酸盐，废水带有较重的颜色和气味，悬浮物含量高，易产生泡沫，含有难降解物质和有抑菌作用的抗生素，并且具有毒性等。

目前对于抗生素生产废水的治理，主要采用预处理—水解（或厌氧）—好氧组合生化处理工艺。高浓度废水首先经预处理、厌氧生化后，其出水与低浓度废水混合，再进行好氧生化（或水解—好氧生化）处理；或采用高浓度废水先与其他废水混合，然后采用预处理、好氧（或水解—好氧）生化处理的流程。

2）维生素类

维生素类以维生素 C 为例，生产废水主要来自洗罐水、母液及釜残。这类制药废水的特点为排放量大，污染物浓度高；高浓度有机废水多为间歇排放，造成排水水质不均匀；废水中主要含有有机污染物，水质偏酸性，另外还含有氮、磷及无机盐，废水可生化性好。目前国内厂家对维生素类主要采用厌氧—好氧生化处理工艺。

3）氨基酸类

氨基酸类主要排放的废水为发酵罐气体洗涤水、蒸发气洗涤水和树脂洗涤水，水中含有蛋白、糖等。某些具有副产品生产能力的氨基酸生产企业，废水还部分来源于副产品车间蒸发结晶工序及制肥车间等，废水中主要含有氨氮等。国内一些厂家采用厌氧—好氧结合的生物处理法对其污水进行处理。

4）其他类

其他类品种较少，产量较低，主要排放的废水为发酵、提取车间洗排水、地面冲洗水等。废水的污染物主要是发酵残余物，包括发酵代谢产物、残余的消沫剂、凝聚剂等，以及在药品提取过程中的各种有机溶剂和一些无机盐类等。根据发酵废水的废水特征，其废水的污染物以有机物为主，一般采用厌氧—好氧处理工艺处理此类废水。

（2）有组织废气

有组织废气主要包括发酵尾气、有机废气、含尘废气、酸碱废气、危险焚烧炉废气及废水处理装置产生的恶臭气体。主要排放工序包括配料及投料工序、发酵工序、提取工序、精制工序、干燥工序、溶剂回收工序、成品工序、物料储存设施、污水处理工序、固体废物暂存设施、处理设施和危险焚烧炉等。发酵尾气（包括发酵罐消毒灭菌排气）废气气量大，同时含有少量培养基物质以及发酵后期细菌开始产生抗生素时菌丝的气味。配料及投料、发酵、提取、精制工序、溶剂回收、物料储存设施、固体废物暂存或处理设施和污水处理工序等工序产生的有机废气（如甲苯、乙醇、甲醛、丙酮等），是有机废气主要的污染源。废水处理装置也同时产生恶臭气体。

（3）无组织废气

在溶剂储存、运输、生产过程及污水处理过程都存在无组织排放。如挥发性有机溶剂在储存、运输过程中通过呼吸而产生的间歇无组织排放；由于物料在不同设备中多次流转，不易做到全封闭而造成的无组织排放；生产过程中离心分离设备、过滤设备、真空设备、溶剂回收设备、干燥设备和管道的泄漏造成的无组织排放；车间排水沟和车间废水收集池，污水处理的收集池、调节池、厌氧池、兼氧池、污泥压滤机、固废储存运输过程也会有挥发性有机物的无组织逸散或排放。

（4）噪声

噪声源主要有两类：一是生产及配套工程的噪声源，如发酵设备、提取、精制机械及设备（过滤和离心设备）、干燥机械及设备、真空设备、空调机组、空压机、冷却塔等；二是污水处理设施的噪声源，如曝气设备、风机、污泥脱水设备等。

（5）固体废物

固体废物主要包括发酵工序产生的菌丝废渣、发酵残留物；提取、精制工序产生的废溶剂、废活性炭、废树脂和釜残等；危险废物焚烧装置焚烧后的残渣，这些都属于危险废物。对于污水处理工序产生的污泥或其他可能产生的固体废物，这些固体废物属于一般工业固体废物还是属于危险废物，按照《国家危险废物名录》或国家规定的危险废物鉴别标准和鉴别方法进行认定。另外，在生产过程中还会产生一些一般工业固体废物。

3.2.3　提取类制药工业

3.2.3.1　定义及产品分类

（1）提取

提取是指通过溶剂（如乙醇）处理、蒸馏、脱水、经受压力或离心力作用，或通过其他化学或机械工艺过程从物质中制取（如组成成分或汁液）。

（2）提取类制药

《提取类制药工业水污染物排放标准》（GB 21905—2008）中对提取类制药的

定义，是指运用物理的、化学的、生物化学的方法，将生物体中起重要生理作用的各种基本物质经过提取、分离、纯化等手段制造药物的过程。概括地讲，提取类药物包括传统意义上不经过化学修饰或人工合成的生化药物和以植物提取为主的天然药物，还有近年新发展的海洋生物提取药物。以下 3 种情况不属于提取类制药：①用化学合成、半合成等方法制得的生化基本物质的衍生物或类似物列入化学合成类；②菌体及其提取物列入发酵类；③动物器官或组织及小动物制剂类药物，如动物眼制剂、动物骨制剂等列入中药类。

（3）提取类药物分类

提取类药物按来源分主要有：人体、动物、植物、海洋生物等，不包括微生物。按照生物化学系统也就是按照药物的化学本质和结构，提取类药物可分为以下几种：氨基酸类药物、多肽及蛋白质类药物、酶类药物、核酸类药物、糖类药物、脂类药物以及其他类药物。

提取类药物代表品种见表 3-7。

表 3-7　提取类药物代表品种

来源	分类	主要品种
人体	—	胎盘丙种球蛋白、尿激酶、绒毛膜促性激素
动物	氨基酸类	缬氨酸、亮氨酸、丝氨酸、胱氨酸、赖氨酸、酪氨酸、色氨酸、组氨酸、左旋多巴、水解蛋白等
	多肽与蛋白质类	胰岛素、胸腺素、绒促性素、鱼精蛋白、胃膜素、降钙素、尿促性素等
	酶类	胃蛋白酶、胰蛋白酶、胰酶、菠萝蛋白酶、细胞色素 C、纤溶酶、尿激酶、蚓激酶、胰激肽原酶、弹性蛋白酶、糜蛋白酶、玻璃酸酶、超氧化物歧化酶、溶菌酶、凝血酶、抑肽酶、降纤酶等
	核酸类	辅酶 A、三磷酸腺苷、二钠肌苷、胞磷胆碱钠、阿糖胞苷、利巴韦林、阿昔洛韦、去氧氟尿苷等
	糖类	甘露醇、肝素、低分子肝素、硫酸软骨素、冠心舒、玻璃酸、甲壳质右旋糖酐等
	脂类	豆磷脂、胆固醇、胆酸、猪去氧胆酸、胆红素、卵磷脂、胆酸钠、辅酶 Q_{10}、前列腺素、鱼油、多不饱和脂肪酸、羊毛脂等

来源	分类	主要品种
植物	糖类	单糖类：葡萄糖、果糖、核糖、维生素C、木糖醇、山梨醇、甘露醇等 聚糖类：蔗糖、麦芽糖、淀粉、纤维素、人参多糖、黄芪多糖等 糖的衍生物：葡萄糖-6-磷酸等
	脂类	脂肪和脂肪酸类：亚油酸、亚麻酸 磷酯类：大豆磷脂 固醇类：β谷固醇、豆固醇等
	蛋白质、多肽、酶类	天花粉蛋白、蓖麻毒蛋白、胰蛋白酶抑制剂、木瓜蛋白酶、辣根过氧化物酶、超氧化物歧化酶、麦芽淀粉酶、脲酶
	苯丙素类	苯丙烯、苯丙酸、香豆素等
	醌类	辅酶Q_{10}、紫草素等
	黄酮类	黄酮醇、花色素、黄芩苷等
	鞣质	奎宁酸、槲皮醇等
	萜类	青蒿素、齐墩果酸等
	甾体	毛地黄、毒苷元等
	生物碱	咖啡因、喜树碱等
海洋生物	—	海藻酸钠、甲壳素等

3.2.3.2 生产工艺流程

提取类制药生产工艺大体可分为6个阶段：原料的选择和预处理、原料的清洗和粉碎、提取、分离纯化（精制）、干燥及灭菌、制剂，见图3-3。

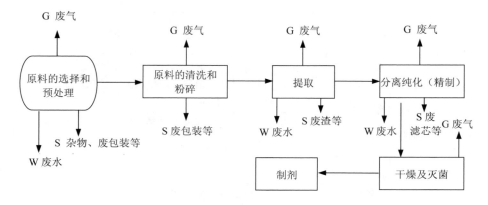

图3-3 提取类制药工业生产流程及产污环节

（1）原料的选择和预处理

原材料的选择要注意以下几个方面：要选择有效成分含量高的新鲜材料，来源丰富易得，制造工艺简单易行，成本比较低，经济效果较好。

材料选定之后，通常要进行预处理。动物组织先要剔除结缔组织、脂肪组织等活性部分；植物种子先去壳除脂等。

（2）原料的清洗和粉碎

利用机械法、物理法、化学法或生化法将原料粉碎。机械法主要通过机械力的作用，使组织粉碎；物理法是通过各种物理因素的作用，使组织细胞破碎，包括反复冻融、冷热交替法、超声波处理法、加压破碎法；生化及化学法包括自溶法、溶菌酶处理法、表面活性剂处理法等。

（3）提取

提取也称抽取、萃取。提取法可分为两类：一类为固体的处理，也称液-固萃取；另一类为液体的处理，也称液-液萃取。提取常用的溶剂有水、稀盐、稀碱、稀酸溶液以及不同比例的有机溶剂，如乙醇、丙酮、三氯甲烷、二氯甲烷、三氯乙酸、乙酸乙酯、草酸、乙酸等。

（4）分离纯化（精制）

分离纯化就是将提取出的粗品精制的过程。主要应用的方法有盐析法、有机溶剂分级沉淀法、等电点沉淀法、膜分离法、凝胶层析法（过滤法）、亲和层析、浓缩、结晶和再结晶作用。

1）盐析法。常用作盐析的无机盐有氯化钠、硫酸氨、硫酸镁、硫酸钠以及磷酸钠等。

2）有机溶剂分级沉淀法。在一定条件下，一种溶质只能在一个比较狭窄的有机溶剂浓度范围内沉淀出来，因而可以利用不同浓度对其进行分级分离。乙醇和丙酮是两种最常用的有机溶剂。

3）等电点沉淀法。利用蛋白质在等电点时溶解度最低，且各种蛋白质又具有不同的等电点的特性。利用等电点沉淀法分离时需要进行 pH 的调节。

4）膜分离法。常见的膜分离法有微孔过滤、超精密过滤、超滤和反渗透析等。

5）凝胶层析法（过滤法）。是指混合物随流动相经过装有凝胶作为固定相的层析柱时，因其各种物质分子大小不同而被分离的技术。整个过程和过滤相似，又称凝胶过滤、凝胶渗透过滤、分子筛过滤等。主要原理是基于一种可逆的分子筛作用，可以把大分子和小分子分开。广泛应用于分离氨基酸、多肽、蛋白质、酶和多糖等提取类药物。葡聚糖、聚丙烯酰胺、琼脂糖、疏水性凝胶是最常用的几种凝胶。

6）亲和层析。亲和层析是利用生物大分子特异亲和力而设计的层析技术。配基是可逆结合的特异性物质，而与配基结合的层析介质则称为载体。亲和层析技术能从粗提液中，通过一次简便处理，便可获得高纯度的活性物质，其既可分离一些生物材料中含量极微的物质，又能分离一些性质十分相似的物质。几种常用的载体为纤维素、琼脂糖凝胶、葡聚糖凝胶、聚丙烯酰胺凝胶、多孔玻璃珠等。

7）浓缩。浓缩是低浓度溶液通过除去溶剂（包括水）变为高浓度溶液的过程。常采用薄膜蒸发浓缩、减压蒸发浓缩和吸收浓缩。

8）结晶和再结晶作用。结晶是溶质呈晶态并从溶液中析出的过程，是一种分离纯化的常用手段。使固体溶质的溶液蒸发以减少溶剂、改变温度使饱和溶液变为过饱和以及利用加盐（如硫酸铵）、加有机溶剂（如乙醇或丙酮）和调节 pH 以降低溶质溶解度等方法，都可使溶质成为结晶析出。再结晶的方法就是先将结晶溶于适当溶剂中，再利用上述方法使其重新生成结晶。常用的溶剂有水、乙醇、丙酮、三氯甲烷、二氯甲烷、乙醚、乙酸乙酯等。

（5）干燥及灭菌

干燥是从湿的固体药物中，除去水分或溶剂而获得相对或绝对干燥制品的工艺过程。最常用的方法有常压干燥、减压干燥、喷雾干燥和冷冻干燥等。

灭菌是指杀灭或除去一切微生物的操作技术。常用干热、湿热、紫外线、过滤和化学等方法。

（6）制剂

制剂是原料药经精细加工制成片剂、针剂、冻干剂等供临床应用技术的各种剂型的工艺过程。

3.2.3.3　污染物排放状况分析

根据提取类制药工业的生产工艺流程对其废水、废气、噪声、固体废物的排放情况进行分析。

（1）废水

一般而言，提取的原材料中的药物活性组分含量较低，通常为万分之几。在提取过程中，大量的原材料经过多次以有机溶剂或酸碱等为底液的提取过程，体积急剧降低，药物产量非常小，废水中含有大量的有机物。在精制过程中会继续排放以有机物为主的废水，排水量及污染程度根据所提取产品的纯度要求和采用的工艺有所不同。但总体而言，其污染程度要比提取过程小得多。有粗提工艺时，废水的污染较重。

提取类制药工业排污单位排放的废水污染物产生节点主要在以下环节：

1）原料清洗。原料清洗产生的主要污染物为悬浮物、动植物油等。

2）提取。提取是通过提取装置或有机溶剂回收装置进行排放。废水中的主要污染物为提取后的产品、中间产品以及溶解的溶剂等，主要污染指标为化学需氧量、五日生化需氧量、悬浮物、氨氮、动植物油、有机溶剂等。提取废水是提取类制药工业排污单位的主要废水污染源。

3）精制。提取后的粗品精制过程中会有少量废水产生，水质与提取废水基本相同。

4）设备清洗。每个工序完成一次批处理后，需要对本工序的设备进行一次清洗工作，清洗水的水质与提取废水类似，一般浓度较高，且为间歇排放。

5）地面清洗。地面定期清洗而排放的废水，主要污染指标为化学需氧量、五日生化需氧量、悬浮物等。

（2）废气

提取类制药工业排污单位排放的废气污染物产生节点主要存在以下环节：

1）对植物进行提取时，原料选择和预处理、清洗、粉碎过程中会有粉尘排放；对动物或海洋生物进行提取时，原料清洗及粉碎过程中还会有恶臭气体排放。

2）提取过程、精制过程、干燥过程和溶剂回收过程中会有溶剂挥发。

3）产品的粉碎、成型、包装过程有微量药尘排放，对动物或海洋生物进行提取时，还会有微量恶臭气体排放。

4）固体废物暂存或处理时，会有恶臭气体或少量残余溶剂挥发。

5）污水处理设施（站）在进行生化处理时，会有恶臭、溶剂等有组织或无组织排放的废气。

6）排污单位自备供热、供电锅炉时，会有颗粒物、二氧化硫、氮氧化物等废气排放。

7）排污单位自建的危险废物焚烧炉会有烟尘、二氧化硫、氮氧化物、二噁英类、铅、铬金属物质等污染物的排放。

8）挥发性有机物废气焚烧处理后，会有没有分解完全的有机废气排放。

（3）噪声

提取类制药工业排污单位按照生产工艺分析，噪声源主要有以下 3 类：

1）原料选择和预处理、清洗、粉碎过程。主要设备有备料过程的机械、清洗机械、粉碎机械等。

2）提取、精制、干燥、灭菌、制剂生产过程。主要设备有电机、离心机、泵、风机、冷冻机、空调机组、凉水塔等。

3）污水处理设施（站）。主要设备有污水提升泵、曝气设备、风机、污泥脱水设备等。

（4）固体废物

提取类制药工业排污单位在生产过程中会产生一些固体废物，根据生产工艺考虑，主要有以下 3 类：

1）原料选择和预处理、粉碎、冲洗工序产生的主要固体废物有原料中的杂物、废包装材料、变质的动物或海洋生物尸体、动物组织中剔除的结缔组织或脂肪组织等，其属于一般工业固体废物。

2）提取、精制、溶剂回收、废气处理工序产生的主要固体废物有残余液、废滤芯（滤膜）等吸附过滤物及载体、含菌废液、废药品、废试剂、废催化剂、废渣等，其属于危险废物。

3）污水处理工序产生的污泥或其他可能产生的固体废物。这些固体废物属于一般工业固体废物还是属于危险废物，按照《国家危险废物名录》或国家规定的危险废物鉴别标准和鉴别方法进行认定。

3.3 污染治理技术

制药工业鼓励开展从源头治理、精细管理的模式，发展"专、精、特、新"的集约化规模企业，采用无毒、低毒的原辅材料、先进高效的生产工艺和设备等清洁生产与末端治理相结合、综合利用与无害化处置相结合的原则，通过废水分类收集、分质处理、采用先进、成熟的污染防治技术，减少废气排放，提高废物综合利用水平等措施进行污染防治和治理。

3.3.1 废水污染治理技术

制药工业排污单位根据废水的水质特征和废水的排放去向采用不同的废水治理技术，通过预处理、物化处理、生物处理或深度处理等多种处理工艺的组合，使其排放的废水达到《发酵类制药工业水污染物排放标准》《化学合成类制药工业水污染物排放标准》《提取类制药工业水污染物排放标准》及其他地方排放标准或特殊水质的排放标准要求。

制药废水通常采用物化—生物法联用的工艺进行处理。

（1）物化处理技术

物化处理主要作为生物处理工序的预处理或后处理工序。常用的物化处理技术有：混凝沉淀/气浮法处理技术、电解法处理技术、微电解（Fe-C）法处理技术、Fenton（芬顿）试剂氧化法处理技术、臭氧氧化法处理技术、吸附过滤法处理技术、蒸氨法处理技术、吹脱法处理技术、汽提法处理技术、多效蒸发处理技术、刮板薄膜蒸发处理技术等。

（2）生物处理技术

生物处理一般分为厌氧生物处理、好氧生物处理。厌氧生物处理技术主要有：升流式厌氧污泥床（UASB）处理技术、厌氧颗粒污泥膨胀床（EGSB）处理技术、厌氧流化床（AFB）处理技术、复合式厌氧污泥床（UBF）处理技术、厌氧内循环反应器（IC）处理技术、折流板反应器（ABR）处理技术、水解酸化处理技术、两相厌氧反应器处理技术等。好氧生物处理技术主要有：传统活性污泥法处理技术、接触氧化法处理技术、吸附生物降解法处理技术、曝气生物滤池处理技术、间歇曝气活性污泥法（SBR）及其变形工艺［周期循环活性污泥法（CASS）、间歇式循环延时曝气活性污泥法（ICEAS）、循环式活性污泥法（CAST）等］处理技术等。

化学合成类和发酵类制药废水成分较为复杂，常用的可行处理技术工艺流程见图 3-4 和图 3-5，提取类制药废水治理时可参考借鉴。

3.3.2　废气污染治理技术

对制药工业企业的废气尽量采取一些措施使无组织排放变为有组织排放，从而进行有效的集中治理。如溶剂储罐设置内浮顶罐；车间、厂房利用集气罩收集无组织气体集中排放；物料采用双管式输送等。集中处理的治理技术有以下几种。

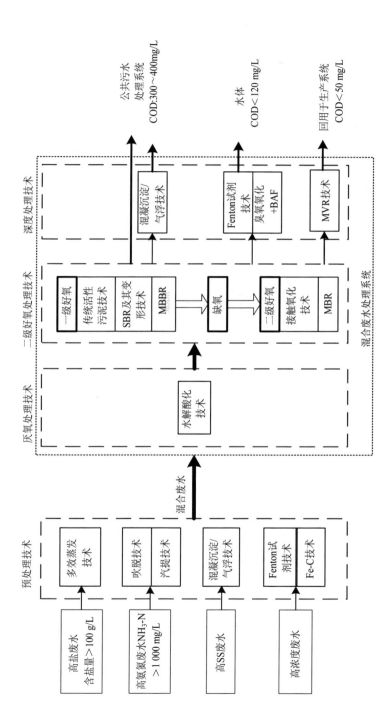

图3-4 化学合成类水污染物排放控制可行技术工艺流程

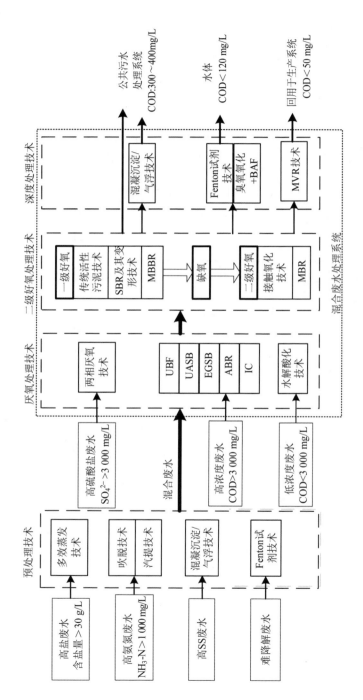

图 3-5 发酵类水污染物排放控制可行技术工艺流程

（1）含尘废气治理技术

制药工业中在粉碎、筛分、总混、过滤、干燥、包装等工序中产生的含尘废气多采用旋风除尘、袋式除尘、湿式除尘等高效除尘捕集技术。旋风除尘处理技术除尘效率为 70%～90%，适用于粒径＞8 μm 的制药粉尘治理；袋式除尘处理技术除尘效率＞99%，适用于粒径＞1 μm 的制药粉尘治理；湿法除尘处理技术除尘效率为 70%～90%，适用于粒径＞5 μm 的制药粉尘治理。

（2）有机废气和恶臭气体治理技术

制药企业的有机废气主要来自于发酵、合成、提取、精制和干燥等生产工序的反应、萃取分离、溶剂蒸馏回收以及输送、存储、包装等过程。制药企业恶臭气体主要产生于生产环节和污水处理系统，产生的恶臭气体以硫化氢和氨等为主要成分。有机废气和恶臭气体常见的处理工艺有两类：一类是破坏性方法，如燃烧法、生物法、光催化法、等离子体分解法等；另一类是非破坏性方法，如吸收法、吸附法、冷凝法等。

1）燃烧法是在高温下，把 VOCs 氧化分解为二氧化碳和水。燃烧法适用于高浓度、小气量的可燃性气体的处理，净化 VOCs 效率一般在 90% 以上。热回收部分的设计尤为重要，管式热交换器的热回收率约为 60%，蓄热式热交换器的热回收率可达 80%～95%。

2）生物法处理是利用生物菌或环境微生物在新陈代谢过程中将 VOCs 与异味物质转化为细胞质固相物质或代谢产物，其适用于处理水溶性的、可生物降解的低浓度臭气，同时也适用于处理易降解、低浓度的 VOCs，处理效率一般在 60%～85%。运行过程中需严格控制酸碱度、营养物质投放、污染负荷等指标。

3）光催化法是利用催化剂的光催化氧化性，使 VOCs 及恶臭气体发生氧化还原反应，最终变为 CO_2、H_2O 及无机小分子物质，其反应器分间歇式和流动式两种。光催化法适用于低浓度小气量、不易毒化催化剂的 VOCs 物质，其对恶臭气体去除率达 90%。常见的催化剂有氨、硫化氢、吲哚、三甲胺、甲硫醇、二甲二硫、甲硫醚、乙醛、低级醇、脂肪酸等。

4）等离子体降解是利用高能电子、自由基等活性粒子和废气中的 VOCs 污染物作用，使污染物分子在极短的时间内发生分解，并发生后续的各种反应以达到降解污染物的目的。等离子体降解有辉光放电、电晕法、流光放电法、沿面放电法等方法。该技术适用于低浓度、小气量废气，不适用于易燃易爆或浓度接近爆炸极限的 VOCs 气体。同时，该技术可促使一些在通常条件下不易进行的化学反应得以进行，去除恶臭效率可达 95%～99%。

5）吸收法技术成熟，净化效率较高，控制条件苛刻，消耗吸收剂，动力消耗大，投资运行费用高，易产生二次污染，可选择单级或多级串联操作。吸收法适用于治理大气量、高中浓度的 VOCs 及恶臭物质的废气净化，设备应选择气液接触充分、设备阻力小、耐腐蚀、操作容易、净化效率高的塔器设备，该技术净化效率大于 90%。酸碱吸收净化系统应配有自动加碱/酸调节装置。

6）吸附法分为固定床吸附法、流动床吸附法和转轮浓缩吸附法。该技术对待处理的恶臭气体要求有较低的湿度和含尘量，适用于气量范围广、低浓度的恶臭气体处理。吸附剂与其吸附的 VOCs 可以通过升温或减压的方法进行分离，某些有价值的 VOCs 可以回收，溶剂也可以返回吸收工艺中循环使用。该技术对臭气浓度的平均去除率达 90%。

7）冷凝法通常选用冷盐水或 CFC 作为冷却剂。该技术适用于高沸点和高浓度有机物的回收，效率可达 95%以上；采用盐水（冷却温度为 4.4～-34.0℃）或 CFC（冷却温度为-34.4～-68.0℃）作冷却剂较为合适。

（3）酸碱废气治理技术

制药企业的酸碱废气是在生产过程中，调节 pH 和其他使用盐酸、氨水的工序时，会有氯化氢和氨的部分挥发产生。酸碱废气常用的处理技术主要为酸碱吸收法处理技术，处理设备可采用塔式或降膜等。该技术适用范围广，对废气浓度限制较小，但产生的废吸收液可能造成二次污染，需要进一步处理。酸碱废气治理技术适用于较大气量酸碱废气的治理。

（4）沼气脱硫技术

制药企业产生的沼气来自于废水的厌氧处理。沼气中含有 H_2S，含量最高可达 4%左右，如果将其直接用作燃料，会对环境造成污染，且将对输气管道、贮气柜和用气设备造成严重腐蚀，因此，沼气在贮存和利用之前必须经过脱硫处理。沼气脱硫后可综合利用于沼气锅炉供热或沼气发电。常用的治理技术一般为干法脱硫处理技术、湿法脱硫处理技术、生物脱硫技术等。

干法脱硫处理技术通过含有氧化铁的填料层，其中硫化氢与氧化铁反应生成硫化铁的一种脱除硫化氢的方法。该技术脱硫效率高，工艺过程简单，能耗低，但需要及时更换填料以确保效果。干法脱硫处理技术适用于气量较小、硫化氢浓度＜5 g/m^3 的沼气净化。

湿法脱硫处理技术是以碱性溶液为吸收剂，加入载氧体催化剂，在脱硫塔内与沼气逆流接触吸收并氧化其中的硫化氢，产生单质硫，而后在再生设备中利用空气中的氧将被还原的催化剂氧化，恢复催化活性，循环利用。该技术运行费用低，脱硫效率高，但操作管理要求较高，产生的废吸收液可能会造成二次污染。湿法脱硫处理技术适用于高浓度含硫沼气的净化。

生物脱硫技术是指含硫沼气中的硫化氢在微生物的作用下氧化生成单质硫，从沼气中脱除的技术。生物脱硫技术包括生物过滤法、生物吸附法和生物滴滤法。该技术产生的污染物少，能耗低，不需要催化剂和氧化剂，但过程不易控制，条件要求苛刻。沼气生物脱硫技术适用于低浓度含硫沼气的处理，处理效率＞90%。

3.3.3　固体废物污染治理技术

固体废物污染治理的主要方式有：资源化、焚烧、填埋等。制药工业企业产生的固体废物根据其特性分为一般工业固体废物和危险废物。根据其不同的类别采用不同的处理方式。

对于列入《国家危险废物名录》的废物，按照危险废物处置的方式进行处置，由有资质的专业单位处置。危险废物通常包括：高浓度釜残液、生产抗生素类药物产生的菌丝废渣、报废药品、过期原料、废吸附剂、废催化剂和溶剂、含有或者直接沾染危险废物的废包装材料、废滤芯（膜）等。对于生产维生素、氨基酸及其他发酵类药物产生的菌丝废渣或污水处理厂产生的污泥经鉴别为危险废物的，也要按照危险废物处置。在药物生产过程中产生的废活性炭、废树脂等吸附材料应优先考虑回收再利用，不能回收利用的再按照危险废物进行处置。对危险废物大多采用焚烧的方式使其减量化、无害化。对于经鉴定为一般固体废物的菌渣、污泥和提取类药物生产过程中产生的药渣鼓励将其作为有机肥料或燃料加以综合利用。

3.3.4　噪声污染治理技术

制药工业企业产生的噪声主要分为机械噪声和空气动力性噪声。对于由振动、破碎、摩擦和撞击等引起的机械噪声，通常采取减振、隔声措施，如对设备加装减振垫、隔声罩等，也可将某些设备传动的硬件连接改为软件连接；车间内可采取吸声和隔声等降低噪声的措施。对于由空气释放等产生的空气动力性噪声，通常采取安装消声器的措施。

第4章 排污单位自行监测方案的制定

立足排污单位自行监测在我国污染源监测管理制度中的定位，根据制药行业发展概况和污染排放特征，我国发布了制药行业排污单位自行监测技术指南及排污许可证申请与核发技术规范等相关标准规范，这是制药行业排污单位制定自行监测方案的依据。为了让标准规范的使用者更好地理解标准中规定的内容，本章重点围绕《排污单位自行监测技术指南　提取类制药工业》（HJ 881—2017）、《排污单位自行监测技术指南　发酵类制药工业》（HJ 882—2017）、《排污单位自行监测技术指南　化学合成类制药工业》（HJ 883—2017）中的具体要求，一方面对其中部分要求的来源和考虑进行说明；另一方面对使用过程中需要注意的重点事项进行说明，以期为指南使用者提供更加详细的信息。

4.1 监测方案制定的依据

2017年，环境保护部发布了《排污单位自行监测技术指南　总则》（HJ 819—2017）、《排污单位自行监测技术指南　火力发电及锅炉》（HJ 820—2017）、《排污单位自行监测技术指南　提取类制药工业》（HJ 881—2017）、《排污单位自行监测技术指南　发酵类制药工业》（HJ 882—2017）、《排污单位自行监测技术指南　化学合成类制药工业》（HJ 883—2017）和《排污许可证申请与核发技术规范　制药工业-原料药制造》（HJ 858.1—2017），这些是原料药制造排污单位确定监测方案的重要依据。根据自行监测技术指南体系设计思路，制药工业排污单位主要是按照行业技术指南确定监测方案，行业技术指南中未做规定，但《排污单位自行监测技术指南　总则》和《排污许可证申请与核发技术规范　制药工业-原料药制造》中进行了明确规定的内容，也应执行。

另外，由于锅炉广泛分布在各类工业企业中，制药工业排污单位中也会有自备电厂或工业锅炉，对于制药工业排污单位中的自备电厂和工业锅炉，应按照《排污单位自行监测技术指南　火力发电及锅炉》确定监测方案。

4.2　化学合成类制药工业

4.2.1　废水排放监测

根据《国务院关于印发水污染防治行动计划的通知》（国发〔2015〕17 号）和《固定污染源排污许可分类管理名录（2017 年版）》的管理要求，化学合成类原料药制造为重点管理行业，考虑到环境风险防控和重点行业的污染防治，化学合成类制药工业排污单位全部按照重点排污单位类型进行管理。排污单位在制定废水监测方案时，主要考虑排污单位废水排放方式、监测点位的设置、监测指标及监测频次等方面内容。

（1）监测点位

化学合成类制药企业的废水应收集处理排放，排放口一般包括排污单位的废水总排口、车间或生产设施废水排放口、雨水排放口、生活污水排放口等。

总排口排放的废水包括生产废水、生活污水、初期雨水、事故废水等，开展自行监测的企业必须在废水总排放口设置监测点位。

对于排放一类污染物的企业，即排放在环境中难以降解或能在动植物体内蓄积，对人体健康和生态环境产生长远不良影响，具有致癌、致畸、致突变作用污染物的企业，必须在车间或生产设施废水排放口设置监测点位，对一类污染物开展监测。

考虑到在企业生产过程中可能有部分污染物通过雨排系统进入外环境，排污单位应在雨水排放口设置监测点位，并在雨水排放期间开展监测。

生产废水和生活污水分开排放的企业，还应在生活污水排放口设置监测点位。

（2）监测指标

废水监测指标的确定以《化学合成类制药工业水污染物排放标准》为基本依据，包括常规指标、特征指标两大类共 25 项，其中特征指标主要包括有机污染物、各类重金属等。

考虑到化学合成类制药工业生产工艺的复杂，不同药物生产排放污染物指标的差异，同时兼顾地方生态环境主管部门对企业实际管理的需要以及企业监测成本的承受能力，对于废水特征污染物排放监测可"根据生产使用的原辅料、生产的产品、副产物确定具体的监测指标"。

废水总排放口、车间或生产设施废水排放口监测指标的设置以《化学合成类制药工业水污染物排放标准》为依据，一共规定了 25 项废水监测指标。根据《排污单位自行监测技术指南　总则》中"5.3.2"中的相关要求，首先将排放量较大、监控位置位于车间或生产设施废水排放口、有毒有害或优先控制污染物相关名录中的悬浮物、五日生化需氧量、化学需氧量、氨氮、总氮、总磷、总氰化物、挥发酚、总铜、硝基苯类、苯胺类、二氯甲烷、总汞、烷基汞、总镉、六价铬、总砷、总铅、总镍列为主要监测指标；同时考虑到 pH 是反映废水酸碱度的综合性指标、急性毒性（$HgCl_2$ 毒性当量）反映了外源化学物对机体产生的中毒危害，故将以上两项指标也列入主要监测指标，合计 21 项主要监测指标。其他 4 项指标色度、总锌、总有机碳、硫化物被列为其他监测指标。

生活污水排放口监测指标包括：pH、化学需氧量、氨氮、悬浮物、五日生化需氧量、总磷、总氮、动植物油。

以上排放口开展监测时，均须同步监测流量。

雨水排放口监测指标包括：pH、化学需氧量、氨氮、悬浮物。

（3）监测频次

废水监测频次的确定，首先根据环境保护部 2017 年 7 月正式发布的《固定污染源排污许可分类管理名录（2017 年版）》的相关要求，将所有化学合成类制药工业排污单位全部纳入重点排污单位管理；在此基础上，根据《排污单位自行监测技术指南　总则》中"3.2"及"5.3.3"中的重点排污单位废水排放监测的相关要求，同时考虑到废水排放去向的不同，按照直接排放和间接排放两种情况，分别确定排污单位废水监测指标的监测频次。

1）废水总排放口、车间或生产设施废水排放口直接排放监测频次

将主要监测指标中的 pH、化学需氧量、氨氮的最低监测频次初定为按日监测。主要因为化学需氧量、氨氮两项指标是我国污染物总量减排控制的主要污染物，pH 是反映废水酸碱度的综合性指标，这 3 项指标监测相对简单。而化学需氧量、氨氮自动监测技术较为成熟，且化学合成类制药生产过程中废水酸碱度变化大，应重点关注，因此最终将 pH、化学需氧量、氨氮 3 项指标规定为自动监测。

总磷、总氮是常规监测指标，由于氨氮已作为减排控制指标加强监测，因此这两项指标最低监测频次定为每月监测，但对于总磷、总氮实行总量控制的区域可提高监测频次。其中，水环境质量中总磷实施总量控制区域，总磷须采取自动监测；水环境质量中总氮实施总量控制区域，总氮在目前无自动监测技术规范时最低监测频次按日执行。

悬浮物是反映水污染程度的重要指标，色度是排放废水的感官指标，两者均容易引起公众感官反应，且监测相对简单，最低监测频次定为每月监测。

五日生化需氧量监测相对耗时，总有机碳是作为考量有机污染程度的化学需氧量的补充监测指标，且已经对化学需氧量提出较高监测要求，因此两者的最低监测频次定为每月监测。

急性毒性（$HgCl_2$ 毒性当量）是化学合成类制药工业生产过程中反映水质安全的关键性指标，作为主要监测指标确定的最低监测频次是每月监测。

总氰化物、挥发酚、总铜、总锌、硝基苯类、苯胺类、二氯甲烷、总汞、总

镉、六价铬、总砷、总铅、总镍共 13 项主要监测指标，因均属于有毒有害或优先控制污染物相关名录中的污染物指标，有的金属属于第一类污染物，因此最低监测频次初步定为每月监测。

考虑到烷基汞监测技术相对复杂，监测成本较高，故将其最低监测频次调整为每年监测。

硫化物作为其他监测指标，最低监测频次为每季度监测。

2）废水总排放口、车间或生产设施废水排放口间接排放监测频次

原则上，废水间接排放最低监测频次要求较直接排放有所降低。但 pH、化学需氧量、氨氮、总氮、总磷等指标，因总量减排控制的需要，废水间接排放与直接排放最低监测频次相同；总汞、烷基汞、总镉、六价铬、总砷、总铅、总镍，均要在车间或生产设施废水排口采样，与排放去向无关，因此废水间接排放与直接排放最低监测频次也相同。其他监测指标废水间接排放最低监测频次要求低于直接排放。

3）雨水排放口、生活污水排放口监测频次

参考废水总排放口直接排放监测频次，对单独设置的直排外环境的生活污水排放口监测频次加以规定，其中 pH、化学需氧量、氨氮采用自动监测；总磷和总氮最低监测频次为按月监测，但实施总量控制的区域，总磷须采用自动监测，总氮在无自动监测技术规范时最低监测频次按日执行；悬浮物、五日生化需氧量、动植物油最低监测频次为按月监测。

雨水排放口 pH、化学需氧量、氨氮、悬浮物在有水排放期间至少每日监测一次。

4）流量监测频次

与废水排放监测同步开展的流量监测，其监测频次原则上应能满足排污许可管理及污染物总量核算的需要。

各排放口的具体监测指标和监测频次见表 4-1。

表 4-1　废水排放监测点位、监测指标及最低监测频次

监测点位	监测指标	监测频次		备注
		直接排放	间接排放	
废水总排放口	流量、pH、化学需氧量、氨氮	自动监测		—
	总磷	月（自动监测[a]）		—
	总氮	月（日[b]）		—
	悬浮物、色度、五日生化需氧量、急性毒性（HgCl$_2$毒性当量）、总有机碳	月	季度	—
	总氰化物、挥发酚、总铜、总锌、硝基苯类、苯胺类、二氯甲烷	月	季度	根据生产使用的原辅料、生产的产品、副产物确定具体的监测指标
	硫化物	季度	半年	根据生产使用的原辅料、生产的产品、副产物确定是否开展监测
车间或生产设施废水排放口	流量、总汞、总镉、六价铬、总砷、总铅、总镍	月		根据生产使用的原辅料、生产的产品、副产物确定具体监测的重金属指标
	烷基汞	年		—
生活污水排放口	流量、pH、化学需氧量、氨氮	自动监测	—	—
	总磷	月（自动监测[a]）	—	—
	总氮	月（日[b]）	—	—
	悬浮物、五日生化需氧量、动植物油	月	—	—
雨水排放口	pH、化学需氧量、氨氮、悬浮物	日[c]		

注：表中所列监测指标，设区的市级及以上生态环境主管部门明确要求安装自动监测设备的，须采取自动监测。

[a] 水环境质量中总磷实施总量控制区域，总磷须采取自动监测。

[b] 水环境质量中总氮实施总量控制区域，总氮目前最低监测频次按日执行，待自动监测技术规范发布后，须采取自动监测。

[c] 排放期间按日监测。

4.2.2　废气排放监测

废气排放监测分为有组织废气排放监测和无组织废气排放监测两类。

（1）有组织废气排放监测

1）有组织废气排放监测点位

有组织废气排放监测点位主要根据生产工序上的产排污节点设置。化学合成类制药企业的生产工序主要包括配料及投料、反应、分离纯化、成品 4 个步骤，每个工序的生产设施、设备都会排放废气。此外，对于一些重要的辅助工序及生产设施，如有机溶剂回收、污水处理、危险废物暂存和焚烧设施、各类储罐等，也应将其排放的废气纳入监测方案。在上述产排污节点，均应设置相应的废气监测点位。

2）有组织废气排放监测指标

目前还没有化学合成类制药工业废气排放的国家行业标准，确定监测指标时，主要根据环境管理要求，从《大气污染物综合排放标准》（GB 16297—1996）及地方污染物排放相关标准中确定监测指标，表 4-2 对现行的标准、规范进行了汇总比较。

根据《大气污染物综合排放标准》以及浙江省地方标准《化学合成类制药工业大气污染物排放标准》（DB 33/2015—2016）、北京市地方标准《有机化学品制造业大气污染物排放标准》（DB 11/1385—2017）、江苏省地方标准《化学工业挥发性有机物排放标准》（DB 32/3151—2016）等对监测指标的覆盖，结合目前化学合成类制药工业企业实际生产状况，确定 20 种常见污染物监测指标，包括：颗粒物、氯化氢、氨、非甲烷总烃、臭气浓度、苯、甲苯、二甲苯、甲醛、二氯甲烷、三氯甲烷、甲醇、乙酸乙酯、苯胺类、乙腈、丙酮、氯苯类、酚类、硝基苯类、硫化氢。这 20 种污染物中，颗粒物是含尘废气主要监测指标；非甲烷总烃在一定程度上反映了挥发性有机物总体排放情况，但制药工业排放的挥发性有机物部分是含氧类有机化合物，仅采用非甲烷总烃指标有一定局限性，因此改用"挥发性有机物"表征；臭气浓度是反映恶臭气体排放的综合性指标；其他 17 项指标属于特征污染物，其中的大部分属于挥发性有机污染物，氯化氢属于酸碱废气指标，

表4-2 化学合成类药品制造废气污染物相关排放标准、规范主要监测指标汇总

序号	监测指标	美国HAPs清单	EHS药品和生物技术制造业	德国大气污染物排放标准	《大气污染物综合排放标准》(GB 16297—1996) a	浙江省《化学合成类制药工业大气污染物排放标准》(DB 33/2015—2016)	北京市《化学品制造业大气污染物排放标准》(DB 11/1385—2017)	江苏省《化学工业挥发性有机物排放标准》(DB 32/3151—2016)	《建设项目竣工环境保护验收技术规范-制药》(HJ 792—2016)
1	苯	√	√	√	√		√	√	√
2	甲苯	√	√	√	√		√	√	√
3	二甲苯	√	√	√	√		√	√	
4	苯系物		√	√	√	√	√		√
5	甲醛	√	√	√		√	√	√	√
6	二氯甲烷	√	√	√		√			
7	三氯甲烷	√	√	√		√			
8	二噁英	√				√			
9	甲醇	√	√		√	√		√	√
10	乙酸乙酯					√	√（乙酸酯类）		
11	苯胺类	√	√			√		√	√
12	乙腈	√	√	√	√	√			√
13	DMF	√	√			√			√
14	氯化氢	√	√		√	√			√
15	氨	√	√	√		√			
16	颗粒物					√		√	√
17	VOCs					√			
18	臭气浓度					√		√	√
19	丙酮					√	√	√	√
20	非甲烷总烃				√	√	√	√	√
21	苯乙烯						√	√	√

序号	监测指标	美国 HAPs 清单	EHS 药品和生物技术制造业	德国大气污染物排放标准	《大气污染物综合排放标准》（GB 16297—1996）a	浙江省《化学合成类制药工业大气污染物排放标准》（DB 33/2015—2016）	北京市《有机化学品制造业大气污染物排放标准》（DB 11/1385—2017）	江苏省《化学工业挥发性有机物排放标准》（DB 32 3151—2016）	《建设项目竣工环境保护验收技术规范·制药》（HJ 792—2016）
22	醛、酮类						√		
23	挥发性卤代烃						√		√
24	氯苯类				√			√	
25	1,2-二氯甲烷							√	
26	正丁醇							√	
27	氯甲烷							√	
28	环氧氯丙烷							√	
29	氯乙烯				√			√	
30	三氯乙烯							√	
31	酚类				√			√	
32	硝基苯类				√			√	
33	丙烯腈				√			√	
34	丙烯酸酯类							√	
35	吡啶							√	
36	四氯化碳								√
37	四氢呋喃								√
38	乙醇								√

注：a 根据《浙江省地方标准《化学合成类制药工业大气污染物排放标准》（征求意见稿）》编制说明》表 6-2 内容，"我国大气污染物综合排放标准"中与化学合成类制药有关的污染因子主要包括苯、甲苯、二甲苯、甲醛、苯酚、苯胺、氯化氢、颗粒物。标准编制组在调研基础上增加了非甲烷总烃、氯苯类、酚类、硝基苯类、丙烯腈、氯乙烯 6 项。《大气污染物综合排放标准》（GB 16297—1996）中的指标参与最终常见监测指标的筛选。

硫化氢属于恶臭气体指标，氨既属于酸碱废气又属于恶臭气体指标。因此在对目前现行的有关化学合成类药品制造废气污染物排放标准、规范进行了汇总比较的基础上，最终将除危险废物焚烧炉以外的废气监测指标归纳为 4 类：挥发性有机物、特征污染物、颗粒物、臭气浓度。

由于现阶段国家还未出台标准测定方法，《排污单位自行监测技术指南　化学合成类制药工业》暂时使用非甲烷总烃作为挥发性有机物排放的综合控制指标，待相关标准方法发布后，从其规定。

特征污染物见《大气污染物综合排放标准》《恶臭污染物排放标准》所列污染物，根据排污许可证、所执行的污染物排放（控制）标准、环境影响评价文件及其批复等相关环境管理规定，以及生产工艺、原辅用料、中间及最终产品，确定具体的污染物指标。待制药工业大气污染物排放标准发布后，从其规定。地方排放标准中有要求的，按照要求严格执行。

颗粒物和臭气浓度并不是每个生产工序或产污环节必测的指标。颗粒物反映了药尘、粉尘的污染排放，故仅在配料及投料、分离纯化中的干燥阶段、成品包装工序中提出监测要求；臭气浓度虽然是反映恶臭气体排放的综合性指标，且主要的产生源为污水处理厂或处理设施、危险废物暂存设施，综合以上因素考虑，并结合企业开展自行监测的经济承受能力，将臭气浓度作为污水处理厂或处理设施、危险废物暂存设施的监测指标。

危险废物焚烧炉的监测指标则根据《危险废物焚烧污染控制标准》（GB 18484—2001）中规定的污染物指标确定，主要包括：烟尘、二氧化硫、氮氧化物、一氧化碳、氯化氢、氟化氢、汞及其化合物、镉及其化合物、砷、镍及其化合物、铅及其化合物、锑、铬、锡、铜、锰及其化合物、烟气黑度、二噁英类。

3）有组织废气排放监测频次

依据环境保护部 2017 年 7 月正式发布的《固定污染源排污许可分类管理名录（2017 年版）》的相关要求，将所有化学合成类制药工业排污单位全部纳入重点排污单位管理，在此基础上按照《排污单位自行监测技术指南　总则》中"5.2.1.3"

的相关规定按如下原则设置监测频次。

a. 挥发性有机物作为主要监测指标，最低监测频次一般为月或季度。其中，配料及投料、反应阶段、分离纯化、有机溶剂回收设备、污水处理厂或处理设施的排气筒，最低监测频次为月，物料贮存设备、库房、各类储罐以及危险废物暂存设施排气筒最低监测频次为季度。

b. 颗粒物作为配料及投料，分离纯化中的干燥阶段、成品工序中的主要监测指标，其监测较简单，最低监测频次为季度。

c. 由于挥发性有机物已经作为主要监测指标并对其提出了较高的监测频次，因此在满足排污许可管理要求的前提下，降低了对臭气浓度和具体特征污染物指标的监测要求，最低监测频次为年。

d. 危险废物焚烧炉废气排放的监测指标中，烟尘、二氧化硫、氮氧化物作为许可总量控制指标，要求实施自动监测；考虑到自行监测的技术能力和经济成本，将二噁英类最低监测频次定为年；其他监测指标最低监测频次为半年。

（2）无组织废气排放监测

无组织监测点位一般布设在下风向厂界，为充分了解废气无组织排放对周边环境的影响，必要时还应在上风向布置对照点。待挥发性有机物无组织排放污染控制国家标准颁布后，应根据其要求补充相应的监测点位。无组织废气排放监测指标包括挥发性有机物、臭气浓度、特征污染物。特征污染物具体监测指标确定的原则与有组织废气相同。

考虑到包括化学合成类制药在内的原料药制造行业是"十三五"国家重点关注的挥发性有机物排放行业，故将无组织废气排放最低监测频次设定为半年。

各监测点位的监测指标及最低监测频次见表 4-3 和表 4-4。

表 4-3　有组织废气排放监测点位、监测指标及最低监测频次

生产工序	监测点位	废气类型	监测指标	监测频次
配料及投料	有机液体配料机械等设备、设施排气筒	工艺有机废气	挥发性有机物 [a]	月
			特征污染物 [b]	年
	酸碱调节等设备排气筒	工艺酸碱废气	特征污染物 [b]	年

生产工序	监测点位	废气类型	监测指标	监测频次
配料及投料	固体配料机、整粒筛分机、破碎机等设备排气筒	工艺含尘废气	颗粒物	季度
反应	反应釜、缩合罐、裂解罐等反应设备排气筒	工艺有机废气	挥发性有机物 [a]	月
			特征污染物 [b]	年
分离纯化（分离、提取、精制、干燥）	离心机、过滤器、萃取罐、酸化罐、吸附塔、结晶罐、脱色罐等分离、提取、精制工艺设备排气筒	工艺有机废气	挥发性有机物 [a]	月
			特征污染物 [b]	年
	干燥塔、真空干燥器、真空泵等干燥机械及设备排气筒	工艺有机废气	挥发性有机物 [a]	月
			特征污染物 [b]	年
		工艺含尘废气	颗粒物	季度
成品	粉碎、研磨机械、分装、包装机械等设备排气筒	工艺含尘废气	颗粒物	季度
其他	危险废物焚烧炉排气筒	—	烟尘、二氧化硫、氮氧化物	自动监测
			烟气黑度、一氧化碳、氯化氢、氟化氢、汞及其化合物、镉及其化合物、（砷、镍及其化合物）、铅及其化合物、（锑、铬、锡、铜、锰及其化合物）	半年
			二噁英类	年
	溶剂回收设备排气筒	工艺有机废气	挥发性有机物 [a]	月
			特征污染物 [b]	年
	污水处理厂或处理设施排气筒	—	挥发性有机物 [a]	月
			臭气浓度、特征污染物 [b]	年
	罐区废气排气筒	—	挥发性有机物 [a]	季度
			特征污染物 [b]	年
	危废暂存废气排气筒	—	挥发性有机物 [a]	季度
			臭气浓度、特征污染物 [b]	年

注1：废气监测须按照相应监测分析方法、技术规范同步监测烟气参数。

2：表中所列监测指标，设区的市级及以上生态环境主管部门明确要求安装自动监测设备的，须采取自动监测。

[a] 根据行业特征和环境管理需求，挥发性有机物可选择对主要 VOCs 物种进行定量加和的方法测量总有机化合物，或者选用按基准物质标定，检测器对混合进样中 VOCs 综合响应的方法测量非甲烷有机化合物。由于现阶段国家还未出台标准测定方法，暂时使用非甲烷总烃作为挥发性有机物排放的综合控制指标，待相关标准方法发布后，从其规定。

[b] 特征污染物见 GB 14554、GB 16297 所列污染物，根据排污许可证、所执行的污染物排放（控制）标准、环境影响评价文件及其批复等相关环境管理规定，以及生产工艺、原辅用料、中间及最终产品，确定具体污染物项目。待制药工业大气污染物排放标准发布后，从其规定。地方排放标准中有要求的，按照要求严格执行。

表 4-4　无组织废气排放监测点位、监测指标及最低监测频次

监测点位	监测指标	监测频次
厂界	挥发性有机物[a]、臭气浓度、特征污染物[b]	半年

[a] 根据行业特征和环境管理需求，挥发性有机物可选择对主要 VOCs 物种进行定量加和的方法测量总有机化合物，或者选用按基准物质标定，检测器对混合进样中 VOCs 综合响应的方法测量非甲烷有机化合物。由于现阶段国家还未出台标准测定方法，暂时使用非甲烷总烃作为挥发性有机物排放的综合控制指标，待相关标准方法发布后，从其规定。

[b] 特征污染物见 GB 14554、GB 16297 所列污染物，根据排污许可证、所执行的污染物排放（控制）标准、环境影响评价文件及其批复等相关环境管理规定，以及生产工艺、原辅用料、中间及最终产品，确定具体污染物项目。待制药工业大气污染物排放标准发布后，从其规定。地方排放标准中有要求的，按照要求严格执行。

4.2.3　厂界环境噪声监测

噪声监测点位的确定应以能如实反映企业对周边声环境的影响为依据，一般在距离厂内声源较近的厂界，或厂界外有居民区、医院、学校等噪声敏感点的厂界设置监测点位。在确定前应对排污单位潜在的噪声源进行梳理。

噪声监测指标主要根据《工业企业厂界环境噪声排放标准》（GB 12348—2008）的相关规定，将厂界噪声等效连续 A 声级 L_{eq} 设为监测指标，夜间监测时还应关注和记录最大声级 L_{max}。

噪声监测频次一般为每季度开展一次监测，对夜间生产的企业提出了监测夜间噪声的要求，考虑到对敏感点的影响，提出了"存在敏感点时，增加监测频次"的要求。

化学合成类制药工业排污单位应关注的噪声设备见表 4-5。

表 4-5　厂界环境噪声布点应关注的主要噪声源

噪声源	主要设备
生产车间及配套工程	生产过程中使用的反应设备、结晶设备、分离机械及设备（过滤、离心设备）、萃取设备、蒸发设备、蒸馏设备、干燥机械及设备、粉碎机械、热交换设备等，以及原料搅拌机械、鼓风机、空压机、水泵、真空泵等辅助设备等
污水处理设施	污水提升泵、曝气设备、污泥脱水设备、风机等

4.2.4　周边环境质量影响监测

排污单位开展周边环境质量影响监测时，主要考虑：

1）环境影响评价文件及其批复［仅限 2015 年 1 月 1 日（含）后取得的］、其他环境管理有明确要求的，按要求执行；

2）无明确要求的，若排污单位认为有必要，可对周边地表水、海水、地下水、土壤环境开展监测。

对于废水直接排入地表水、海水的排污单位，可按照《环境影响评价技术导则　地表水环境》（HJ/T 2.3—2018）、《地表水和污水监测技术规范》（HJ/T 91—2002）、《近岸海域环境监测规范》（HJ 442—2008）及受纳水体环境管理要求设置监测断面及点位开展监测；开展地下水、土壤监测的排污单位，可按照《环境影响评价技术导则　地下水环境》（HJ 610—2016）、《地下水环境监测技术规范》（HJ/T 164—2004）、《土壤环境监测技术规范》（HJ/T 166—2004）及受纳地下水、土壤环境管理要求设置监测点位开展监测。

监测指标主要以废水监测指标与地表水、海水相关质量标准中环境监测指标的对应关系为依据，设定地表水、海水环境质量监测指标。具体来讲，即将《化学合成类制药工业水污染物排放标准》中的废水排放监测指标中对应在《地表水环境质量标准》（GB 3838—2002）、《海水水质标准》（GB 3097—1997）中的指标，定为排污单位周边地表水、海水环境质量监测指标。地下水、土壤监测指标的设定主要考虑化学合成类制药工业排污单位排放的特征污染物对地下水及土壤环境的影响，根据《地下水质量标准》（GB/T 14848—1993）、《土壤环境质量　农用地土壤污染风险管控标准（试行）》（GB 15618—2018）和《土壤环境质量　建设用地土壤污染风险管控标准（试行）》（GB 36600—2018）的指标，并结合企业实地调研成果，确定多种重金属及有机污染物指标作为地下水、土壤的监测指标。具体的监测指标和监测频次见表 4-6。

表 4-6　周边环境质量影响监测指标及最低监测频次

目标环境	监测指标	监测频次	备注
地表水	pH、溶解氧、五日生化需氧量、化学需氧量、氨氮、总氮、总磷等	季度	—
	铜、锌、汞、镉、六价铬、砷、铅、硝基苯、苯胺、二氯甲烷、镍、氰化物、挥发酚、硫化物等		根据生产使用的原辅料、生产的产品、副产物确定具体的监测指标
海水	pH、溶解氧、悬浮物质、五日生化需氧量、化学需氧量、非离子氨、无机氮、活性磷酸盐等	半年	—
	铜、锌、汞、镉、六价铬、砷、铅、镍、氰化物、挥发性酚、硫化物等		根据生产使用的原辅料、生产的产品、副产物确定具体的监测指标
地下水	pH、铜、锌、汞、镉、六价铬、砷、铅、镍、氰化物、挥发性酚类等	年	根据生产使用的原辅料、生产的产品、副产物确定具体的监测指标
土壤	pH、铜、锌、汞、镉、铬、砷、铅、镍、氰化物、硝基苯、甲基汞、苯胺、苯、甲苯、二甲苯、二氯甲烷、氯苯、各种酚类化合物等	年	根据生产使用的原辅料、生产的产品、副产物确定具体的监测指标

4.3　发酵类制药工业

4.3.1　废水排放监测

根据《国务院关于印发水污染防治行动计划的通知》（国发〔2015〕17 号）和《固定污染源排污许可分类管理名录（2017 年版）》管理要求，发酵类原料药制造为重点管理行业，考虑到环境风险防控和重点行业的污染防治，发酵类制药工业排污单位全部按照重点排污单位类型进行管理。排污单位在制定废水监测方案时，主要考虑排污单位废水排放方式、监测点位的设置、监测指标及监测频次等方面内容。

按照《排污单位自行监测技术指南　总则》"5.3.2"的要求确定监测指标，废水总排放口的监测指标以《发酵类制药工业水污染排放标准》为依据；对单独排入外环境的生活污水排放口根据常规污染物种类进行选择；为防止雨水对周围环境造成不利影响和保证排污单位合法排污，真正做到雨污分流、清污分流，在雨水排放口也应设置监测点位进行常规指标监测。参照《排污单位自行监测技术指南　总则》，按照主要污染物监测频次高于非主要污染物的总体原则，监测频次主要考虑监测指标的重要性、测定难易程度和监测成本等因素综合确定。

（1）废水总排放口

按照《排污单位自行监测技术指南　总则》"5.3.2"的要求确定监测指标，《发酵类制药工业水污染排放标准》中规定了pH、化学需氧量、氨氮、色度、悬浮物、五日生化需氧量、总有机碳、总氰化物、总锌、急性毒性（$HgCl_2$ 毒性当量）、总磷、总氮12项监测指标。对于排污单位须监测的12项监测指标和废水流量进行如下规定：

1）pH是排水安全的重要指标；化学需氧量和氨氮是我国总量减排控制的主要污染物，也是排污许可总量控制指标；废水流量作为总量和单位产品基准排水量核算的基础指标，且pH、化学需氧量、氨氮和流量这4项指标的自动监测技术发展也相对成熟，故考虑这4项指标直接排放和间接排放的排污单位均采用自动监测。

2）发酵过程中使用大量的氮、磷作为培养基，且总氮和总磷是造成水体富营养化的主要污染物，故这两项污染物指标排污单位直接排放的最低监测频次为日，间接排放的按月监测。对于水环境质量中总磷实施总量控制的区域，排污单位无论是直接排放还是间接排放，总磷均须采用自动监测，水环境质量中总氮实施总量控制区域，总氮目前最低监测频次按日执行，待自动监测技术规范发布后，须采取自动监测。

3）悬浮物是反映水污染程度的指标，色度是排放废水的感官指标，两者容易引起公众感官反应，监测相对简单；考虑到已经对化学需氧量提出较高监测要求，而五日生化需氧量监测相对耗时，故将总有机碳作为考评废水有机污染程度的化学需氧量的补充监测指标；总锌和总氰化物作为发酵类制药工业排污单位排放废水的特征监测指标；制药废水中可能还存在一些具有生理毒性却不在标准规定的常规污染物之内的物质，排放会导致污水处理厂硝化细菌大面积死亡，将急性毒性（$HgCl_2$毒性当量）作为制药行业反映水质安全的关键性指标。综合以上考虑因素，色度、悬浮物、五日生化需氧量、总有机碳、总氰化物、总锌和急性毒性（$HgCl_2$毒性当量）这7项污染物指标监测频次直接排放按月监测，间接排放按季度监测。

（2）生活污水排放口

对于单独排入外环境的生活污水，为与排污许可衔接，并核算排污许可总量，对pH、悬浮物、五日生化需氧量、化学需氧量、氨氮、总氮、总磷、动植物油和流量9项常规监测指标进行监测。

1）pH是排水安全的重要指标；化学需氧量、氨氮和流量作为排污许可量核算和总量减排考核的重要指标，且pH、化学需氧量、氨氮和流量这4项指标的自动监测技术相对成熟，故考虑这4项指标均采用自动监测。

2）总磷和总氮是造成水体富营养化的主要污染物，故考虑这两项污染物指标监测频次按月监测。对于总磷和总氮实施总量控制的区域，总磷须采用自动监测，总氮在无自动监测技术规范时按日监测。

3）悬浮物作为感官反应的污染物指标，五日生化需氧量作为反映污水可生化降解程度的指标，动植物油是油脂类控制指标，这3项常规指标按月监测。

（3）雨水排放口

为防止雨水对水环境的污染影响，环境管理部门均要求排污单位"雨污分流、清污分流"，规范排污，合法排污。为加强监管，对雨水排放口也设置了监测点位，并对pH、化学需氧量、氨氮、悬浮物这4项常规污染物进行监测，在雨水排放口有水排放期间按日监测。

（4）其他排放口

根据当前环境管理状况，对发酵类制药工业排污单位内部排放口监测没有明确要求，本标准中暂未考虑，各地或排污单位有需要的，可根据《排污单位自行监测技术指南　总则》确定监测点位、监测指标和监测频次。

各排放口的废水具体监测指标和监测频次见表4-7。

表 4-7　废水排放监测点位、监测指标及最低监测频次

监测点位	监测指标	监测频次	
		直接排放	间接排放
废水总排放口	流量、pH、化学需氧量、氨氮	自动监测	
	总磷	日（自动监测[a]）	月（自动监测[a]）
	总氮	日[b]	月（日[b]）
	悬浮物、色度、总有机碳、五日生化需氧量、总氰化物、总锌、急性毒性（HgCl₂毒性当量）	月	季度
生活污水排放口	流量、pH、化学需氧量、氨氮	自动监测	—
	总磷	月（自动监测[a]）	—
	总氮	月（日[b]）	—
	悬浮物、五日生化需氧量、动植物油	月	—
雨水排放口	pH、化学需氧量、氨氮、悬浮物	日[c]	

注：表中所列监测指标，设区的市级及以上生态环境主管部门明确要求安装自动监测设备的，须采取自动监测。

[a] 水环境质量中总磷实施总量控制区域，总磷须采取自动监测。

[b] 水环境质量中总氮实施总量控制区域，总氮目前最低监测频次按日执行，待自动监测技术规范发布后，须采取自动监测。

[c] 排放期间按日监测。

4.3.2　废气排放监测

根据发酵类制药工业生产工序中可能涉及的废气排放源，对废气排放监测进行了明确要求。国家已经颁布了火力发电及锅炉的自行监测技术指南，排污单位自备的供电、供热锅炉的监测要求参照《排污单位自行监测技术指南　火力发电及锅炉》执行。

（1）有组织废气监测

有组织废气监测方案的制定包括监测点位、监测指标和监测频次。监测点位均设置在排气筒或排气筒前的废气排放通道。

按照《排污单位自行监测技术指南　总则》"5.2.1.3"的要求确定监测指标。目前发酵类制药工业大气污染物监管主要依照《大气污染物综合排放标准》《恶臭污染物排放标准》和《危险废物焚烧污染控制标准》规定的相关污染物执行。涉及恶臭指标的根据《恶臭污染物排放标准》确定污染物种类，其他的根据《大气污染物综合排放标准》确定污染物种类，待制药工业大气污染物排放标准发布后按其规定。

按照《排污单位自行监测技术指南　总则》"5.2.1.4"的要求确定监测频次，以主要污染物监测频次高于非主要污染物、主要排放口监测频次高于一般排放口为总体原则，综合考虑废气排放类型、污染物测定难易程度和监测成本等因素。根据发酵类制药排污单位的排放规律，确定配料及投料、发酵、提取、精制、干燥、溶剂回收工序、危险焚烧炉和污水处理工序为主要排放口，成品工序、物料贮存设备、固体废物暂存或处理设施、各类储罐排气筒为一般排放口。根据原料药排污许可要求，挥发性有机物、颗粒物、二氧化硫和氮氧化物为主要污染物（许可排放总量控制污染物项目），挥发性有机物已经作为主要污染物控制，因此臭气浓度与特征污染物作为非主要污染物管理。

1）主要排放口

发酵工序：在发酵工序会有异味产生，因此选择臭气浓度为监测指标，发酵过程中产生挥发性有机物和少量颗粒物，也作为监测指标。由于挥发性有机物和颗粒物为许可排放量污染物项目，因此，最低监测频次为月；臭气浓度最低监测频次为年。挥发性有机物是国家"十三五"控制的重要污染物，制药行业作为国家重点关注的挥发性有机物控制的重点行业，对挥发性有机物的监测越来越重视。挥发性有机物根据行业特征和环境管理需求，可选择对主要 VOCs 物种进行定量加和的方法测量总有机化合物，或者选用按基准物质标定，检测器对混合进样中 VOCs 综合响应的方法测量非甲烷有机化合物。由于现阶段国家还未出台标准测定方法，暂时使用非甲烷总烃作为挥发性有机物排放的综合控制指标，待相关标准方法发布后，从其规定。

配料及投料、提取、精制、干燥、溶剂回收工序：由于生产过程使用的原辅料和溶剂，考虑挥发性有机物作为监测指标。特征指标见《大气污染物综合排放标准》和《恶臭污染物排放标准》所列污染物，根据排污许可证、所执行的污染物排放（控制）标准、环境影响评价文件及其批复等相关环境管理规定，以及生产工艺、原辅用料、中间体及最终产品，确定具体污染物项目。待制药工业大气污染物排放标准发布后，从其规定。地方排放标准中有要求的，按照要求严格执行。国内外现行的行业排放标准中废气监测指标见表4-8。

表4-8　国内外现行的行业排放标准中废气监测指标

废气指标	上海市生物制药行业污染物排放标准（发酵类）（DB 31/373—2010）	浙江省生物制药工业污染物排放标准（发酵类）（DB 33/923—2014）	建设项目竣工环境保护验收技术规范-制药（发酵类）（HJ 792—2016）	河北省工业企业挥发性有机物排放控制标准（DB 13/2322—2016）	青霉素类制药挥发性有机物和恶臭特征污染物排放标准（DB 13/2208—2015）	世界银行标准（EHS导则）	美国制药工业大气排放标准NESHAPs（HAPs）
颗粒物	√	√	√			√	
氯化氢	√	√				√	√
苯	√	√				√	
甲苯	√	√	√			√	√
二甲苯	√	√				√	√
氯苯类	√	√				√	
苯酚	√						
甲醇	√	√	√	√		√	
甲醛	√	√				√	√
非甲烷总烃	√	√	√	√			
酚类化合物		√					√
二氯甲烷		√				√	√
臭气浓度			√				
乙醇			√				
丙酮			√	√	√		
正丁醇					√		
乙酸丁酯					√		

挥发性有机物监测频次为月，特征污染物监测频次为年，配料及投料工序排放的颗粒物为非主要污染物，监测频次为季度。

危险焚烧炉：按照《危险废物焚烧污染控制标准》中污染物项目确定监测指标，烟尘、烟气黑度、二氧化硫、氮氧化物、一氧化碳、氯化氢、氟化氢、汞及其化合物、镉及其化合物、砷、镍及其化合物、铅及其化合物、锑、铬、锡、铜、锰及其化合物和二噁英类。

根据环境管理要求，危险废物焚烧炉烟囱均应安装颗粒物、二氧化硫、氮氧化物在线自动监控设备。此外，根据《关于加强京津冀高架源污染物自动监控有关问题的通知》（环办环监函〔2016〕1488 号）中的相关内容，京津冀地区及传输通道城市排放烟囱超过 45 米的高架源应安装污染源自动监控设备。烟气黑度、一氧化碳、氯化氢、氟化氢、汞及其化合物、镉及其化合物、砷、镍及其化合物、铅及其化合物、锑、铬、锡、铜、锰及其化合物按照半年开展监测。二噁英类由于监测难度比较大，费用较高，监测频次按照年开展。

污水处理工序：污水处理工序废气收集处理的排污单位，由于废水处理过程中出现生化反应，会产生异味。因此选择监测臭气浓度、挥发性有机物和特征污染物，挥发性有机物最低监测频次为月，其他监测指标监测频次为年。

2）一般排口

成品工序、物料贮存设备、固体废物暂存或处理设施等设备排气筒、各类储罐排气筒为一般排放口，监测因子为颗粒物、挥发性有机物、臭气浓度、特征污染物。其中颗粒物、挥发性有机物监测频次为季度，臭气浓度和特征污染物监测频次为年。

各监测点位的监测指标及最低监测频次见表 4-9。

表 4-9　有组织废气排放监测点位、监测指标及最低监测频次

生产工序	监测点位	废气类型	监测指标	监测频次
配料及投料	有机液体配料等设备排气筒	工艺有机废气	挥发性有机物[a]	月
			特征污染物[b]	年
	酸碱调节等设备排气筒	工艺酸碱废气	特征污染物[b]	年

生产工序	监测点位	废气类型	监测指标	监测频次
配料及投料	固体配料机、整粒筛分机、破碎机等设备排气筒	工艺含尘废气	颗粒物	季度
发酵	种子罐、发酵罐、消毒罐、配料补加罐等设备排气筒	发酵废气	颗粒物、挥发性有机物 [a]	月
			臭气浓度	年
提取、精制	酸化罐、吸附塔、液贮罐、干燥器、脱色罐、结晶罐等设备排气筒	工艺有机废气	挥发性有机物 [a]	月
			特征污染物 [b]	年
干燥	干燥塔、真空干燥器、真空泵、菌渣干燥器等排气筒	工艺有机废气	挥发性有机物 [a]	月
			特征污染物 [b]	年
		工艺含尘废气	颗粒物	季度
成品	粉碎、研磨机械、分装、包装机械等设备排气筒	工艺含尘废气	颗粒物	季度
其他	溶剂回收设备排气筒	工艺有机废气	挥发性有机物 [a]	月
			特征污染物 [b]	年
	污水处理厂或处理设施排气筒	—	挥发性有机物 [a]	月
			臭气浓度、特征污染物 [b]	年
	罐区废气排气筒	—	挥发性有机物 [a]	季度
			特征污染物 [b]	年
	危废暂存废气排气筒	—	挥发性有机物 [a]	季度
			臭气浓度、特征污染物 [b]	年
	危险废物焚烧炉排气筒	—	烟尘、二氧化硫、氮氧化物	自动监测
			烟气黑度、一氧化碳、氯化氢、氟化氢、汞及其化合物、镉及其化合物、（砷、镍及其化合物）、铅及其化合物、（锑、铬、锡、铜、锰及其化合物）	半年
			二噁英类	年

注 1：废气监测须按照相应监测分析方法、技术规范同步监测烟气参数。

2：表中所列监测指标设区的市级及以上生态环境主管部门明确要求安装自动监测设备的，须采取自动监测。

[a] 根据行业特征和环境管理需求，挥发性有机物可选择对主要 VOCs 物种进行定量加和的方法测量总有机化合物，或者选用按基准物质标定，检测器对混合进样中 VOCs 综合响应的方法测量非甲烷有机化合物。由于现阶段国家还未出台标准测定方法，暂时使用非甲烷总烃作为挥发性有机物排放的综合控制指标，待相关标准方法发布后，从其规定。

[b] 特征污染物见 GB 14554、GB 16297 所列污染物，根据排污许可证、所执行的污染物排放（控制）标准、环境影响评价文件及其批复等相关环境管理规定，以及生产工艺、原辅用料、中间及最终产品，确定具体污染物项目。待制药工业大气污染物排放标准发布后，从其规定。地方排放标准中有要求的，按照要求严格执行。

（2）无组织废气监测

排污单位无组织废气排放监测主要考虑在厂界外开展。

无组织废气监测指标是根据有组织实际排放的废气污染物，并兼顾对排污单位周围敏感点的影响而确定的。制药行业作为"十三五"国家重点关注的挥发性有机物排放行业，对发酵类制药工业排污单位厂界无组织废气监测时，考虑已对有组织监测频次提高了要求，故厂界无组织废气按半年监测。具体的监测要求见表 4-10。

表 4-10　无组织废气排放监测点位、监测指标及最低监测频次

监测点位	监测指标	监测频次
厂界	挥发性有机物[a]、臭气浓度、特征污染物[b]	半年

[a] 根据行业特征和环境管理需求，挥发性有机物可选择对主要 VOCs 物种进行定量加和的方法测量总有机化合物，或者选用按基准物质标定，检测器对混合进样中 VOCs 综合响应的方法测量非甲烷有机化合物。由于现阶段国家还未出台标准测定方法，暂时使用非甲烷总烃作为挥发性有机物排放的综合控制指标，待相关标准方法发布后，从其规定。

[b] 特征污染物见 GB 14554、GB 16297 所列污染物，根据排污许可证、所执行的污染物排放（控制）标准、环境影响评价文件及其批复等相关环境管理规定，以及生产工艺、原辅用料、中间及最终产品，确定具体污染物项目。待制药工业大气污染物排放标准发布后，从其规定。地方排放标准中有要求的，按照要求严格执行。

4.3.3　厂界环境噪声监测

厂界环境噪声监测点位设置应遵循《排污单位自行监测技术指南　总则》中的原则，主要考虑噪声源在厂区内的分布情况和周边环境敏感点的位置。厂界环境噪声每季度至少开展一次昼间噪声监测，夜间生产的排污单位须监测夜间噪声。周边有敏感点的，应提高监测频次。通过对发酵类制药工业排污单位潜在的噪声源进行梳理，为排污单位进行噪声监测布点提供依据。发酵类制药工业排污单位应关注的噪声设备见表 4-11。

表 4-11 厂界环境噪声布点应关注的主要噪声源

噪声源	主要设备
生产车间及配套工程	发酵设备、提取、精制机械及设备（过滤和离心设备）、干燥机械及设备、真空设备、空调机组、空压机、冷却塔等
污水处理设施	污水提升泵、曝气设备、风机、污泥脱水设备等

4.3.4 周边环境质量影响监测

排污单位开展周边环境质量影响监测时，主要考虑：

1）环境影响评价文件及其批复〔仅限 2015 年 1 月 1 日（含）以后取得的〕、其他环境管理有明确要求的，按要求执行；

2）无明确要求的，若排污单位认为有必要的，可对周边地表水、海水和土壤开展监测。

对于废水直接排入地表水、海水的排污单位，可按照《环境影响评价技术导则 地表水环境》《地表水和污水监测技术规范》《近岸海域环境监测规范》及受纳水体环境管理要求设置监测断面及点位开展监测；开展土壤监测的排污单位，可按照《土壤环境监测技术规范》及土壤环境管理要求设置监测点位。

发酵类制药工业的废水污染物组成复杂、污染物浓度高，主要考虑了对地表水和海水的影响。按照《排污单位自行监测技术指南 总则》"5.5.2"的要求，结合《发酵类制药工业水污染物排放标准》《地表水环境质量标准》和《海水水质标准》，确定了周边环境质量影响的监测指标。按照《排污单位自行监测技术指南 总则》"5.5.3"的要求确定监测频次。由于已经对排污单位的厂界无组织废气加强了监测，这里就不再考虑环境空气的监测。

对于周边土壤监测，土壤监测指标的设定主要是考虑到发酵类制药工业排污单位排放的特征污染物对土壤环境的影响，结合《土壤环境质量 农用地土壤污染风险管控标准（试行）》和《土壤环境质量 建设用地土壤污染风险管控标准（试行）》和现行标准中有分析方法的指标进行设定，确定多种有机污染物指标作为土壤的监测指标，选择 pH、二氯甲烷、苯、甲苯、二甲苯、酚类化合物等为监测指标，排污单位可以根据生产使用的原辅料、产品和副产物确定具体监测指标。按照《土壤环境监测技术规范》及土壤环境管理要求设置监测点位。按照《排污单位自行监测技术指南　总则》"5.5.3"要求，最低监测频次按年开展。

具体的监测指标和监测频次见表 4-12。

表 4-12　周边环境质量影响监测指标及最低监测频次

目标环境	监测指标	监测频次
地表水	pH、化学需氧量、溶解氧、五日生化需氧量、氨氮、总磷、总氮等	季度
海水	pH、化学需氧量、五日生化需氧量、溶解氧、活性磷酸盐、无机氮等	半年
土壤	pH、二氯甲烷、苯、甲苯、二甲苯、酚类化合物等	年

注：地表水、海水、土壤的具体监测指标根据生产过程的原辅用料、产品和副产物确定。

4.4　提取类制药工业

4.4.1　废水排放监测

根据《国务院关于印发水污染防治行动计划的通知》（国发〔2015〕17号）和《固定污染源排污许可分类管理名录（2017年版）》管理要求，提取类原料药制造为重点管理行业，考虑到环境风险防控和重点行业的污染防治，提取类制药工业排污单位全部按照重点排污单位类型进行管理。排污单位在制定废水监测方案时，主要考虑排污单位废水排放方式、监测点位的设置、监测指标及监测频次等方面内容。

按照《排污单位自行监测技术指南　总则》"5.3.2"的要求确定监测指标，废水总排放口的监测指标以《提取类制药工业水污染物排放标准》为依据；对单独排入外环境的生活污水排放口根据常规污染物种类进行选择；为防止雨水对周围环境造成不利影响和保证排污单位合法排污，真正做到雨污分流、清污分流，在雨水排放口也应设置监测点位进行常规指标监测。参照《排污单位自行监测技术指南　总则》，按照主要污染物监测频次高于非主要污染物的总体原则，监测频次主要考虑监测指标的重要性、测定难易程度和监测成本等因素综合确定。

（1）废水总排放口

《提取类制药工业水污染物排放标准》中规定了 pH、色度、悬浮物、五日生化需氧量、化学需氧量、氨氮、总氮、总磷、动植物油、总有机碳和急性毒性（$HgCl_2$ 毒性当量）11 项废水监测指标和单位产品基准排水量。

对直接排入外环境和排入公共污水处理系统的排污单位须监测的 11 项监测指标和废水流量进行如下规定：

1）pH 是排水安全的重要指标，有的提取工艺采用酸液或碱液提取；化学需氧量和氨氮是我国总量减排控制的主要污染物，也是排污许可总量控制指标；废水流量作为总量和单位产品基准排水量核算的基础指标，且 pH、化学需氧量、氨氮和流量这 4 项指标的自动监测技术发展也相对成熟，故考虑这 4 项指标直接排放和间接排放的排污单位均采用自动监测。

2）氮、磷是生物机体的重要组分，总磷和总氮又是造成水体富营养化的主要污染物，故考虑这两项污染物指标监测频次直接排放按日监测，间接排放按月监测。对于总磷和总氮实施总量控制的区域，排污单位无论是直接排放还是间接排放，总磷均须采用自动监测，总氮在无自动监测技术规范时按日监测。

3）悬浮物是反映水污染程度的指标，色度是排放废水的感官指标，两者容易引起公众感官反应，监测相对简单；考虑到已经对化学需氧量提出较高监测要求，而五日生化需氧量监测相对耗时，故将总有机碳是作为考量废水有机污染程度的化学需氧量的补充监测指标；人体、动物、植物和海洋生物体本身含有一定的脂类物质，动植物油作为提取类制药工业排污单位排放废水的特征监测指标；制药废水中可能还存在一些具有生理毒性却不在标准规定的常规污染物之内的物质，排放会导致污水处理厂硝化细菌大面积死亡，故将急性毒性（$HgCl_2$ 毒性当量）作为制药行业反映水质安全的关键性指标。综合以上考虑，色度、悬浮物、五日生化需氧量、总有机碳、动植物油和急性毒性（$HgCl_2$ 毒性当量）这 6 项污染物指标监测频次直接排放按月监测，间接排放按季度监测。

　　有的地方为了改善本地区的环境质量，根据当地经济基础和科技水平制定了地方标准，没有执行特定的行业标准，在方案制定时对照排污单位执行的排放标准，结合排污单位实际的生产状况，由设区的市级及以上生态环境主管部门确定其应增加的监测指标。涉及化学合成类、发酵类和提取类两种以上工业废水的排污单位，应涵盖所涉及工业类型的所有监测指标，监测频次按照严格的执行。

　　（2）生活污水排放口

　　对于单独排入外环境的生活污水，为与排污许可衔接，核算排污许可总量，对 pH、悬浮物、五日生化需氧量、化学需氧量、氨氮、总氮、总磷、动植物油和流量 9 项常规监测指标进行监测。

　　1）pH 是排水安全的重要指标；化学需氧量、氨氮和流量作为排污许可量核算和总量减排考核的重要指标，且 pH、化学需氧量、氨氮和流量这 4 项指标的自动监测技术发展也相对成熟，故考虑这 4 项指标均采用自动监测。

　　2）总磷和总氮是造成水体富营养化的主要污染物，故考虑这两项污染物指标监测频次按月监测。对于总磷和总氮实施总量控制的区域，总磷须采用自动监测，总氮在无自动监测技术规范时按日监测。

　　3）悬浮物作为感官反应的污染物指标，五日生化需氧量作为反映污水可生化降解程度的指标，动植物油是油脂类控制指标，这 3 项常规指标按月监测。

　　（3）雨水排放口

　　为防止雨水对水环境的污染影响，环境管理部门均要求排污单位"雨污分流、清污分流"，规范排污，合法排污。为加强监管，对雨水排污口也设置了监测点位，并对 pH、化学需氧量、氨氮和悬浮物这 4 项常规污染物进行监测，在雨水排放口有水排放期间按日监测。

　　（4）其他排放口

　　根据当前环境管理状况，对提取类制药工业排污单位内部排口监测没有明确要求，各地或排污单位有需要的，可根据《排污单位自行监测技术指南　总则》确定监测点位、监测指标和监测频次。

各排放口的具体监测指标和监测频次见表4-13。

表4-13　废水排放监测点位、监测指标及最低监测频次

监测点位	监测指标	监测频次	
		直接排放	间接排放
废水总排放口	流量、pH、化学需氧量、氨氮	自动监测	
	总磷	日（自动监测[a]）	月（自动监测[a]）
	总氮	日[b]	月（日[b]）
	悬浮物、色度、动植物油、五日生化需氧量、总有机碳、急性毒性（$HgCl_2$毒性当量）	月	季度
生活污水排放口	流量、pH、化学需氧量、氨氮	自动监测	—
	总磷	月（自动监测[a]）	—
	总氮	月（日[b]）	—
	悬浮物、五日生化需氧量、动植物油	月	—
雨水排放口	pH、化学需氧量、氨氮、悬浮物	日[c]	

注：表中所列监测指标设区的市级及以上生态环境主管部门明确要求安装自动监测设备的，须采取自动监测。

a 水环境质量中总磷实施总量控制区域，总磷须采取自动监测。

b 水环境质量中总氮实施总量控制区域，总氮目前最低监测频次按日执行，待自动监测技术规范发布后，须采取自动监测。

c 排放期间按日监测。

4.4.2　废气排放监测

根据提取类制药工业排污单位的生产工艺过程分析，废气的主要产污环节为：原料的选择和预处理、清洗、粉碎等备料工序；提取、精制、干燥和溶剂回收工序；成品工序中药品粉碎、成型、包装的过程；一般工业固体废物和危险废物暂存或处理过程；污水处理以及排污单位自备供热、供电锅炉燃烧和自建的危险废物焚烧炉焚烧，这些是有组织废气排放的主要环节。

国家已经颁布了火力发电及锅炉的自行监测技术指南，排污单位自备的供电、供热锅炉的监测要求参照《排污单位自行监测技术指南　火力发电及锅炉》执行。

（1）有组织废气监测

提取类制药工业排污单位一般按照车间单元进行布局，有组织废气监测方案的制定，可按照提取生产工序确定废气污染源、监测点位及监测指标。

1）备料工序：在原料选择和预处理、清洗、粉碎车间会有一些粉尘产生，故选择颗粒物作为污染物监测指标。这个生产环节产生的颗粒物会对环境质量造成一定影响，考虑颗粒物监测相对耗时，故监测频次按季度监测。

2）提取、精制、干燥和溶剂回收工序：在药物提取、精制、干燥和溶剂回收工序中，溶剂的使用、挥发会造成异味而扰民，对环境空气质量造成一定影响。不同的药品、不同的生产工艺使用的溶剂不同，提取类制药工业排污单位经常使用的溶剂有乙醇、丙酮、三氯甲烷、乙酸乙酯、草酸、乙酸、乙酸丁酯、二氯甲烷、甲醇、盐酸（挥发物为氯化氢）、乙腈等。上述所列的 11 项污染物指标为提取类制药工业常有的特征污染物，排污单位可以根据排污许可证、所执行的污染物排放（控制）标准、环境影响评价文件及其批复等相关环境管理规定，以及提取过程中使用的生产工艺、原辅用料、中间及最终产品，结合《大气污染物综合排放标准》和《恶臭污染物排放标准》所列污染物，确定应监测的具体污染物指标。如果地方排放标准中有明确要求的或地方环境管理部门认为有必要开展监测的污染物指标，按照要求执行。待制药工业大气污染物排放标准发布后，按照其规定要求开展污染物指标监测。考虑到排污单位的监测能力和成本，监测频次按年监测。

挥发性有机物是国家"十三五"控制的重要污染物，制药行业作为国家重点关注的挥发性有机物控制的重点行业，故国家对挥发性有机物的监测也越来越重视。目前挥发性有机物的定义说法不一，暂时将非甲烷总烃作为挥发性有机物监测分析的综合性控制指标，监测频次按月监测，待相关标准方法发布后，从其规定。

3）成品工序：药品粉碎、研磨和包装的过程中，会有微量药粉散逸到空气之中。制药行业作为重点管理污染源，为加强排污单位自律行为，降低药物对环境质量的影响，该工序主要控制指标为颗粒物。考虑颗粒物监测相对耗时，监测频次按季度监测。

4）污水处理工序：污水处理设施（站）是全厂综合废水的集中处理单元，污水处理设施（站）的恶臭经常会引起周边居民投诉，有的排污单位已经对污水处理设施（站）废气收集处理后有组织排放，这也是制药排污单位的一个主要废气污染源。在提取过程中会有少量溶剂随废水一起进入污水处理设施（站），一些反应罐等设备的冲洗水也会含有一些有机化合物，故选择挥发性有机物作为监测指标，目前以非甲烷总烃作为挥发性有机物的综合性控制指标，监测频次按月监测，待挥发性有机物的相关标准方法发布后，从其规定。

臭气浓度是有生化处理工艺的污水处理设施（站）的综合控制指标，排污单位根据环境影响评价文件及其批复以及所选取的原料、生产工艺等确定是否监测硫化氢、氨、甲硫醇等恶臭污染物或其他特征污染物。考虑到已对挥发性有机物加强了监测，臭气浓度和特征污染物按年监测。

5）危险废物焚烧：对于排污单位自建的危险废物焚烧炉，按照《危险废物焚烧污染控制标准》中污染物项目确定的监测指标有：烟尘、二氧化硫、氮氧化物、烟气黑度、一氧化碳、氯化氢、氟化氢、汞及其化合物、镉及其化合物、砷、镍及其化合物、铅及其化合物、锑、铬、锡、铜、锰及其化合物和二噁英类。

根据总量减排控制的管理要求，危险废物焚烧炉烟囱均应安装烟尘、二氧化硫、氮氧化物在线自动监控设备，采取自动监测。烟气黑度、一氧化碳、氯化氢、氟化氢、汞及其化合物、镉及其化合物、砷、镍及其化合物、铅及其化合物、锑、铬、锡、铜、锰及其化合物监测相对耗时，且提取类制药工业中金属污染物也较少存在，上述监测指标按半年监测。二噁英类由于监测难度较大，监测费用较高，故监测频次按年监测。

6）固体废物暂存或处理：固体废物包括一般工业固体废物和危险废物，这些物质在暂存或处理过程中会有一些残余溶剂挥发和恶臭气体排放，为加强制药工业环境管理，在这些废气产生环节也应对挥发性有机物、臭气浓度和特征污染物进行监测，挥发性有机物按季度监测，臭气浓度和特征污染物按年监测。

各监测点位的监测指标及最低监测频次见表 4-14。

表 4-14 有组织废气排放监测点位、监测指标及最低监测频次

生产工序	监测点位	废气类型	监测指标	监测频次
原料选择和预处理、清洗、粉碎等	破碎、筛分机等设备排气筒或密闭车间排气筒	工艺含尘废气	颗粒物	季度
提取、精制、溶剂回收	酸化罐、吸附塔、结晶罐、蒸馏回收等设备排气筒	工艺有机废气	挥发性有机物[a]	月
			特征污染物[b]	年
干燥	干燥塔、真空干燥器、真空泵等干燥设备排气筒	工艺含尘废气	颗粒物	季度
		工艺有机废气	挥发性有机物[a]	月
			特征污染物[b]	年
成品	粉碎、研磨、包装等设备排气筒	工艺含尘废气	颗粒物	季度
其他	危废暂存废气排气筒	—	挥发性有机物[a]	季度
			臭气浓度、特征污染物[b]	年
	危险废物焚烧炉排气筒	—	烟尘、二氧化硫、氮氧化物	自动监测
			烟气黑度、一氧化碳、氯化氢、氟化氢、汞及其化合物、镉及其化合物、砷、镍及其化合物、铅及其化合物、锑、铬、锡、铜、锰及其化合物	半年
			二噁英类	年
	污水处理设施排气筒	—	挥发性有机物[a]	月
			臭气浓度、特征污染物[b]	年

注 1：废气监测须按照相应监测分析方法、技术规范同步监测烟气参数。

　　2：表中所列监测指标设区的市级及以上生态环境主管部门明确要求安装自动监测设备的，须采取自动监测。

[a] 根据行业特征和环境管理需求，挥发性有机物可选择对主要 VOCs 物种进行定量加和的方法测量总有机化合物，或者选用按基准物质标定，检测器对混合进样中 VOCs 综合响应的方法测量非甲烷有机化合物。由于现阶段国家还未出台标准测定方法，暂时使用非甲烷总烃作为挥发性有机物排放的综合控制指标，待相关标准方法发布后，从其规定。

[b] 特征污染物见 GB 14554、GB 16297 所列污染物，根据排污许可证、所执行的污染物排放（控制）标准、环境影响评价文件及其批复等相关环境管理规定，以及生产工艺、原辅用料、中间及最终产品，确定具体污染物项目。待制药工业大气污染物排放标准发布后，从其规定。地方排放标准中有要求的，按照要求严格执行。

（2）无组织废气监测

排污单位无组织废气排放监测主要考虑在厂界外开展。

无组织废气监测指标是根据无组织实际排放的废气污染物，并兼顾对排污单位周围敏感点的影响而确定的。制药行业作为"十三五"国家重点关注的挥发性有机物排放行业，对提取类制药工业排污单位厂界无组织废气监测时，考虑已对有组织监测频次提高了要求，故厂界无组织废气按半年监测。具体的监测要求见表 4-15。

表 4-15   无组织废气排放监测点位、监测指标及最低监测频次

监测点位	监测指标	监测频次
厂界	挥发性有机物 [a]、臭气浓度、特征污染物 [b]	半年

[a] 根据行业特征和环境管理需求，挥发性有机物可选择对主要 VOCs 物种进行定量加和的方法测量总有机化合物，或者选用按基准物质标定，检测器对混合进样中 VOCs 综合响应的方法测量非甲烷有机化合物。由于现阶段国家还未出台标准测定方法，暂时使用非甲烷总烃作为挥发性有机物排放的综合控制指标，待相关标准方法发布后，从其规定。

[b] 特征污染物见 GB 14554、GB 16297 所列污染物，根据排污许可证、所执行的污染物排放（控制）标准、环境影响评价文件及其批复等相关环境管理规定，以及生产工艺、原辅用料、中间及最终产品，确定具体污染物项目。待制药工业大气污染物排放标准发布后，从其规定。地方排放标准中有要求的，按照要求严格执行。

4.4.3   厂界环境噪声监测

厂界环境噪声监测点位设置应遵循《排污单位自行监测技术指南 总则》中的原则，主要考虑噪声源在厂区内的分布情况和周边环境敏感点的位置。厂界环境噪声每季度至少开展一次昼间噪声监测，夜间生产的排污单位须监测夜间噪声。周边有敏感点的，应提高监测频次。通过对提取类制药工业排污单位潜在的噪声源进行梳理，为排污单位进行噪声监测布点提供依据。提取类制药工业排污单位应关注的噪声设备见表 4-16。

表 4-16　厂界环境噪声布点应关注的主要噪声源

噪声源	主要设备
原料选择、预处理、清洗、粉碎工序	备料过程的机械、清洗机械、粉碎机械等
提取、精制、干燥、灭菌、制剂工序	电机、离心机、泵、风机、冷冻机、空调机组、凉水塔等
污水处理设施	污水提升泵、曝气设备、风机、污泥脱水设备等

4.4.4　周边环境质量影响监测

提取类制药工业排污单位，尤其有粗提工艺的排污单位，废水排放量较大，本标准主要考虑了对地表水和海水的影响。目前，国家对重点监管排污单位的土壤环境也提出了每年要自行对其用地进行土壤环境监测的要求。因此，排污单位可以结合《提取类制药工业水污染物排放标准》《地表水环境质量标准》《海水水质标准》《土壤环境质量　农用地土壤污染风险管控标准（试行）》和《土壤环境质量　建设用地土壤污染风险管控标准（试行）》，根据其采用的生产工艺、生产过程的原辅用料、产品和副产物确定周边环境质量影响的具体监测指标。由于已经对排污单位的厂界无组织废气加强了监测，这里不再考虑环境空气的监测。具体的监测指标和监测频次见表 4-17。

表 4-17　周边环境质量影响监测指标及最低监测频次

目标环境	监测指标	监测频次
地表水	pH、化学需氧量、溶解氧、五日生化需氧量、氨氮、总磷、总氮等	每年丰水期、平水期、枯水期至少各监测一次
海水	pH、化学需氧量、五日生化需氧量、溶解氧、活性磷酸盐、无机氮等	每年大潮期、小潮期至少各监测一次
土壤	pH、二氯甲烷、三氯甲烷、丙酮等	年

注：地表水、海水、土壤的具体监测指标根据生产过程的原辅用料、产品和副产物确定。

4.5　其他要求

（1）当制药工业排污单位涉及化学合成类、发酵类和提取类两种以上工业类型时，其制定的自行监测方案应依据《排污单位自行监测技术指南　提取类制药工业》《排污单位自行监测技术指南　发酵类制药工业》和《排污单位自行监测技术指南　化学合成类制药工业》涵盖所涉及工业类型的所有监测指标，监测频次按照技术指南中规定严格执行。

（2）相应的技术指南中未规定的污染物指标，排污单位所持的排污许可证中载明的其他污染物指标或其他环境管理明确要求管控的污染物指标，或根据生产过程的原辅用料、生产工艺、中间及最终产品类型、监测结果确定实际排放的，在有毒有害或优先控制污染物相关名录中的污染物指标，或其他有毒污染物指标，也应纳入自行监测范围内。监测点位和监测频次依据《排污单位自行监测技术指南　提取类制药工业》《排污单位自行监测技术指南　发酵类制药工业》《排污单位自行监测技术指南　化学合成类制药工业》和《排污单位自行监测技术指南　总则》确定。

（3）排污单位对于多个污染源或生产设备共用一个排气筒的，监测点位可布设在共用的排气筒上，监测指标应涵盖所对应的污染源或生产设备的监测指标，监测频次按照严格的执行。

（4）技术指南中的监测频次均为最低监测频次，排污单位在确保各指标的监测频次满足相应的技术指南要求的基础上，可根据《排污单位自行监测技术指南　总则》中监测频次的确定原则提高监测频次。监测频次的确定原则为：不应低于国家或地方发布的标准、规范性文件、规划、环境影响评价文件及其批复等明确规定的监测频次；主要排放口的监测频次高于非主要排放口；主要监测指标的监测频次高于其他监测指标；排向敏感地区的应适当增加监测频次；排放状况波动大的，应适当增加监测频次；历史稳定达标状况较差的需增加监测频次，达标状况良好的可以适当降低监测频次；监测成本应与排污单位自身能力相一致，尽量避免重复监测。

（5）对于《排污单位自行监测技术指南　提取类制药工业》《排污单位自行监测技术指南　发酵类制药工业》和《排污单位自行监测技术指南　化学合成类制药工业》中未规定的内容，如内部监测点位设置及监测要求，采样方法、监测分析方法、监测质量保证与质量控制，监测方案的描述、变更等按照《排污单位自行监测技术指南　总则》执行。

4.6　自行监测方案案例分析

2017 年，环境保护部颁布了《排污许可证申请与核发技术规范　制药工业-原料药制造》《排污单位自行监测技术指南　提取类制药工业》《排污单位自行监测技术指南　发酵类制药工业》和《排污单位自行监测技术指南　化学合成类制药工业》4 项原料药制造制药工业的标准规范作为排污单位自行监测技术指导。本节收集了 3 个案例，通过对照指南并参考《国家重点监控企业自行监测及信息公开办法（试行）》（环发〔2013〕81 号）文件关于自行监测方案的内容要求对这些案例进行分析，对案例中存在的问题进行说明，以帮助排污单位进一步完善自行监测方案的编制内容，提高自行监测方案的质量水平。

案例一

一、概述

为自觉履行保护环境的义务，主动接受社会监督，按照《国家重点监控企业自行监测及信息公开办法（试行）》（环发〔2013〕81 号）、《排污单位自行监测技术指南　总则》（HJ 819—2017）、《排污单位自行监测技术指南　火力发电及锅炉》（HJ 820—2017）等规定和要求，根据企业实际生产情况，制定 2018 年度污染物排放自行监测方案，并严格执行。

二、企业基本概况

1. 企业概况

企业名称	××××集团制药总厂	
社会信用代码	912301008×××××××7	
企业负责人	××××	
环保负责人	××××	
注册地址	××省××市×××路388号	
生产地址	××省××市×××路109号	
行业类别	化学药品原料药制造	
企业地理位置	中心经度：×××°××′××″	中心纬度：××°××′××″
登记注册类型	股份有限公司	
企业规模	√1 大型　2 中型　3 小型　4 微型	
联系方式	联系人	××××
	联系电话　0××1-86×××20	传真号码　0××1-86×××20

2. 生产工艺及产排污情况

主要产品	原料药、医药中间体、制剂粉针		
工艺流程	见图1		
污染处理设施名称	污水处理厂		
污染处理工艺流程	物化+生化处理+深度处理		
排放口名称及位置	××××药总厂总排水口	经度	×××°××′××″
		纬度	××°××′××″
自动监测设备名称	Amtax Compact CODmax P53 U53 LFPHR-DW2001 NH₃N-2000 氨氮在线分析仪		

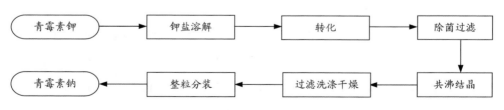

图1　生产工艺流程

三、自行监测内容

监测点位	序号	监测项目	监测方法	监测频次	标准限值	单位	标准来源
污水处理厂总排水口	1	化学需氧量	自动监测	连续监测	500	mg/L	《污水排入城镇下水道水质标准》（CJ 343—2010）
	2	氨氮	自动监测	连续监测	45	mg/L	
	3	总氮（以 N 计）	手工监测	1 次/月	70	mg/L	
	4	总磷（以 P 计）	手工监测	1 次/月	8	mg/L	
	5	苯胺类	手工监测	1 次/季	5	mg/L	
	6	色度	手工监测	1 次/季	70	倍	
	7	总有机碳	手工监测	1 次/季	—	—	
	8	总锌	手工监测	1 次/季	5	mg/L	
	9	五日生化需氧量	手工监测	1 次/季	350	mg/L	
	10	总氰化物	手工监测	1 次/季	0.5	mg/L	
	11	挥发酚	手工监测	1 次/季	1	mg/L	
	12	硝基苯类	手工监测	1 次/季	5	mg/L	
	13	悬浮物	手工监测	1 次/季	400	mg/L	
	14	二氯甲烷	手工监测	1 次/季	—	mg/L	
	15	总铜	手工监测	1 次/季	2	mg/L	
	16	硫化物	手工监测	1 次/半年	1	mg/L	
车间废水排放口	1	总镉	手工监测	1 次/月	0.1	mg/L	
	2	总镍	手工监测	1 次/月	1	mg/L	
	3	总砷	手工监测	1 次/月	0.5	mg/L	
	4	六价铬	手工监测	1 次/月	0.5	mg/L	
	5	总铅	手工监测	1 次/月	1	mg/L	
	6	总汞	手工监测	1 次/月	0.02	mg/L	
	7	烷基汞	手工监测	1 次/年	—	mg/L	
锅炉烟气排放（一厂区 5#锅炉、二厂区锅炉）	1	烟尘	自动监测	连续监测	80	mg/m³	《锅炉大气污染物排放标准》（GB 13271—2014）
	2	二氧化硫	自动监测	连续监测	400	mg/m³	
	3	氮氧化物	自动监测	连续监测	400	mg/m³	
	4	汞及其化合物	手工监测	1 次/季	0.05	mg/m³	
锅炉烟气排放（一厂区 6#、7#锅炉）	1	烟尘	自动监测	连续监测	30	mg/m³	《火电厂大气污染物排放标准》（GB 13223—2011）
	2	二氧化硫	自动监测	连续监测	200	mg/m³	
	3	氮氧化物	自动监测	连续监测	200	mg/m³	
	4	汞及其化合物	手工监测	1 次/季	0.03	mg/m³	
厂界噪声	1	昼间（4 个点位）	手工监测	1 次/季度	60	dB	《工业企业厂界噪声排放标准》（GB 12348—2008）
	2	夜间（4 个点位）	手工监测	1 次/季度	50	dB	

四、质量控制和质量保证

1 污染源手工监测质量管理

1.1 大气污染物排放监测质量管理

依据《固定源废气监测技术规范》（HJ/T 397—2007）有关规定进行。

1.2 水污染物排放监测质量管理

依据《地表水和污水监测技术规范》（HJ/T 91—2002）有关规定进行。

2 污染源自动监测质量管理

2.1 大气污染物排放监测质量管理

依据《固定污染源烟气排放连续监测技术规范（试行）》（HJ/T 75—2007）及《固定污染源烟气排放连续监测系统技术要求及检测方法（试行）》（HJ/T 76—2007）有关规定进行。

2.2 水污染物排放监测质量管理

依据《水污染源在线监测系统运行与考核技术规范（试行）》（HJ/T 355—2007）及《水污染源在线监测系统数据有效性判别技术规范（试行）》（HJ/T 356—2007）有关规定进行。

2.3 厂界噪声排放监测质量管理

依据《工业企业厂界环境噪声排放标准》（GB 12348—2008）有关规定进行。

五、监测报告

5.1 排污量报告

应用自行监测数据，按照生态环境部有关规定计算污染物排放量，每月向市生态环境局报告。

5.2 超标报告

自行监测发现超标时，及时采取减轻污染的措施，并向市生态环境局报告。

5.3　年度报告

监测方案的调整变化情况；全年生产天数、监测天数、各监测点、各监测项目全年监测次数，达标次数；全年废水、废气污染物排放量；固体废物类型、数量、处置方式、处置数量及去向；周边环境质量监测结果；每年 1 月底前编制完成上年度自行监测开展情况年度报告，并报送市生态环境局。

六、自行监测结果公布

6.1　对外公布方式

×××省重点监控企业环境自行监测信息发布平台（http: //1.×××.191.×××: 8000/eMonPubHLJ/ ）。

6.2　公布内容

企业名称、排放口及监测点位、监测日期、监测结果、执行标准及排放限值、是否达标及超标倍数等。

6.3　自动监测结果

自动监测数据实时公布监测结果。

6.4　年度报告

每年年初公布上年度自行监测年度报告。

案例一分析：本案例按照《国家重点监控企业自行监测及信息公开办法》中自行监测方案的内容要求制定了排污单位的自行监测方案，对照自行监测及信息公开办法和行业技术指南，自行监测方案存在以下几方面的不足，有待进一步完善和提高：

（1）自行监测方案编制依据：2017 年 12 月 21 日，环境保护部已经发布提取类、发酵类和化学合成类 3 项原料药制造的技术指南标准，排污单位自行监测方案编制的依据是总则的技术指南，未能根据行业特点，有针对性地开展自行监测以满足排污许可的需要。对照分析废水的监测指标和频次，排污单位又参考了行业技术指南进行了编制，因此，排污单位需要对自行监测方案的编制依据进行更新完善。

（2）企业基本情况：作为一个规模为大型的排污单位，企业的基本概况介绍过于简单，对于企业的规模、占地面积、员工人数、产品的种类及产量、污染源情况、产排污环节、污染治理设施情况等没有体现，这些与监测点位、监测指标、排放总量的核算都直接相关，是排污许可核查的重要依据。

（3）生产工艺及排污情况：生产工艺过于单一，对于污染治理设施仅仅简单列举了废水的处理流程，没有废水的产排污节点分析，也没有废气的产排污和治理设施的分析。

（4）自行监测的内容

1）废气监测：仅对锅炉的有组织废气开展了监测，工艺尾气排口没有开展监测。作为原料药制造生产中，挥发性有机物的排放是重点关注的监测指标，在污染源排放口梳理时没有明确，方案中产排污节点也不够清晰，没有交代未开展监测的原因。方案中也未对厂界无组织废气开展监测。烟气参数的监测也没有体现。

2）废水监测：废水排放口只对车间排放口和污水处理厂总排口开展监测，方案中没有对生活污水排放口和雨水排放口开展监测要求。急性毒性指标和废水的流量监测没有体现。

3）监测方法和仪器：监测方法是指每个监测指标所用的监测分析方法，监测所需要的主要仪器设备也未列出。

4）其他：缺少监测点位的示意图。在监测报告的年度报告中列出了周边环境质量监测结果的内容，但在自行监测内容中没有体现，前后要对照统一。

（5）质量控制与质量保证：这部分内容只把涉及的标准规范进行了罗列，排污单位应根据标准规范和采取的自行监测方式是自行监测还是委托，是自动监测还是手工监测等特色进行细化，明确采样、样品保存、实验室分析、仪器设备、监测人员、委托社会化检测机构时对他们的质控要求等。

（6）信息公开：自行监测结果信息公开只说明自动监测结果的公布时限，其他手工监测和噪声等结果的公开时限没有体现。

×××××医药股份有限公司自行监测方案

根据《国家重点监控企业自行监测及信息公开办法（试行）》的规定，制定本企业自行监测方案。

一、基本情况

（一）企业生产情况

×××××医药股份有限公司是我国大型综合化学制药企业，其前身为×××抗生素厂，位于×××市×××西路 173 号、1992 年改制为×××大型股份制企业，制定了"四大板块"发展战略，致力于人用抗生素医药、生物医药、动植物药品、环保科技四个板块的发展，拥有近 200 个生产品种，主要产品为大观霉素×××吨/年；阿莫西林×××吨/年。×××××医药股份有限公司立足持续发展的战略目标，坚持"生态医药"的发展理念，先后投入 3.25 亿元用于废水、废气污染的治理，并在全国医药系统率先通过 ISO 9001 质量体系认证、ISO 14000 环境体系认证、OSHMS 职业健康安全体系认证和清洁生产审核。

（二）企业污染治理情况

1. 废水：公司日排废水 2 400 t 左右，污染物种类主要为：COD 和 NH_3-N。各车间废水经污水处理设施处理后，通过市政管网排入×××市污水处理厂。执行标准为《污水排入城镇下水道水质标准》（GB/T 31962—2015），COD≤500 mg/L，NH_3-N≤35 mg/L，pH 6.5～9.5，SS≤400 mg/L，BOD_5≤350 mg/L。

厂区污水处理系统为"好氧水解+A/O 处理系统"，设计日处理污水量 10 000 t、COD 35 t。污染物日产生量厂区 COD 约 25 t，NH_3-N 约 0.52 t。

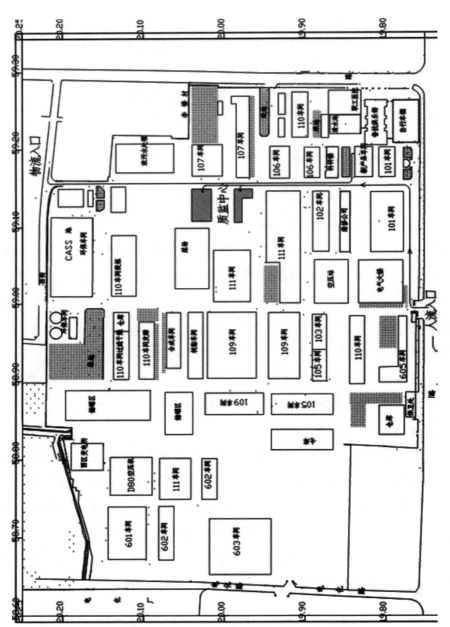

厂区平面布局

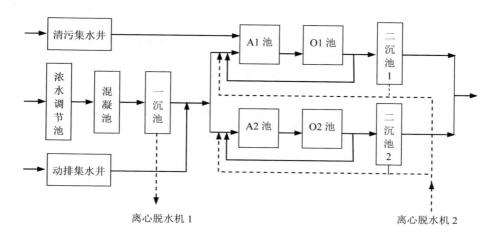

厂区水处理工艺流程

2. 废气：×××××公司应环保要求，于 2017 年 9 月 30 日北区锅炉停止运行，现运行燃气锅炉。

3. 危险废物产生和处置情况

×××公司为生物发酵类抗生素生产企业，所产生的主要危险废物包括菌渣、废活性炭、废溶媒釜残和交换树脂等。其中活性炭、废溶媒釜残等交有资质的危废处置单位进行最终处置；菌渣减量化处置完后，交有资质的危废处置单位进行最终处置。

二、监测内容

自行监测内容表（厂区废水）

监测内容	监测项目	监测点位	监测频次	执行排放标准	标准限值	监测方法	分析仪器	备注
监测指标	COD	××废水排放口	1 小时/次	《污水排入城镇下水道水质标准》（GB/T 31962—2015）	500	水质 化学需氧量的测定 重铬酸盐法（GB 11914—1989）	哈希 CODmax	

监测内容 ＼ 监测项目		监测点位	监测频次	执行排放标准	标准限值	监测方法	分析仪器	备注
监测指标	氨氮	××废水排放口	1 h/次	《污水排入城镇下水道水质标准》（GB/T 31962—2015）	35	水质 氨氮的测定 纳氏试剂分光光度法（HJ 535—2009）	哈希 CODmax	
	pH	××废水排放口	1月/次	《污水排入城镇下水道水质标准》（GB/T 31962—2015）	6.5~9.5	水质 pH 的测定 玻璃电极法（GB 6920—1986）		
	总磷	××废水排放口	1月/次	《污水排入城镇下水道水质标准》（GB/T 31962—2015）	8.0	水质 总磷的测定 钼酸铵分光光度法（GB 11893—1989）	分光光度计	
	总氮	××废水排放口	1月/次	《污水排入城镇下水道水质标准》（GB/T 31962—2015）	70	水质 总氮的测定 碱性过硫酸钾消解紫外分光光度法（HJ 636—2012）	紫外分光光度计	
	SS	××废水排放口	1季度/次	《污水排入城镇下水道水质标准》（GB/T 31962—2015）	400	重量法		
	BOD_5	××废水排放口	1季度/次	《污水排入城镇下水道水质标准》（GB/T 31962—2015）	350	水质 五日生化需氧量（BOD_5）的测定 稀释与接种法（HJ 505—2009）		
	色度	××废水排放口	1季度/次	《污水排入城镇下水道水质标准》（GB/T 31962—2015）	70	水质 色度的测定（GB 11903—1989）		
	总有机碳	××废水排放口	1季度/次	《污水排入城镇下水道水质标准》（GB/T 31962—2015）				
	总锌	××废水排放口	1季度/次	《污水排入城镇下水道水质标准》（GB/T 31962—2015）	5.0	水质 铜、锌、铅、镉的测定 原子吸收分光光度法（GB 7475—1987）		
	总氰化物	××废水排放口	1季度/次	《污水排入城镇下水道水质标准》（GB/T 31962—2015）	0.5	分光光度法		
	急性毒性	××废水排放口	半年/次	《污水排入城镇下水道水质标准》（GB/T 31962—2015）				

污染物排放方式及排放去向	通过城市污水管网排入××市污水处理厂
监测质量控制措施	（1）按照《固定污染源监测质量保证与质量控制技术规范（试行）》（HJ/T 373—2007）进行。 （2）合理布设监测点，保证各监测点位布设的科学性和可比性。 （3）严格执行监测方案，认真如实填写各项自行监测记录及检验记录并妥善保存记录台账，包括采样记录、样品保存、分析测试记录、监测报告等。 （4）废气污染物自动监测质量保证措施：按照《固定污染源监测质量保证与质量控制技术规范（试行）》（HJ/T 373—2007）对自动监测设备进行校准和维护。 （5）废水污染物自动监测质量保证措施：按照《水污染源在线监测系统运行与考核技术规范》对自动监测设备进行方法对比试验及质控样试验，现场校验(包括重复性试验、零点漂移和量程漂移试验)。 （6）噪声监测质量保证措施：噪声监测按照《工业企业厂界噪声测量方法》（GB 12346—2008）中规定的要求进行。
监测结果公开时限	监测数据应实时公布监测结果：其中废水，废气自动监测设备为每小时均值。人工废水监测为每日均值。噪声每季度一次

注：按照水污染物排放、大气污染物排放、厂界噪声和周边环境质量分表填写。

自行监测内容表（厂区有组织排放废气）

监测内容	监测项目	监测点位	监测频次	执行排放标准	标准限值	监测方法	分析仪器	备注
监测指标	挥发性有机物	DA001	1次/月	大气污染物综合排放标准（GB 16297—1996）	120	气相色谱-质谱法		
	颗粒物	DA004	1次/季度	山东省区域性大气污染物综合排放标准（DB37/2376—2013）	10	（GB/T 16157—1996）重量法		
	挥发性有机物	DA005	1次/月	大气污染物综合排放标准（GB 16297—1996）	120	气相色谱-质谱法		
	臭气浓度	DA10701	1次/年	恶臭污染物排放标准（GB 14554—1993）	2 000	三点比较式臭袋法		
	挥发性有机气体		1次/月	大气污染物综合排放标准（GB 16297—1996）	120	气相色谱-质谱法		
	挥发性有机气体	DA10702	1次/月	大气污染物综合排放标准（GB 16297—1996）	120	气相色谱-质谱法		

监测内容＼监测项目		监测点位	监测频次	执行排放标准	标准限值	监测方法	分析仪器	备注
监测指标	臭气浓度	DA10703	1次/年	恶臭污染物排放标准（GB 14554—1993）	2 000	三点比较式臭袋法		
	挥发性有机气体		1次/月	大气污染物综合排放标准（GB 16297—1996）	120	气相色谱-质谱法		
	臭气浓度	DA10704	1次/年	恶臭污染物排放标准（GB 14554—1993）	2 000	三点比较式臭袋法		
	挥发性有机气体		1次/月	大气污染物综合排放标准（GB 16297—1996）	120	气相色谱-质谱法		
	甲醇	DA10705	1次/年	大气污染物综合排放标准（GB 16297—1996）	6.1	甲醇检测仪		
	挥发性有机气体		1次/月	大气污染物综合排放标准（GB 16297—1996）	120	气相色谱-质谱法		
	臭气浓度	DA10706	1次/年	恶臭污染物排放标准（GB 14554—1993）	2 000	三点比较式臭袋法		
	挥发性有机气体		1次/季度	大气污染物综合排放标准（GB 16297—1996）	120	气相色谱-质谱法		
	挥发性有机物	pf017	1季度/次	大气污染物综合排放标准（GB 16297—1996）	120	气相色谱-质谱法		
	臭气浓度		1年/次	恶臭污染物排放标准（GB 14554—1993）	2 000	三点比较式臭袋法		
	挥发性有机物	pf011	1月/次	大气污染物综合排放标准（GB 16297—1996）	120	气相色谱-质谱法		
	臭气浓度		1年/次	恶臭污染物排放标准（GB 14554—1993）	2 000	三点比较式臭袋法		
	臭气浓度	pf015	1年/次	恶臭污染物排放标准（GB 14554—1993）	2 000	三点比较式臭袋法		
	挥发性有机物		1月/次	大气污染物综合排放标准（GB 16297—1996）	120	气相色谱-质谱法		
	挥发性有机物	pf016	1月/次	大气污染物综合排放标准（GB 16297—1996）	120	气相色谱-质谱法		
	臭气浓度		1年/次	恶臭污染物排放标准（GB 14554—1993）	2 000	三点比较式臭袋法		
污染物排放方式及排放去向		有组织排放，经环保设施处理合格后排入大气						

| 监测质量控制措施 | （1）按照《固定污染源监测质量保证与质量控制技术规范（试行）》（HJ/T 373—2007）进行。
（2）合理布设监测点,保证各监测点位布设的科学性和可比性。
（3）严格执行监测方案,认真如实填写各项自行监测记录及检验记录并妥善保存记录台账,包括采样记录、样品保存、分析测试记录、监测报告等。
（4）废气污染物自动监测质量保证措施：按照《固定污染源监测质量保证与质量控制技术规范（试行）》（HJ/T 373—2007）对自动监测设备进行校准和维护。
（5）废水污染物自动监测质量保证措施：按照《水污染源在线监测系统运行与考核技术规范》对自动监测设备进行方法对比试验及质控样试验,现场校验（包括重复性试验、零点漂移和量程漂移试验）。
（6）噪声监测质量保证措施：噪声监测按照《工业企业厂界噪声测量方法》（GB 12346—2008）中规定的要求进行 |

注：按照水污染排放、大气污染物排放、厂界噪声和周边环境质量分表填写。

自行监测内容表（无组织排放废气）

监测内容	监测项目	监测点位	监测频次	执行排放标准	标准限值	监测方法	分析仪器	备注
监测指标	颗粒物	×××× ×厂界	半年/次	大气污染物综合排放标准（GB 16297—1996）	1	固定污染源排气中颗粒物测定与气态污染物采样方法（GB/T 16157—1996）		
	非甲烷总烃	×××× ×厂界	半年/次	大气污染物综合排放标准（GB 16297—1996）	4.0	气相色谱-质谱法		
	硫化氢	×××× ×厂界	半年/次	大气污染物综合排放标准（GB 16297—1996）	0.06	亚甲基蓝分光光度法		
	臭气浓度	×××× ×厂界	半年/次	恶臭污染物排放标准（GB 14554—1993）	20	三点比较式臭袋法		
	氨（氨气）	×××× ×厂界	半年/次	大气污染物综合排放标准（GB 16297—1996）	1.5	环境空气 氨的测定 次氯酸钠-水杨酸分光光度法（HJ 534—2009）		
	甲醇	×××× ×厂界	半年/次	大气污染物综合排放标准（GB 16297—1996）	12	甲醇检测仪		
污染物排放方式及排放去向	无组织排放周围环境							

监测质量控制措施	（1）按照《固定污染源监测质量保证与质量控制技术规范（试行）》（HJ/T 373—2007）进行。 （2）合理布设监测点，保证各监测点位布设的科学性和可比性。 （3）严格执行监测方案，认真如实填写各项自行监测记录及检验记录并妥善保存记录台账，包括采样记录、样品保存、分析测试记录、监测报告等。 （4）废气污染物自动监测质量保证措施：按照《固定污染源监测质量保证与质量控制技术规范（试行）》（HJ/T 373—2007）对自动监测设备进行校准和维护。 （5）废水污染物自动监测质量保证措施：按照《水污染源在线监测系统运行与考核技术规范》对自动监测设备进行方法对比试验及质控样试验，现场校验（包括重复性试验、零点漂移和量程漂移试验）。 （6）噪声监测质量保证措施：噪声监测按照《工业企业厂界噪声测量方法》（GB 12346—2008）中规定的要求进行

注：按照水污染物排放、大气污染物排放、厂界噪声和周边环境质量分表填写。

自行监测内容表（噪声）

监测内容 ＼ 监测项目		监测点位	监测频次	执行排放标准	标准限值	监测方法	分析仪器	备注
监测指标	噪声	四个厂界	1季度/次	《工业企业厂界环境噪声排放标准》（GB 12348—2008）	昼：60d（B） 夜：50 d（B）	声级计监测	多功能声级计	
污染物排放方式及排放去向	直接排放环境							
监测质量控制措施	（1）按照《固定污染源监测质量保证与质量控制技术规范（试行）》（HJ/T 373—2007）进行。 （2）合理布设监测点，保证各监测点位布设的科学性和可比性。 （3）严格执行监测方案，认真如实填写各项自行监测记录及检验记录并妥善保存记录台账，包括采样记录、样品保存、分析测试记录、监测报告等。 （4）废气污染物自动监测质量保证措施：按照《固定污染源监测质量保证与质量控制技术规范（试行）》（HJ/T 373—2007）对自动监测设备进行校准和维护。 （5）废水污染物自动监测质量保证措施：按照《水污染源在线监测系统运行与考核技术规范》对自动监测设备进行方法对比试验及质控样试验，现场校验（包括重复性试验、零点漂移和量程漂移试验）。 （6）噪声监测质量保证措施：噪声监测按照《工业企业厂界噪声测量方法》（GB 12346—2008）中规定的要求进行							
监测结果公开时限	监测数据应实时公布监测结果：其中废水、废气自动监测设备为每小时均值。人工废水监测为每日均值。噪声每季度一次							

注：按照水污染物排放、大气污染物排放、厂界噪声和周边环境质量分表填写。

三、监测点位示意图

公司污染源排污口规范化及点位于 2008 年 3 月 1 日通过国家环境保护局登记，具体确认为：排污口位置：东经×××°××′××″，北纬××°××′××″，其中废水在线监测设备测点位置：厂区污水排放总口，编号：WS-01501 和 WS-01502。

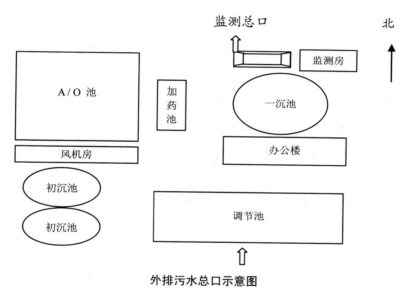

外排污水总口示意图

四、附件

（1）企业排污许可证复印件；

（2）环境影响评价报告书（表）及其批复中有关环境监测内容复印件。

（因复印件上有排污单位的相关信息，为隐去单位信息，这里复印件略去）。

案例二分析： 本案例的排污单位结合排污许可和环境影响评价报告书（表）及其批复等环境管理的要求，在对自行监测技术指南和自行监测方案编制比较透彻理解和较为准确把握的基础上，制定了排污单位的自行监测方案。对照分析，方案还存在以下几方面的不足，有待进一步细化和完善：

（1）废气监测：有组织废气在企业基本情况中介绍污染治理情况时，已经识别出了有燃气锅炉，但在废气的监测内容中没有开展监测。各排放口的烟气参数的监测没有体现。

（2）废水监测：废水排放口只对总排口开展监测，方案中没有对生活污水排放口和雨水排放口开展监测要求。废水的流量监测没有体现。

（3）监测方法和仪器：在各监测内容表中，监测分析方法有的没有列出，有的书写不完整，应将方法名称和标准号书写完整，且要用现行有效的方法标准，如化学需氧量（应为2017年的新标准）和颗粒物（应用低浓度颗粒物方法标准）的监测方法标准选用不合适。分析仪器有的没有列出，有的书写不完整。

（4）质量控制与质量保证：这部分内容只把涉及的标准规范进行了罗列，排污单位应根据标准规范和自己的特色进行细化，明确采样、样品保存、实验室分析、仪器设备、监测人员、对委托的社会化检测机构的质控要求等。自行监测内容表格是按照水污染物排放、大气污染物排放、厂界环境噪声和周边环境质量分表填写，建议按照相关规范和内容分别填写。

（5）监测点位示意图：方案只给出了废水总排放口的监测点位示意图，缺少废气和噪声的监测点位示意图。

（6）信息公开：信息公开中没有明确信息公开的渠道，有组织废气和无组织废气的表格中缺少监测结果公开时限一栏，废气手工监测结果的公开时限没有体现。

（7）其他：自行监测表格中的排放限值缺少数值的单位。废气的监测点位只给出了排污许可中的排口编号，为清晰表述，建议与实际的名称一一对应列出。

案例三

一、前　言

××××有限公司××生产区成立于1989年，是××集团下属的子公司，公司占地面积×××平方米（约合×××亩），现有员工××××余名，为当地经济发展和解决就业作出了突出贡献。

公司主要产品为青霉素，在生产过程中产生的废水主要污染物为化学需氧量和氨氮，全部进入公司投资近2亿元占地75亩的污水处理站进行处理，处理达标后排放至桥东污水处理厂；为解决污水处理设施运行中产生的硫化氢等异味问题，自2001年以来，公司持续投入大量资金，建成了配套完善、治理技术先进的异味治理设施，废气经处理达标后全部通过35 m排气筒排放；公司危废主要有丁醇釜残、试验废液、过期药品、废活性炭等全部交给有相关资质的公司进行焚烧处置。

公司环保中心成立了监测组，专门对污水处理、废气治理、噪声进行手工监测。监测组共5人，其中2人有"环境污染治理设施运营培训合格证书"，监测组分别设立了监测Ⅰ室、Ⅱ室、Ⅲ室，并配备了相应的仪器设备对污水、废气、噪声进行监测。在总排水口设立了自动监测仪器，对排水的化学需氧量、氨氮、pH和流量进行监测，仪器设备由××××环保设施运营有限公司进行运营维护。

二、监测依据

2.1《国家重点监控企业自行监测及信息公开办法（试行）》和《国家重点监控企业污染源监督性监测及信息公开办法（试行）》（环发〔2013〕81号）。

2.2《企业项目环评报告书》。

2.3《污水综合排放标准》（GB 8978—1996）表4二级标准。

2.4《发酵类制药工业污染物排放标准》。

2.5《工业企业厂界环境噪声排放标准》（GB 12348—2008）。

2.6《恶臭污染物排放标准》（GB 14554—1993）。

2.7 《大气污染物综合排放标准》（GB 16297—1996）。

2.8 《青霉素类制药挥发性有机物和恶臭特征污染物排放标准》（DB 13/2208—2015）。

三、工程概况

3.1 工艺流程和主要污染治理措施

公司一直重视环境保护工作，对公司环保工作进行规范化、制度化管理。公司顺利通过了 ISO 14001 环境管理体系认证及重点企业清洁生产审核验收。

在污水治理方面，公司投资近两亿元，采用"絮凝沉淀+水解酸化+全混氧化+MBR+芬顿氧化"工艺，占地 70 余亩建成了工艺技术先进、配套设施完善的专业化污水处理中心。该设施采用的 MBR 技术列入了《国家鼓励发展的环境保护技术名录》，×××公司开启了国内制药行业污水处理先河，首次对其进行大规模使用。目前，该设施运行稳定，各项排放指标达到国家排放标准要求，具备日处理污水 12 000 t、削减 COD 100 t 的能力，为保证设施正常运行，每年运行费用达到 5 000 万元。

在异味治理方面，公司投入资金 3 800 万元，采用国内最先进的生物滴滤异味治理技术、碱洗化学吸收等工艺，建成配套完善的异味治理设施，投资和治理力度在行业内名列前茅，各项异味排放数据远低于国家相关排放标准要求。

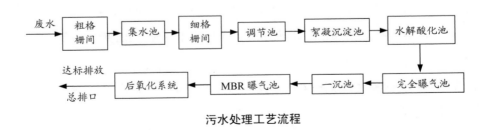

污水处理工艺流程

3.2 排污节点分析

污染物排放情况见下表。

污染物排放情况

类别	序号	产生原因	污染因子	治理措施	去向
废水	1	生产	COD	厂内污水处理厂	市政管网
	2	生产	氨氮	厂内污水处理厂	市政管网
	3	生产	pH	厂内污水处理厂	市政管网
	4	生产	SS	厂内污水处理厂	市政管网
	5	生产	总锌	厂内污水处理厂	市政管网
	6	生产	总氰化物	厂内污水处理厂	市政管网
	7	生产	五日生化需氧量	厂内污水处理厂	市政管网
	8	生产	色度	厂内污水处理厂	市政管网
	9	生产	总氮（以 N 计）	厂内污水处理厂	市政管网
	10	生产	总磷（以 P 计）	厂内污水处理厂	市政管网
	11	生产	急性毒性	厂内污水处理厂	市政管网
	12	生产	总有机碳	厂内污水处理厂	市政管网
废气	1	水处理产生	硫化氢	厂内废气处理设施、高烟囱排放	处理后排放
	2	水处理产生	臭气浓度	厂内废气处理设施、高烟囱排放	处理后排放
	3	生产	丁醇	碳纤维吸附再生	处理后排放
	4	生产	乙酸丁酯	碳纤维吸附再生	处理后排放
	5	生产	丙酮	水洗、回收	处理后排放
	6	生产	氯化氢	水洗，脱水、活性炭吸附	处理后排放
	7	生产	氨（氨气）	水洗，脱水、活性炭吸附	处理后排放
	8	生产	总挥发性有机物	活性炭吸附再生	处理后排放
噪声	1	机组生产	噪声	对产生较大的风机风管进行隔音降噪处理	处理后排放

3.3 监测点位示意图

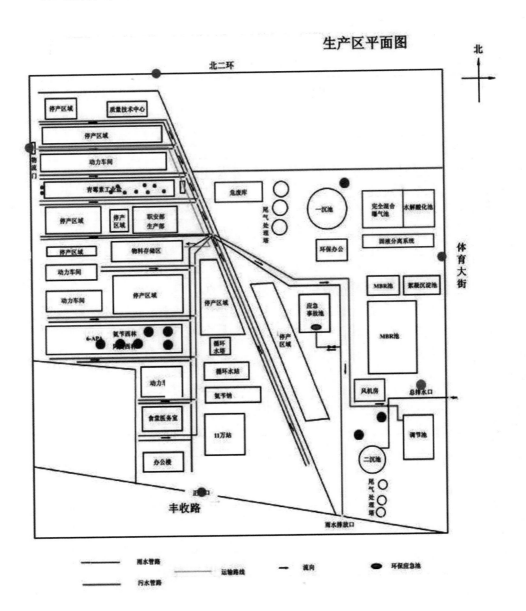

四、监测评价标准

4.1 污染物排放标准

污染物排放执行标准限值一览表

污染源	污染物名称	最高允许排放浓度	标准来源
厂界废气	硫化氢/（mg/m³）	0.06	《恶臭污染物排放标准》（GB 14554—1993）
	臭气浓度	20	
	氨（氨气）	1.5	
	挥发性有机物	2.0	《挥发性有机物排放控制标准》（DB13/2322—2016）
	丙酮	0.6	《青霉素类制药挥发性有机物和恶臭特征污染物排放标准》（DB13/2208—2015　DB13/2322—2016）
	乙酸丁酯	1.2	
	丁醇	0.9	
	颗粒物	1.0	《大气污染物综合排放标准》（GB 16297—1996）
有组织废气	硫化氢/（mg/m³）	1.8	《恶臭污染物排放标准》（GB 14554—1993）表 2
	臭气浓度	15 000	
	氨（氨气）	20	
	挥发性有机物	60	《挥发性有机物排放控制标准》（DB13/2322—2016）
	丙酮	60	《青霉素类制药挥发性有机物和恶臭特征污染物排放标准》（DB13/2208—2015　DB13/2322—2016）
	乙酸丁酯	200	
	丁醇	100	
	颗粒物	1 120	《大气污染物综合排放标准》（GB 16297—1996）
厂界噪声	昼间/dB（A）	65	《工业企业厂界环境噪声排放标准》（GB 12348—2008）3 类标准
	夜间/dB（A）	55	
废水	pH	6～9	《污水综合排放标准》（GB 8978—1996）表 4 二级标准
	悬浮物	150	
	COD	300	
	氨氮	50	
	总锌	5.0	
	总有机碳	30	
	总氰化物	0.5	
	色度	80	
	BOD$_5$	30	
	总氮（以 N 计）	100	《发酵类制药工业水污染物排放标准》
	总磷（以 P 计）	2.0	
	急性毒性	0.07	

五、采样和样品保存方法

无。

六、监测内容

本次监测主要对该企业进行监督性监测和在线比对监测。

6.1 监测期间工况监督

在监测期间，应实时记录生产负荷，并记录。

6.2 废气、废水监测项目、点位、频次

监测项目、点位、频次

污染类型	污染源	内容	监测点位	监测频次
有组织废气	废水处理站废气排气筒	硫化氢	HBFQ01、HBFQ02、HBFQ03	1次/年
		臭气浓度		1次/年
	发酵废气排气筒	颗粒物	04FJWQ01、04FJWQ02	1次/月
		挥发性有机物		
		臭气浓度	04FJWQ01、04FJWQ02	1次/月
	工艺含尘废气排气筒	颗粒物	04KLWWQ01、04KLWWQ02	1次/月
		挥发性有机物		
	罐区废气排气筒	丁醇	04XFWQ01、04XFWQ601、04XFWQ801、05WQ02、GYRFQ01	1次/年
		乙酸丁酯	04XFWQ01、04XFWQ201、04XFWQ202、04XFWQ203	1次/年
		挥发性有机物	04XFWQ01、04XFWQ201、04XFWQ202、04XFWQ203、04XFWQ601、04XFWQ801、05WQ01、05WQ02、05WQ05、GYRFQ01	1次/月
		颗粒物	05WQ02	1次/月
		丙酮	05WQ01、05WQ02	1次/年
		氯化氢	05WQ02、05WQ03	1次/年
		氨（氨气）	05WQ02、GYRFQ01	1次/年
厂界废气	厂界	硫化氢	厂界	1次/半年
		臭气浓度		1次/半年
		颗粒物		1次/半年

污染类型	污染源	内容	监测点位	监测频次
厂界废气	厂界	丁醇	厂界	1 次/半年
		乙酸丁酯		1 次/半年
		丙酮		1 次/半年
		氯化氢		1 次/半年
		氨（氨气）		1 次/半年
		挥发性有机物		1 次/半年
厂界噪声	厂界噪声	噪声	厂界	1 次/季度
废水	废水	COD	PWK01	自动监测
		pH		
		氨氮		
		总锌		1 次/季度
		总氰化物		
		五日生化需氧量		
		色度		
		SS		
		总有机碳		
		急性毒性		
		总氮（以 N 计）	厂总排口	1 次/月
		总磷（以 P 计）		

注：废水污染物监测频率：自动监测为连续进行，每两小时测量一次，自动监测系统故障时改为手工监测，监测频率为不少于 4 次，间隔不得超过 6 h。

七、质量保证和质量控制

7.1 监测分析方法

监测项目及其监测方法见下表。

自动监测监测项目及其监测方法

类别	监测项目	监测方法	监测仪器
废水	化学需氧量	重铬酸钾法	COD 水质在线自动监测仪 RO-26
	氨氮	水杨酸法	氨氮水质在线自动监测仪 RO-21
	pH	玻璃电极法	pH 在线水质分析仪 2220 型

手工监测监测项目及其监测方法

类别	监测项目	监测方法	检出限
废水	化学需氧量	重铬酸钾法（GB/T 11914—1989）	300 mg/L
	氨氮	蒸馏和滴定法（GB/T 7478—1987）	50 mg/L
	pH	玻璃电极法（GB/T 6920—1986）	6~9
	悬浮物	重量法（GB/T 11901—1989）	150 mg/L
	总锌	双硫腙分光光度法（GB/T 11914—1987）	5.0 mg/L
	总氰化物	硝酸银滴定法（GB/T 7486—1987）	0.5 mg/L
	五日生化需氧量	稀释与接种法（GB/T 7488—1987）	30 mg/L
	色度	稀释法（GB/T 11903—1989）	80
废气	硫化氢	气相色谱法（GB/T 14678—1993）	—
	臭气浓度	三点比较式臭袋法（GB/T 14675—1993）	3000 mg/m³
	丁醇	气相色谱法（GBZ/T 160.48—1993）	100 mg/m³
	乙酸丁酯	气相色谱法（GBZ/T 160.63—1993）	200 mg/m³
	丙酮	气相色谱法（GBZ/T 160.55—1993）	60 mg/m³
	氯化氢	环境空气和废气 氯化氢的测定 离子色谱法（HJ 549—2016 代替 HJ 549—2009）	100 mg/m³
	氨（氨气）	次氯酸钠-水杨酸分光光度法（GB/T 14679）	—
	总挥发性有机物	气相色谱-质谱法（HJ 734—2014）	60 mg/m³
	颗粒物	重量法	120 mg/m³
噪声	噪声3类标准	积分平均声级计 GB/T 17181—1997	昼间：65 dB（A） 夜间：55 dB（A）

7.2 监测质量保证和质量控制

（1）严格按照《环境监测技术规范》和有关环境监测质量保证的要求进行样品采集、保存、分析等，全程进行质量控制。

（2）废气监测质量执行《固定源废气监测技术规范》（HJ/T 397—2007）和《固定源废气监测质量控制和质量保证技术规范》（HJ/T 356—2007）要求。

（3）《废水监测水质采样技术指导》（HJ 494—2009）、《水质采样方案设计技术规定》（HJ 495—2009）、《地表水和污水监测技术规范》（HJ/T 91—2002）、《地下水环境质量监测规范》（HJ/T 164—2004）的规定。

（4）水样需做10%平行样，以便达到监测质量控制要求。

（5）监测仪器经计量部门检验并在有效期内使用，监测人员持证上岗，监测数据严格执行三级审核制度。

（6）声级计测量前后均经标准声源校准且合格，两次校准相差不超过 0.5dB，测试时无雨雪、无雷电，风速小于 5.0 m/s。

八、监测结果公开时限

（1）企业基础信息应随监测数据一并公布，基础信息、自行监测方案如有调整变化时，应于变更后的五日内公布最新内容。

（2）手工监测数据应于每次监测完成后的次日公布。

（3）自动监测数据应实时公布监测结果，其中废水自动监测设备为每两小时均值。

（4）每年 1 月底前公布上年度自行监测年度报告。

报告内容：

（1）年度监测方案调整变化情况描述。

（2）全年生产天数、监测天数，各监测点、各监测项目全年监测次数、达标次数等情况。

（3）全年废水、废气污染物排放量。

（4）固体废弃物的类型、产生数量，处置方式、数量以及去向。

（5）周边环境质量影响状况监测结果。

九、监测结果公开途径

公司实时将监测结果发布到×××省统一建设的监测信息公布平台，即"国家重点监控企业自行监测及信息公开系统"（网址：http://121.×××××××）。

公众可到"重点监控企业自行监测信息公开查询子系统"（网址：http://121.×××××××）对企业监测结果进行查询。

案例三分析： 本案例按照《国家重点监控企业自行监测及信息公开办法》中自行监测方案的内容要求，依据企业的项目环评报告书和所执行的污染物排放标准制定了排污单位的自行监测方案。方案中排污单位对单位的基本情况和产排污环节进行了较为详细的分析，监测的指标和特征污染物也充分体现了单位污染物排放的特点。对照办法和行业技术指南，自行监测方案存在以下几方面的不足，有待进一步完善：

（1）自行监测方案整体框架：本案例的自行监测方案包括了方案需具有的内容，但在内容归类、前后顺序上需要做进一步调整。如第4部分应该是自行监测的内容，包括废水、废气、噪声等监测类型的监测点位、监测指标、监测频次、监测方法、分析仪器、执行标准、标准限值等。第5部分的采样和样品保存方法无内容，应补充完整。第7部分的监测分析方法应为第4部分自行监测的内容，不属于质量保证和质量控制。

（2）自行监测方案编制依据：本案例的排污单位应属于发酵类的原料药制造单位，监测依据中应增加《排污单位自行监测技术指南　发酵类制药工业》（HJ 882—2017）和《排污单位自行监测技术指南　总则》（HJ 819—2017），因为这是发酵类原料药制造排污单位开展自行监测的重要依据。

（3）废水监测：废水排放口只对厂总排放口开展监测，方案中没有对生活污水排放口和雨水排放口开展监测要求。废水的流量监测没有体现。

（4）监测方法和仪器：在各监测内容表中，监测分析方法有的没有列出，有的书写不完整，应将方法名称和标准号书写完整，且要用现行有效的方法标准，如化学需氧量（应为2017年的新标准）和颗粒物（应用低浓度颗粒物方法标准）的监测方法标准选用不合适，总有机碳和急性毒性没有列出监测分析方法。分析仪器有的没有列出。

（5）监测点位示意图：方案给出了全厂的监测点位示意图，但缺乏明确的标识，图中点位应与表格中的点位一一对应，并将排污许可中的排放口编号与实际名称相对应，建立排放口的唯一标识。

（6）质量控制与质量保证：这部分内容把涉及的标准规范进行了罗列，排污单位应根据标准规范和自己的特色进行细化，明确采样、样品保存、实验室分析、仪器设备、监测人员、委托社会化检测机构时对他们的质控要求等。

制药行业排污单位的生产类型较为复杂，涉及的国家行业排放标准就有6个，还有地方排放标准和综合排放标准，各省（自治区、直辖市）对排污单位自行监测方案制定的要求又各不相同，这里给出自行监测方案编制的大致框架内容作为参考，见表4-18。附录7为自行监测方案的参考模板，排污单位在制定自行监测方案时根据实际情况制定内容完整、切实可行的监测方案。

表4-18　自行监测方案内容框架

框架序号	框架名称	具体内容
一	企业概况	排污单位地理位置、生产规模、产品生产情况等基本情况及工艺流程和产排污节点分析等排污情况
二	企业自行监测开展情况说明	对排污单位废水、废气、噪声等开展监测的项目、采取的监测方式进行总体的概括介绍
三	监测方案	按照废水、废气、噪声等不同污染类型以不同监测点位分别列出各监测指标的监测频次、监测方法、监测方式、执行标准等监测要求
四	监测点位示意图	按照废水、废气、噪声等不同污染类型分别给出各监测点位的位置示意图，因点位较多，可以用列表的形式进行对应说明
五	质量控制措施	从内部、外部加以双重控制，从监测人员、实验室能力、监测技术规范、仪器设备、记录要求等环境管理体系加强质控管理
六	信息记录和报告	从监测记录、自动监测设备运维记录、生产和污染治理设施运行状况记录等方面提出要求，并对信息报告和应急报告作出具体规定
七	自行监测信息公布	明确自行监测信息公布的方式、公布的内容和公布的时限

第 5 章　监测设施设置与维护要求

监测设施是监测活动开展的重要基础，监测设施的规范性直接影响监测数据质量。我国设计的监测设施设置与维护要求的标准规范有很多，但相对零散，且存在一定的衔接不够紧密的地方。本章立足现有的标准规范，结合污染源监测实际开展情况，对监测设施设置与维护要求进行全面梳理和总结，供开展污染源监测的相关人员参考。

5.1　基本原则和依据

5.1.1　基本原则

排污单位应当依据国家污染源监测相关标准规范、污染物排放标准、自行监测相关技术指南和其他相关规定等进行监测点位的确定和排污口规范化设置；地方颁布执行的污染源监测标准规范、污染物排放标准等对监测点位的确定和排污口规范化设置有要求时，可按照地方规范、标准从严执行。

5.1.2　相关依据

排污单位的排污口主要包括废水排放口和废气排放口。

目前，国家有关废水监测点位确定及排污口规范化设置的标准规范主要包括：

《地表水和污水监测技术规范》《水污染物排放总量监测技术规范》（HJ/T 92—2002）、《固定污染源监测质量保证与质量控制技术规范（试行）》（HJ/T 373—2007）、《水污染源在线监测系统安装技术规范》（HJ/T 353—2007）等。

　　废气监测点位确定及规范化设置的标准规范主要包括：《固定污染源排气中颗粒物测定与气态污染物采样方法》（GB/T 16157—1996）、《固定源废气监测技术规范》（HJ/T 397—2007）、《固定污染源监测质量保证与质量控制技术规范（试行）》（HJ/T 373—2007）、《固定污染源烟气（SO_2、NO_x、颗粒物）排放连续监测技术规范》（HJ 75—2017）、《固定污染源烟气（SO_2、NO_x、颗粒物）排放连续监测系统技术要求及检测方法》（HJ 76—2017）等。

　　对于各类污染物排放口监测点位标志牌的规范化设置，主要依据国家环境保护总局发布的《排放口标志牌技术规格》（2003 年 10 月 15 日，国家环保总局　环办〔2003〕95 号），以及《环境保护图形标志——排放口（源）》（GB 15562.1—1995）等执行。

　　此外，国家环境保护局发布的《排污口规范化整治技术要求（试行）》（1996年 5 月 20 日，国家环保局　环监〔1996〕470 号）对排污口规范化整治技术提出了总体要求，部分省、自治区、直辖市、地级市也对本辖区排污口的规范化管理发布了技术规定、标准；各行业污染物排放标准以及各重点行业的排污单位自行监测的相关技术指南则对废水、废气排放口监测点位进行了进一步明确。

5.2　废水监测点位的确定及排污口规范化设置

5.2.1　废水排放口的类型及监测点位确定

　　排污单位的废水排放口一般包括排污单位废水总排口、排污单位车间废水排放口、雨水排放口、生活污水排放口等。

　　废水总排口排放的废水一般应包括排污单位的生产废水、生活废水、初期雨水、事故废水等，开展自行监测的排污单位均须在废水总排放口设置监测点位。

对于排放一类污染物的排污单位，即排放环境中难以降解或能在动植物体内蓄积，对人体健康和生态环境产生长远不良影响，具有致癌、致畸、致突变污染物的排污单位，必须在车间废水排放口设置监测点位，对一类污染物进行监测。

考虑到排污单位生产过程中，可能会有部分污染物通过雨排系统排入外环境，因此排污单位还应在雨水排放口设置监测点位，并在雨水排放口排放期间开展监测。

部分排污单位的生产污水和生活污水分别设置排放口，对于此类排污单位，除在生产废水排放口设置监测点位外，还应在生活污水排放口设置监测点位。

此外，排污单位还应根据各行业自行监测技术指南的相关要求，设置监测点位。

5.2.2　废水排放口的规范化设置

废水排放口的设置，应达到如下要求：

（1）废水排放口可以是矩形、圆管形或梯形，一般使用混凝土、钢板或钢管等原料。

（2）废水排放口应设置规范的、便于测量流量和流速的测流段，测流段水流应平直、稳定、集中，无下游水流顶托影响，上游顺直长度应大于 5 倍测流段最大水面宽度，同时测流段水深应大于 0.1 m 且不超过 1 m。

（3）废水排放口应能够方便安装三角堰、矩形堰、测流槽等测流装置或其他计量装置。

（4）有废水自动监测设施的排放口，还应能够满足安装污水水量自动计量装置（如超声波明渠流量计、管道式电磁流量计等）、采样取水系统、水质自动采样器等设备、设施的要求。

（5）排污单位应单独设置各类废水排放口，避免多家不同排污单位共用一个废水排放口。

5.2.3　采样点及监测平台的规范化设置

各类废水排放口监测点位的实际具体采样位置即采样点，一般应设在厂界内或厂界外不超过 10 m 范围内。压力管道式排放口应安装取样阀门；废水直接从暗渠排入市政管道的，应在企业界内或排入市政管道前设置取样口。有条件的排污单位应尽量设置一段能满足采样条件的明渠，以方便采样。

污水面在地下或距地面超过 1 m，应建取样台阶或梯架。

废水监测平台面积应不小于 1 m²，平台应设置高度不低于 1.2 m 的防护栏、高度不低于 10 cm 的脚部挡板。监测平台、梯架通道及防护栏的相关设计载荷及制造安装应符合《固定式钢梯及平台安全要求　第 3 部分：工业防护栏杆及钢平台》（GB 4053.3—2009）的要求。

应保证污水监测点位场所通风、照明正常，还应在有毒有害气体的监测场所设置强制通风系统，并安装相应的气体浓度报警装置。

5.2.4　废水自动监测设施的规范化设置

5.2.4.1　监测站房的设置

废水自动监测站房的设置，应达到如下要求：

（1）新建监测站房面积应不小于 7 m²。监测站房应尽量靠近采样点，与采样点的距离不宜大于 50 m。监测站房应做到专室专用。

（2）监测站房应密闭，安装空调，保证室内清洁，环境温度、相对湿度和大气压等应符合《工业自动化仪表工作条件　温度、湿度和大气压力》（ZBY 120—1983）的要求。

（3）监测站房内应有安全合格的配电设备，能提供足够的电力负荷，不小于 5 kW。站房内应配置稳压电源。

（4）监测站房内应有合格的给水、排水设施，应使用自来水清洗仪器及有关装置。

（5）监测站房应有完善规范的接地装置和避雷措施、防盗和防止人为破坏的设施。

（6）监测站房如采用彩钢夹芯板搭建，应符合相关临时性建（构）筑物设计和建造要求。

（7）监测站房内应配备灭火器箱、手提式二氧化碳灭火器、干粉灭火器或沙桶等。

（8）监测站房不能位于通讯盲区。

（9）监测站房的设置应避免对企业安全生产和环境造成影响。

5.2.4.2　采样取水系统的设置

废水自动监测设备的采样取水系统设置，应达到如下要求：

（1）采样取水系统应保证采集有代表性的水样，并保证将水样无变质地输送至监测站房供水质自动分析仪取样分析或采样器采样保存。

（2）采样取水系统应尽量设在废水排放堰槽取水口头部的流路中央，采水的前端设在下流的方向，减少采水部前端的堵塞。测量合流排水时，在合流后充分混合的场所采水。采样取水系统宜设置成可随水面的涨落而上下移动的形式。同时设置人工采样口，以便进行比对试验。

（3）采样取水系统的构造应有必要的防冻和防腐设施。

（4）采样取水管材料应对所监测项目没有干扰，并且耐腐蚀。取水管应能保证水质自动分析仪所需的流量。采样管路应采用优质的硬质 PVC 或 PPR 管材，严禁使用软管做采样管。

（5）采样泵应根据采样流量、采样取水系统的水头损失及水位差合理选择。取水采样泵应对水质参数没有影响，并且使用寿命长、易维护。采样取水系统的安装应便于采样泵的安置及维护。

（6）采样取水系统宜设有过滤设施，防止杂物和粗颗粒悬浮物损坏采样泵。

（7）氨氮水质自动分析仪采样取水系统的管路设计，应具有自动清洗功能，宜采用加臭氧、二氧化氯或加氯等冲洗方式。应尽量缩短采样取水系统与氨氮水质自动分析仪之间输送管路的长度。

5.2.4.3　现场废水自动分析仪的设置

现场废水自动分析仪的设置，应达到如下要求：

（1）现场水质自动分析仪应落地或壁挂式安装，有必要的防震措施，保证设备安装牢固稳定。在仪器周围应留有足够空间，方便仪器维护。现场水质自动分析仪的安装还应满足《自动化仪表工程施工及质量验收规范》（GB 50093—2013）的相关要求。其他要求参照仪器相应说明书内容。

（2）安装高温加热装置的现场水质自动分析仪，应避开可燃物和严禁烟火的场所。

（3）现场水质自动分析仪与数据采集传输仪的电缆连接应可靠稳定，并尽量缩短信号传输距离，减少信号损失。

（4）各种电缆和管路应加保护管辅于地下或空中架设，空中架设的电缆应附着在牢固的桥架上，并在电缆和管路以及电缆和管路的两端做明显标识。电缆线路的施工还应满足《电气装置安装工程电缆线路施工及验收规范》（GB 50168—2006）的相关要求。

（5）现场水质自动分析仪工作所必需的高压气体钢瓶，应稳定固定在监测站房的墙上，防止钢瓶跌倒。

（6）必要时（如南方的雷电多发区），仪器和电源也应设置防雷设施。

5.3　废气监测点位的确定及规范化设置

5.3.1　废气排放口类型及监测点位的确定

排污单位的废气排放口一般包括生产设施工艺废气排放口、自备火力发电机组（厂）或配套动力锅炉废气排放口、污染处理设施排放口（如自备危险废物焚烧炉废气排放口、污水处理设施废气排放口）等。

排气筒（烟道）是目前排污单位废气有组织排放的主要排放口，因此，有组织废气的监测点位通常设置在排气筒（烟道）的横截断面（即监测断面）上，并通过监测断面上的监测孔完成废气污染物的采样监测及流速、流量等废气参数的测量。

废气排放口监测点位的确定包括监测断面的设置及监测孔的设置两个部分。排污单位应按照相关技术规范、标准的规定，根据所监测的污染物类别、监测技术手段的不同要求，先确定具体的废气排放口监测断面位置，再确定监测断面上监测孔的位置、数量。

5.3.2 监测断面规范化设置

5.3.2.1 基本要求

废气排放口监测断面包括手工监测断面和自动监测断面，监测断面设置应满足以下基本要求：

（1）监测断面应避开对测试人员操作有危险的场所，并在满足相关监测技术规范、标准规定的前提下，尽量选择方便监测人员操作、设备运输、安装的位置进行设置。

（2）若一个固定污染源排放的废气先通过多个烟道或管道后进入该固定污染源的总排气管时，应尽可能将废气监测断面设置在总排气管上，不得只在其中的一个烟道或管道上设置监测断面开展监测，并将测定值作为该源的排放结果；但允许在每个烟道或管道上均设置监测断面并同步开展废气污染物排放监测。

（3）监测断面一般优先选择设置在烟道垂直管段和负压区域，应避开烟道弯头和断面急剧变化的部位，确保所采集样品的代表性。

5.3.2.2　手工监测断面设置的具体要求

对于废气手工监测断面，在满足本章 5.3.2.1 中基本要求的同时，还应按照以下具体规定进行设置：

（1）颗粒态污染物及流速、流量监测断面

①监测断面的流速应不小于 5 m/s。

②监测断面位置应位于在距弯头、阀门、变径管下游方向不小于 6 倍直径（当量直径）和距上述部件上游方向不小于 3 倍直径（当量直径）处。

对矩形烟道，其当量直径按下式计算：

$$D = \frac{2AB}{A+B}$$

式中，A、B——边长。

③现场空间位置有限，很难满足②中要求时，可选择比较适宜的管段采样。手工监测位置与弯头、阀门、变径管等的距离至少是烟道直径的 1.5 倍，并应适当增加测点的数量和采样频次。

（2）气态污染物监测断面

手工监测时若需要同步监测颗粒态污染物及流速、流量，则监测断面应按照本章 5.3.2.2（1）中相关要求设置；否则，可不按上述要求设置，但要避开涡流区。

5.3.2.3　自动监测断面设置的具体要求

对于废气自动监测断面，在满足本章 5.3.2.1 中基本要求的同时，还应按照以下具体规定进行设置：

（1）一般要求

①位于固定污染源排放控制设备的下游和比对监测断面、比对采样监测孔的上游，且便于用参比方法进行校验。

②不受环境光线和电磁辐射的影响。

③烟道振动幅度尽可能小。

④安装位置应尽量避开烟气中水滴和水雾的干扰，如不能避开，应选用能够适用的检测探头及仪器。

⑤安装位置不漏风。

⑥固定污染源烟气净化设备设置有旁路烟道时，应在旁路烟道内安装自动监测设备采样和分析探头。

（2）颗粒态污染物及流速、流量监测断面

①监测断面的流速应不小于 5 m/s。

②用于颗粒物及流速自动监测设备采样和分析探头安装的监测断面位置，应设置在距弯头、阀门、变径管下游方向不小于 4 倍烟道直径，以及距上述部件上游方向不小于 2 倍烟道直径处。矩形烟道当量直径可按照本章 5.3.2.2（1）中公式计算。

③无法满足②中要求时，颗粒物及流速自动监测设备采样和分析探头的安装位置尽可能选择在气流稳定的断面，并采取相应措施保证监测断面烟气分布相对均匀断面无紊流。对烟气分布均匀程度的判定采用相对均方根 σ_r 法，当 $\sigma_r \leqslant 0.15$ 时视为烟气分布均匀，σ_r 按下式计算：

$$\sigma_r = \sqrt{\frac{\sum_{i=1}^{n}(v_i - \bar{v})^2}{(n-1) \times \overline{v^2}}}$$

式中，v_i——测点烟气流速，m/s；

$\bar{v}$——截面烟气平均流速，m/s；

n——截面上的速度测点数目，测点的选择按照《固定污染源排气中颗粒物与气态污染物采样方法》执行。

（3）气态污染物监测断面

①对于气态污染物自动监测设备采样和分析探头的安装位置，应设置在距弯头、阀门、变径管下游方向不小于 2 倍烟道直径，以及距上述部件上游方向不小于 0.5 倍烟道直径处。矩形烟道当量直径可按照本章 5.3.2.2（1）中公式计算。

②无法满足①中要求时，应按照本章 5.3.2.3（2）③中的相关要求及公式计算，设置监测断面。

③同步进行颗粒态污染物及流速、流量监测的，应优先满足颗粒态污染物及流速、流量监测断面的设置条件，监测断面的流速应不小于 5 m/s。

5.3.3　监测孔的规范化设置

5.3.3.1　监测孔规范化设置的基本要求

监测孔一般包括用于废气污染物排放监测的手工监测孔、用于废气自动监测设备校验的参比方法采样监测孔。

监测孔的设置应满足以下基本要求：

（1）监测孔位置应便于人员开展监测工作，应设置在规则的圆形或矩形烟道上，不宜设置在烟道的顶层。

（2）对于输送高温或有毒有害气体的烟道，监测孔应开在烟道的负压段；若负压段满足不了开孔需求，对正压下输送高温和有毒气体的烟道，应安装带有闸板阀的密封监测孔，见图 5-1。

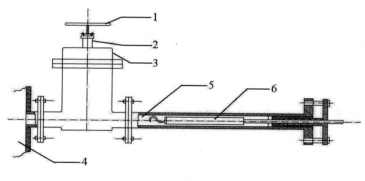

1——闸板阀手轮；2——闸板阀阀杆；3——闸板阀阀体；

4——烟道；5——监测孔管；6——采样枪

图 5-1　带有闸板阀的密封监测孔

（3）监测孔的内径一般不小于 80 mm，新建或改建污染源废气排放口监测孔的内径应不小于 90 mm；监测孔管长不大于 50 mm（安装闸板阀的监测孔管除外）。监测孔在不使用时用盖板或管帽封闭，在监测使用时应易开合。

5.3.3.2　手工监测开孔的具体要求

在确定的监测断面上设置手工监测的监测孔时，应在满足本章 5.3.3.1 中基本要求的同时，按照以下具体规定设置：

（1）若监测断面为圆形的烟道，监测孔应设在包括各测点在内的互相垂直的直径线上，其中，断面直径小于 3 m 时，应设置相互垂直的 2 个监测孔；断面直径大于 3 m 时，应尽量设置相互垂直的 4 个监测孔，见图 5-2。

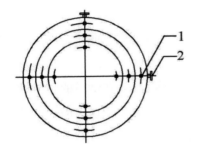

1——测点；2——监测孔

图 5-2　圆形断面测点与监测孔示意图

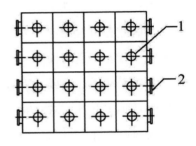

1——测点；2——监测孔

图 5-3　矩形断面测点与监测孔示意图

（2）若监测断面为矩形烟道，监测孔应设在包括各测点在内的延长线上，其中，监测断面宽度大于 3 m 时，应尽量在烟道两侧对开监测孔，具体监测孔数量按照《固定污染源排气中颗粒物与气态污染物采样方法》的要求确定，见图 5-3。

5.3.3.3　自动监测设备参比方法采样监测开孔的具体要求

废气自动监测设备参比方法采样监测孔的设置，在满足本章 5.3.3.1 中基本要求的同时，还应按照以下具体规定设置：

（1）应在自动监测断面下游预留参比方法采样监测孔，在互不影响测量的前提下，参比方法采样监测孔应尽可能靠近废气自动监测断面，距离约 0.5 m 为宜。

（2）对于监测断面为圆形的烟道，参比方法采样监测孔应设在包括各测点在内的互相垂直的直径线上，其中，断面直径小于 4 m 时，应设置相互垂直的两个监测孔；断面直径大于 4 m 时，应尽量设置相互垂直的 4 个监测孔。

（3）若监测断面为矩形烟道，参比方法采样监测孔应设在包括各测点在内的延长线上，监测断面宽度大于 4 m 时，应尽量在烟道两侧对开监测孔，具体监测孔数量按照《固定污染源排气中颗粒物与气态污染物采样方法》的要求确定。

5.3.4　监测平台的规范化设置

监测平台应设置在监测孔的正下方 1.2～1.3 m 处，应安全、便于开展监测活动，必要时应设置多层平台以满足与监测孔距离的要求。

仅用于手工监测的平台可操作面积至少应大于 1.5 m² （长度、宽度均不小于1.2 m），最好应在 2 m² 以上。用于安装废气自动监测设备和进行参比方法采样监测的平台面积至少在 4 m² 以上（长度、宽度均不小于 2 m），或不小于采样枪长度外延 1 m。

监测平台应易于人员和监测仪器到达。应根据平台高度，按照《固定式钢梯及平台安全要求　第 1 部分：钢直梯》（GB 4053.1—2009）、《固定式钢梯及平台安全要求　第 2 部分：钢斜梯》（GB 4053.2—2009）的要求，设置直梯或斜梯。当监测平台距离地面或其他坠落面距离超过 2 m 时，不应设置直梯，应有通往平台的斜梯、旋梯或通过升降梯、电梯到达，斜梯、旋梯宽度应不小于 0.9 m，梯子倾角不超过 45°，其他具体指标详见 GB 4053.1—2009 和 GB 4053.2—2009。监测平台距离地面或其他坠落面距离超过 20 m 时，应有通往平台的升降梯，见图 5-4。

监测平台、通道的防护栏杆的高度应不低于 1.2 m，踢脚板不低于 10cm。监测平台、通道、防护栏的设计载荷、制造安装、材料、结构及防护要求应符合《固定式钢梯及平台安全要求　第 3 部分：工业防护栏杆及钢平台》（GB 4053.3—2009）的要求，见图 5-5。

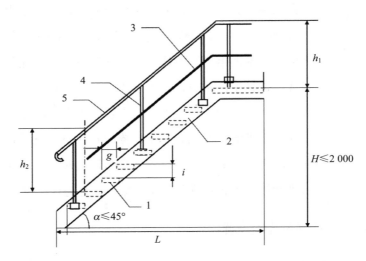

1——踏板；2——梯梁；3——中间栏杆；4——立柱；5——扶手；H——梯高；L——梯跨；

h_1——栏杆高；h_2——扶手高；α——梯子倾角；i——踏步高；g——踏步宽

图 5-4　固定式钢斜梯

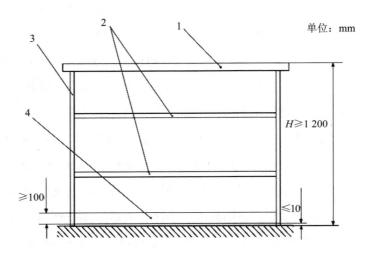

1——扶手（顶部栏杆）；2——中间栏杆；3——立柱；4——踢脚板；H——栏杆高度

图 5-5　防护栏杆

监测平台应设置一个防水低压配电箱，内设漏电保护器、不少于 2 个 16A 插座及 2 个 10A 插座，保证监测设备所需电力。

监测平台附近有造成人体机械伤害、灼烫、腐蚀、触电等危险源的，应在平台相应位置设置防护装置。监测平台上方有坠落物体隐患时，应在监测平台上方高处设置防护装置。防护装置的设计与制造应符合《机械安全防护装置固定式和活动式防护装置设计与制造一般要求》（GB/T 8196—2003）要求。

排放剧毒、致癌物及对人体有严重危害物质的监测点位应储备相应安全防护装备。

5.3.5　废气自动监测设施的规范化设置

5.3.5.1　监测站房的设置

废气自动监测站房的设置，应达到如下要求：

（1）应为室外的废气自动监测系统提供独立站房，监测站房与采样点之间距离应尽可能近，原则上不超过 70 m。

（2）监测站房的基础荷载强度应不小于 2 000 kg/m²。若站房内仅放置单台机柜，面积应不小于 2.5×2.5 m²。若同一站房放置多套分析仪表的，每增加一台机柜，站房面积应至少增加 3 m²，便于开展运维操作。站房空间高度应不小于 2.8 m，站房室内标高应大于室外标高。

（3）监测站房内应安装空调和采暖设备，室内温度应保持在 15～30℃，相对湿度应不大于 60%，空调应具有来电自动重启功能，站房内应安装排风扇或其他通风设施。

（4）监测站房内配电功率能够满足仪表实际要求，功率不少于 8 kW，至少预留三孔插座 5 个、稳压电源 1 个、UPS 电源 1 个。

（5）监测站房内应配备不同浓度的有证标准气体，且在有效期内。标准气体应当包含零气（即含二氧化硫、氮氧化物浓度均≤0.1 μmol/mol 的标准气体，一般为高纯氮气，纯度≥99.999%；当测量烟气中二氧化碳时，零气中二氧化碳≤400 μmol/mol，含有其他气体的浓度不得干扰仪器的读数）和 CEMS 测量的各种气体（SO_2、NO_x、O_2）的量程标气，以满足日常零点、量程校准、校验的需要。低浓度标准气体可由高浓度标准气体通过经校准合格的等比例稀释设备获得（精密度≤1%），也可单独配备。

（6）监测站房应有必要的防水、防潮、隔热、保温措施，在特定场合还应具备防爆功能。

（7）监测站房应具有能够满足废气自动监测系统数据传输要求的通讯条件。

5.3.5.2　自动监测设备的安装施工要求

（1）废气自动监测系统安装施工应符合《自动化仪表工程施工及质量验收规范》《电气装置安装工程电缆线路施工及验收规范》的规定。

（2）施工单位应熟悉废气自动监测系统的原理、结构、性能，编制施工方案、施工技术流程图、设备技术文件、设计图样、监测设备及配件货物清单交接明细表、施工安全细则等有关文件。

（3）设备技术文件应包括资料清单、产品合格证、机械结构、电气、仪表安装的技术说明书、装箱清单、配套件、外购件检验合格证和使用说明书等。

（4）设计图样应符合技术制图、机械制图、电气制图、建筑结构制图等标准的规定。

（5）设备安装前的清理、检查及保养应符合以下要求。

①按交货清单和安装图样明细表清点检查设备及零部件，缺损件应及时处理，更换补齐。

②运转部件如取样泵、压缩机、监测仪器等，滑动部位均需清洗、注油润滑防护。

③因运输造成变形的仪器、设备的结构件应校正，并重新涂刷防锈漆及表面油漆，保养完毕后应恢复原标记。

（6）现场端连接材料（垫片、螺母、螺栓、短管、法兰等）为焊件组对成焊时，壁（板）的错边量应符合以下要求：

①管子或管件对口、内壁齐平，最大错边量≤1 mm；

②采样孔的法兰与连接法兰几何尺寸极限偏差不超过±5 mm，法兰端面的垂直度极限偏差≤0.2%；

③采用透射法原理颗粒物监测仪器发射单元和颗粒物监测仪反射单元，测量光束从发射孔的中心出射到对面中心线相叠合的极限偏差≤0.2%。

（7）从探头到分析仪的整条采样管线的铺设应采用桥架或穿管等方式，保证整条管线具有良好的支撑。管线倾斜度≥5°，防止管线内积水，在每隔 4～5 m 处装线卡箍。当使用伴热管线时应具备稳定、均匀加热和保温的功能；其设置加热温度≥120℃，且应高于烟气露点温度 10℃以上，其实际温度值应能够在机柜或系统软件中显示查询。

（8）电缆桥架安装应满足最大直径电缆的最小弯曲半径要求。电缆桥架的连接应采用连接片。配电套管应采用钢管和 PVC 管材质配线管，其弯曲半径应满足最小弯曲半径要求。

（9）应将动力与信号电缆分开敷设，保证电缆通路及电缆保护管的密封，自控电缆应符合输入和输出分开、数字信号和模拟信号分开配线和敷设的要求。

（10）安装精度和连接部件坐标尺寸应符合技术文件和图样规定。监测站房仪器应排列整齐，监测仪器顶平直度和平面度应不大于 5 mm，监测仪器牢固固定，可靠接地。二次接线正确、牢固可靠，配导线的端部应标明回路编号。配线工艺整齐，绑扎牢固，绝缘性好。

（11）各连接管路、法兰、阀门封口垫圈应牢固完整，均不得有漏气、漏水现象。保持所有管路畅通，保证气路阀门、排水系统安装后应畅通和启闭灵活。自动监测系统空载运行 24 h 后，管路不得出现脱落、渗漏、振动强烈的现象。

（12）反吹气应为干燥清洁气体，反吹系统应进行耐压强度试验，试验压力为常用工作压力的 1.5 倍。

（13）电气控制和电气负载设备的外壳防护应符合《外壳防护等级》（GB 4208—2017）的技术要求，户内达到防护等级 IP24 级，户外达到防护等级 IP54 级。

（14）防雷、绝缘要求：

①系统仪器设备的工作电源应有良好的接地措施，接地电缆应采用大于 4 mm² 的独芯护套电缆，接地电阻小于 4 Ω，且不能和避雷接地线共用。

②平台、监测站房、交流电源设备、机柜、仪表和设备金属外壳、管缆屏蔽层和套管的防雷接地，可利用厂内区域保护接地网，采用多点接地方式。厂区内不能提供接地线或提供的接地线达不到要求的，应在子站附近重做接地装置。

③监测站房的防雷系统应符合《建筑物防雷设计规范》（GB 50057—2016）的规定，电源线和信号线设防雷装置。

④电源线、信号线与避雷线的平行净距离≥1 m，交叉净距离≥0.3 m（见图 5-6）。

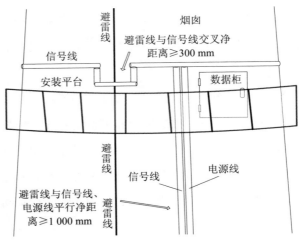

图 5-6　电源线、信号线与避雷线距离示意图

⑤由烟囱或主烟道上数据柜引出的数据信号线要经过避雷器引入监测站房，应将避雷器接地端同站房保护地线可靠连接。

⑥信号线为屏蔽电缆线，屏蔽层应有良好绝缘，不可与机架、柜体发生摩擦、

打火，屏蔽层两端及中间均须做接地连接，见图 5-7。

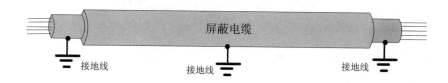

图 5-7　信号线接地示意图

5.4　排污口标志牌的规范化设置

5.4.1　标志牌设置的基本要求

排污单位应在排污口及监测点位设置标志牌，标志牌分为提示性标志牌和警告性标志牌两种。提示性标志牌用于向人们提供某种环境信息，警告性标志牌用于提醒人们注意污染物排放可能会造成危害。

一般性污染物排放口及监测点位应设置提示性标志牌。排放剧毒、致癌物及对人体有严重危害物质的排放口及监测点位应设置警告性标志牌，警告标志图案应设置于警告性标志牌的下方。

标志牌应设置在距污染物排放口及监测点位较近且醒目处，并能长久保留。

排污单位可根据监测点位情况，设置立式或平面固定式标志牌。

5.4.2　标志牌技术规格

5.4.2.1　环保图形标志

（1）环保图形标志必须符合国家环境保护局和国家技术监督局发布的中华人民共和国国家标准《环境保护图形标志——排放口（源）》（GB 15562.1—1995）。

（2）图形颜色及装置颜色：

①提示标志：底和立柱为绿色，图案、边框、支架和文字为白色；

②警告标志：底和立柱为黄色，图案、边框、支架和文字为黑色。

（3）辅助标志内容

①排放口标志名称；

②单位名称；

③排放口编号；

④污染物种类；

⑤××生态环境局监制。

⑥排放口经纬度坐标、排放去向、执行的污染物排放标准、标志牌设置依据的技术标准等。

（4）辅助标志字型：黑体字。

（5）标志牌尺寸

①平面固定式标志牌外形尺寸：提示标志牌为 480 mm×300 mm；警告标志牌为边长 420 mm。

②立式固定式标志牌外形尺寸：提示标志牌为 420 mm×420 mm；警告标志牌为边长 560 mm；高度为标志牌最上端距地面 2 m。

5.4.2.2　其他要求

（1）标志牌材料

①标志牌采用 1.5～2 mm 冷轧钢板；

②立柱采用 38×4 无缝钢管；

③表面采用搪瓷或者反光贴膜。

（2）标志牌的表面处理

①搪瓷处理或贴膜处理；

②标志牌的端面及立柱要经过防腐处理。

（3）标志牌的外观质量要求

①标志牌、立柱无明显变形；

②标志牌表面无气泡，膜或搪瓷无脱落；

③图案清晰，色泽一致，不得有明显缺损；

④标志牌的表面不应有开裂、脱落及其他破损。

5.5　排污口规范化的日常管理与档案记录

排污单位应将排污口规范化建设纳入企业生产运行的管理体系中，制定相应的管理办法和规章制度，选派专职人员对排污口及监测点位进行日常管理和维护，并保存相关管理记录。

排污单位应建立排污口及监测点位档案。档案内容除包括排污口及监测点位的位置、编号、污染物种类、排放去向、排放规律、执行的排放标准等基本信息外，还应包括相关日常管理的记录，如标志牌的内容是否清晰完整，监测平台、各类梯架、监测孔、自动监测设施等是否能够正常使用，废水排放口是否损坏、排气筒有无漏风、破损现象等方面的检查记录，以及相应的维护、维修记录。

排污口及监测点位一经确认，排污单位不得随意变动。监测点位位置、排污口排放的污染物发生变化的，或排污口须拆除、增加、调整、改造或更新的，应按相关要求及时向生态环境主管部门报备，并及时设立新的标志牌或更换标志牌相应内容。

第6章　废水手工监测技术要点

综合《排污单位自行监测技术指南　提取类制药工业》《排污单位自行监测技术指南　发酵类制药工业》和《排污单位自行监测技术指南　化学合成类制药工业》这3个技术指南，所涉及的废水监测指标有：流量、pH、化学需氧量、氨氮、总磷、总氮、悬浮物、色度、五日生化需氧量、急性毒性（$HgCl_2$毒性当量）、总有机碳、总氰化物、挥发酚、总铜、总锌、硝基苯类、苯胺类、二氯甲烷、硫化物、总汞、总镉、六价铬、总砷、总铅、总镍、烷基汞和动植物油27项指标，为满足排污许可的有效实施，排污单位要根据实际情况对废水流量和具体的污染物指标进行监测，这样废水监测的内容就包括废水流量的监测及各项指标的现场采样和实验室分析。

6.1　流量

流量是排污单位排污总量核算的重要指标，在废水排放监测和管理中有着重要的地位。流量测量最初始于水文水利领域对天然河流、人工运河、引水渠道等的流量监测。对于工业废水的流量监测，目前常用的方法有自动测量和手工测量两种方式。

6.1.1　自动测量

自动测量是采用污水流量计进行测量，通常包括明渠流量计和管道流量计。

通过污水流量计来测量渠道内和管道内废水（或污水）的体积流量。

（1）明渠流量计

利用明渠流量计进行自动测量时，采用超声波液位计和巴氏槽配合使用进行流量测定，并根据不同尺寸巴氏槽的经验公式计算出流量。需要注意的事项如下：

①巴歇尔量水槽（以下简称巴氏槽）安装前，应测算废水排放量并充分考虑污水处理设施的远期扩容，确保巴氏槽能满足最大流量下的测量。巴氏槽的材质要根据污水性质考虑防腐蚀。

②巴氏槽应安装于顺直平坦的渠道段，该段渠道长度不小于槽宽的 10 倍，下游渠道应无阻塞、不雍水，确保巴氏槽的水流处于自由出流状态。渠道应保持清洁，底部无障碍物，水槽应保持牢固可靠、不受损坏，凡有漏水部位应及时修补，每年应校验 1 次液位计的精度和水头零点。详细的安装和维护要求见《城市排水流量堰槽测量标准 巴歇尔量水槽》（CJ/T 3008.3—1993）。

③与巴氏槽配合使用的超声波液位计应注意日常维护，确保稳定运行，出现故障应及时更换。

（2）管道流量计

利用管道流量计测量时，可选择电磁流量计或超声流量计，宜优先选择电磁流量计。需要注意事项如下：

①电磁流量计的选型应充分考虑测量精度、污水性质、流量范围、排水规律等。流量计的口径通常与管道相同，也可以根据设计流量、流速范围来选择流量计和配套管道，管道中的流速通常以 2～4 m/s 为宜。

②电磁流量计选型时，应充分考虑废水的电导率、最大流量、常用流量、最小流量、工艺管径、管内温度、压力，以及是否有负压存在等信息。

③电磁流量计一定要安装在管路的最低点或者管路的垂直段且务必保证管内满流，若安装在垂直管线，要求水流自下而上，尽量不要自上而下，否则容易出现非满流，使读数波动变化较大。流量计前后应避免有阀门、弯头、三通等结构存在，以防产生涡流或气泡，影响测流。

④电磁流量计安装的外部环境应避免安装在温度变化很大或受到设备高温辐射的场所，若必须安装时，须有隔热、通风的措施；电磁流量计最好安装在室内，若必须安装于室外，应避免雨水淋浇、积水受淹及太阳暴晒，须有防潮和防晒措施；避免安装在含有腐蚀性气体的环境中，必须安装时，须有通风措施；为了安装、维护、保养方便，在电磁流量计周围需有充裕的足够空间；避免有磁场及强振动源，如管道振动大，在电磁流量计两边应有固定管道的支座。

⑤应对电磁流量计进行周期性检查，定期扫除尘垢确保无玷污，检查接线是否良好。

6.1.2 手工测量

手工测流方法是相对于自动测流方法而言的，这种方法操作复杂、准确度较低，仅建议在不满足自动测流条件或自动测流设施损坏时的临时补救措施，不建议用作长期自行监测手段。常用的测流方法有：明渠流速仪、便携式超声波管道测流仪和容积法。

（1）明渠流速仪

明渠流速仪适用于明渠排水流量的测量，它是通过流速仪测量过水断面不同位置的流速，计算平均流速，再乘以断面面积即得测量时刻的瞬时流量。

用这种方法测量流量时，排污截面底部需硬质平滑，截面形状为规则的几何形，排污口处有不小于 3 m 的平直过流水段，且水位高度不小于 0.1 m。在明渠流量计自动测量断电或损坏时，可用此法临时测量排水流量。

（2）便携式超声波管道测流仪

便携式超声波管道测流仪的使用条件与电磁式自动测流仪一致，适用于顺直管道的满流测量。测量时，沿着管道的流向，将两个传感器分别贴合于管道，错开一定距离，通过两个传感器的时差测量流速，再乘以管道截面积，最终得出流量。测量的管壁应为能传导超声波的实密介质，如铸铁、碳钢、不锈钢、玻璃钢、PVC 等。测点应避开弯头、阀门等，确保流态稳定，无气泡和涡流。测点应避开大功率变频器和强磁场设备，以免产生干扰。在电磁流量计断电或损坏时，可用此法临时测量排水流量。

（3）容积法

容积法是将废水纳入已知容量的容器中，测定其充满容器所需要的时间，从而计算水量的方法。该方法简单易行，适用于计量污水量较小的连续或间歇排放的污水。用此方法测量流量时，溢流口与受纳水体应有适当的落差或能用导水管形成落差。

用手工测量时，一般遵循如下原则：

①如果排放污水的"流量—时间"排放曲线波动较小，即用瞬时流量代表平均流量所引起的误差小于 10%，则在某一时段内的任意时间测得的瞬时流量乘以该时间即为该时段的流量。

②如果排放污水的"流量—时间"排放曲线虽有明显波动，但其波动有固定的规律，可以用该时段中几个等时间间隔的瞬时流量来计算出平均流量，然后再乘以时间得到流量。

③如果排放污水的"流量—时间"排放曲线既有明显波动又无规律可循，则必须连续测定流量，流量对时间的积分即为总量。

6.2　现场采样

采样前要根据采样任务确定监测点位、各监测点位的监测指标、各监测指标需要使用的采样容器、采样要求和保存运输要求等。

6.2.1　采样点位

《排污单位自行监测技术指南　提取类制药工业》《排污单位自行监测技术指南　发酵类制药工业》和《排污单位自行监测技术指南　化学合成类制药工业》均对每个监测点位的监测指标进行了明确规定，对于第一类污染物总汞、烷基汞、总镉、六价铬、总砷、总铅、总镍的采样点位一律设在车间或专门处理此类污染物设施的排口。对于 pH、化学需氧量、氨氮、悬浮物、总磷、动植物油、五日生化需氧量、挥发酚、总铜、总锌、总氰化物等监测指标则在相应的废水总排放口、生活污水排放口和雨水排放口进行采样。

如果排污单位设置内部监测点位时，根据实际情况在便于采样的地方进行布点采样。

如果排污单位需要考核污水处理设施处理效率时，采样点位的布设如下：

（1）对整体污水处理设施效率监测时，在各种进入污水处理设施污水的入口和污水设施的总排放口设置采样点。

（2）对各污水处理单元效率监测时，在各种进入处理设施单元污水的入口和设施单元的排放口设置采样点。

6.2.2　采样方法

废水的监测项目根据行业类型有不同的要求，排污单位根据本行业自行监测技术指南要求设置。采集样品时应设在废水混合均匀处，避免引入其他干扰。

在分时间单元采集样品时，测定 pH、化学需氧量、五日生化需氧量、硫化物、动植物油、悬浮物，不能混合，只能单独采样。

根据监测项目选择不同的采样器，主要包括不锈钢采水器、有机玻璃水质采样器、油类采样器及用采样容器直接采样。有需求和条件的排污单位可配备水质自动采样装置进行时间比例采样和流量比例采样。当污水排放量较稳定时可采用时间比例采样，否则必须采用流量比例采样。所用自动采样器必须符合生态环境部颁布的污水采样器技术要求。不同的采样器见图 6-1。

样品采集时应针对具体的监测项目注意以下事项：

（1）采样时不可搅动水底的沉积物。

（2）确保采样准时，点位准确，操作安全。

（3）采样结束前，应核对采样计划、记录与水样，如有错误或遗漏，应立即补采或重采。

不锈钢采水器

有机玻璃水质采样器

油类采样器

水质自动采样装置

图 6-1　不同采样器示意图

（4）如采样现场水体很不均匀，无法采到有代表性的样品，则应详细记录不均匀的情况和实际采样情况，供使用该数据者参考。

（5）测定动植物油的水样，应使用油类采样器在水面至 300 mm 采集柱状水样。

（6）测五日生化需氧量时，水样必须注满容器，上部不留空间并有水封口。

（7）用样品容器直接采样时，必须用水样冲洗三次之后再行采样，采油类的容器不能冲洗。

（8）采样时应注意除去水面的杂物、垃圾等漂浮物。

（9）用于测定悬浮物、五日生化需氧量、硫化物、动植物油的水样，必须单独定容采样，并全部用于测定。

（10）动植物油采样时，采样前先破坏可能存在的油膜，用直立式采水器把玻璃材质容器安装在采水器的支架中，将其放到 300 mm 深度，边采水边向上提升，在达到水面时剩余适当空间。

（11）采样时应认真填写"污水采样记录表"，表中应有以下内容：污染源名称、监测项目、采样点位、采样时间、样品编号、污水性质、污水流量、采样人姓名及其他有关事项。具体格式可由各排污单位制定，见表 6-1。

（12）对于 pH 和流量需现场监测的项目，应进行现场监测。

表 6-1 污水采样记录表

企业名称	行业名称	监测项目	样品编号	采样时间	采样口	采样口位置（车间或出厂口）	样品类别	样品表观	采样口流量/（m³/s）	采样人

6.2.3 采样容器

当前市面上常见的采样容器按材质主要分为：硬质玻璃瓶和聚乙烯瓶，在表 6-2 中分别用 G、P 表示，硬质玻璃瓶有透明和棕色两种。硬质玻璃瓶适用于化学需氧量、总有机碳、氨氮、总氮、总磷、硫化物、动植物油、硫化物等监测项目的样品采集。硫化物采集时，应用棕色玻璃瓶，以降低光敏作用。五日生化需氧量采集时应用专门的溶氧瓶采集。聚乙烯瓶则适用于总铜、总锌、总镍、总镉等金属元素的样品采集。氨氮、总磷、总氮、总镍、总镉等项目两种材质的瓶子均可使用。具体适用情况见表 6-2。

表 6-2　样品保存和容器洗涤

项目	采样容器	保存剂及用量	保存期	采样量/mL	容器洗涤
色度*	G、P		12 h	250	I
pH*	G、P		12 h	250	I
悬浮物**	G、P		14 h	500	I
化学需氧量	G	加 H_2SO_4，pH≤2	2 d	500	I
五日生化需氧量**	溶解氧瓶		12 h	250	I
总有机碳	G	加 H_2SO_4，pH≤2	7 d	250	I
总磷	G、P	HCl，H_2SO_4，pH≤2	24 h	250	IV
氨氮	G、P	加 H_2SO_4，pH≤2	24 h	250	I
总氮	G、P	加 H_2SO_4，pH≤2	7 d	250	I
硫化物	G、P	1 L 水样加 NaOH 至 pH 为 9，加入 5%抗坏血酸 5 ml，饱和 EDTA3 ml，滴加饱和 $Zn(AC)_2$ 至胶体产生，常温避光	24 h	250	I
总氰化物	G、P	NaOH，pH≥9	12 h	250	I
六价铬	G、P	NaOH，pH=8~9	14 d	250	III
总镍	G、P	HNO_3，1 L 水样中加浓 $HNO_3$10 ml	14 d	250	III
总铜	P	HNO_3，1 L 水样中加浓 $HNO_3$10 ml	14 d	250	III
总锌	P	HNO_3，1 L 水样中加浓 $HNO_3$10 ml	14 d	250	III
总砷	G、P	HNO_3，1 L 水样中加浓 $HNO_3$10 ml，DDTC 法，HCl 2 ml	14 d	250	I
总镉	G、P	HNO_3，1 L 水样中加浓 $HNO_3$10 ml	14 d	250	III
总汞	G、P	HCl，1%，如水样为中性，1 L 水样中加浓 HCl 10 ml	14 d	250	III
总铅	G、P	HNO_3，1%，如水样为中性，1 L 水样中加浓 HNO_3 10 ml	14 d	250	III
动植物油	G	加入 HCl 至 pH≤2	7 d	250	II
挥发酚**	G、P	用 H_3PO_4 调至 pH=2，用 0.01~0.02 g 抗环血酸除去余氯	24 h	1000	I

注：（1）*表示应尽量作现场测定，**表示低温（0~4℃）避光保存。

（2）G 为硬质玻璃瓶，P 为聚乙烯瓶。

（3）I、II、III、IV表示四种洗涤方法，如下：

I：洗涤剂洗一次，自来水洗三次；

II：洗涤剂洗一次，自来水洗二次，1+3（硝酸和水的体积比为 1∶3）HNO_3 荡洗一次，自来水洗三次；

III：洗涤剂洗一次，自来水洗二次，1+3HNO_3 荡洗一次，自来水洗三次；

IV：铬酸洗液洗一次，自来水洗三次。

在采样之前，采样容器应经过相应的清洗和处理，采样之后要对其进行适当的封存。排污单位可根据监测项目自行选择采样容器并按照合适的方法进行清洗和处理。常用的采样容器见图 6-2。

采样容器选择时遵守以下的一般原则：

（1）最大限度防止容器及瓶塞对样品的污染。由于一般的玻璃瓶在贮存水样时可溶出钠、钙、镁、硅、硼等元素，在测定这些

图 6-2　采样容器（透明硬质玻璃瓶、棕色硬质玻璃瓶和聚乙烯瓶）

项目时应避免使用玻璃容器，以防止新的污染。一些有色瓶塞也会含有大量的重金属，因此采集金属项目时最好选用聚乙烯瓶。

（2）容器壁应易于清洗和处理，以减少如重金属对容器的表面污染。

（3）容器或容器塞的化学和生物性质应该是惰性的，以防止容器与样品组分发生反应。

（4）防止容器吸收或吸附待测组分，引起待测组分浓度的变化。微量金属易于受这些因素的影响。

（5）选用深色玻璃能降低光敏作用。

采样容器准备时，应遵循以下原则：

（1）所有的采样容器准备都应确保不发生正负干扰。

（2）尽可能使用专用容器。如不能使用专用容器，那么最好准备一套容器进行特定污染物的测定，以减少交叉污染。同时应注意防止以前采集高浓度分析物的容器因洗涤不彻底污染随后采集的低浓度污染物的样品。

（3）对于新容器，一般应先用洗涤剂清洗，再用纯水彻底清洗。但是，用于清洁的清洁剂和溶剂可能引起干扰，所用的洗涤剂类型和选用的容器材质要随待测组分来确定。如测总磷的容器不能使用含磷洗涤剂；测重金属的玻璃容器及聚乙烯容器通常用盐酸或硝酸（$c=1$ mol/L）洗净并浸泡 1～2 天后用蒸馏水或去离

子水冲洗。

采样容器清洗时，应注意：

（1）用清洁剂清洗塑料或玻璃容器：用水和清洗剂的混合稀释溶液清洗容器和容器帽；用实验室用水清洗两次；控干水并盖好容器帽。

（2）用溶剂洗涤玻璃容器：用水和清洗剂的混合稀释溶液清洗容器和容器帽；用自来水彻底清洗；用实验室用水清洗两次；用丙酮清洗并干燥；用与分析方法匹配的溶剂清洗并立即盖好容器帽。

（3）用酸洗玻璃或塑料容器：用自来水和清洗剂的混合稀释溶液清洗容器和容器帽；用自来水彻底清洗；用 10%硝酸溶液清洗；控干后，注满 10%硝酸溶液；密封，贮存至少 24 h；用实验室用水清洗，并立即盖好容器帽。

6.2.4　样品保存与运输

6.2.4.1　样品保存

水样采集后应尽快送到实验室进行分析，样品如果长时间放置，受生物、化学、物理等因素影响，某些组分的浓度可能会发生变化。一般可通过冷藏、冷冻、添加保存剂等方式对样品进行保存。

（1）样品的冷藏、冷冻

在大多数情况下，从采集样品到运输最后到实验室期间，样品在 1～5℃冷藏并暗处保存就足够了。−20℃的冷冻温度一般能延长贮存期。但冷冻需要掌握冷冻和融化技术，以使样品在融化时能迅速地、均匀地恢复其原始状态，用干冰快速冷冻是令人满意的方法。一般选用聚氯乙烯或聚乙烯等塑料容器。

（2）添加保存剂

添加的保存剂一般包括：酸、碱、抑制剂、氧化剂和还原剂，样品保存剂如酸、碱或其他试剂在采样前应进行空白试验，其纯度和等级必须达到分析的要求。

1）加入酸和碱：控制溶液 pH，测定金属离子的水样常用硝酸酸化至 pH 为 1～

2，这样既可以防止重金属的水解沉淀，又可以防止金属在器壁表面上的吸附，同时在 pH 为 1～2 的酸性介质中还能抑制生物的活动。用此法保存，大多数金属可稳定数周或数月。测定氰化物的水样需加氢氧化钠调至 pH 为 12。测定六价铬的水样应加氢氧化钠调至 pH 为 8，因在酸性介质中，六价铬的氧化电位高，易被还原。

2）加入氧化剂：水样中痕量汞易被还原，引起汞的挥发性损失，加入硝酸—重铬酸钾溶液可使汞维持在高氧化态，汞的稳定性大为改善。

3）加入还原剂：测定硫化物的水样，加入抗坏血酸对保存有利。含余氯水样能氧化氢离子，可使酚类等物质氯化生成相应的衍生物，在采样时加入适当的硫代硫酸钠予以还原，可除去余氯干扰。

加入一些化学试剂可固定水样中的某些待测组分，保存剂可事先加入空瓶中，也可在采样后立即加入水样中。所加入的保存剂不能干扰待测成分的测定，如有疑义应先做必要的试验。

当加入保存剂的样品经过稀释后，在分析计算结果时要充分考虑。但如果加入足够浓的保存剂，若加入体积很小，可以忽略其稀释影响。固体保存剂因会引起局部过热，反而影响样品，所以应该避免使用。

所加入的保存剂有可能改变水中组分的化学或物理性质，因此选用保存剂时一定要考虑到对测定项目的影响。如待测项目是溶解态物质，酸化会引起胶体组分和固体的溶解，则必须在过滤后酸化保存。

必须要做保存剂空白试验，特别对微量元素的检测。要充分考虑加入保存剂所引起待测元素数量的变化。例如，酸类会增加砷、铅、汞的含量。因此，样品中加入保存剂后，应保留做空白试验。

针对技术指南中涉及的不同的监测项目应选用的容器材质、保存剂及其加入量、保存期、采样体积和容器洗涤方法见表 6-2。

6.2.4.2 样品运输

水样采集后必须立即送回实验室。若采样地点与实验室距离较远，应根据采样点的地理位置和每个项目分析前最长可保存时间，选用适当的运输方式，在现场工作开始之前，就要安排好水样的运输工作，以防延误。

水样运输前应将容器的外（内）盖盖紧。装箱时应用泡沫塑料等分隔，以防破损。同一采样点的样品应装在同一包装箱内，如需分装在两个或几个箱子中时，则需在每个箱内放入相同的现场采样记录表。运输前应检查现场记录上的所有水样是否全部装箱。要用醒目的色彩在包装箱顶部和侧面标上"切勿倒置"的标记。每个水样瓶均需贴上标签，内容有采样点位编号、采样日期和时间、测定项目。

装有水样的容器必须加以妥善保存和密封，并装在包装箱内固定，以防在运输途中破损。除了防震、避免日光照射和低温运输外，还要防止新的污染物进入容器或玷污瓶口使水样变质。

在水样运送过程中，应有押运人员，每个水样都要附有一张样品交接单。在转交水样时，转交人和接收人都必须清点和检查水样并在样品交接单上签字，注明日期和时间。样品交接单是水样在运输过程中的文件，应防止差错并妥善保管以备查。尤其是通过第三者把水样从采样地点转移到实验室分析人员手中时，这张样品交接单就显得更为重要了。

在运输途中如果水样超过了保质期，管理员应对水样进行检查。如果决定仍然进行分析，那么在出报告时，应明确标出采样时间和分析时间。

6.2.5　留样

有污染物排放异常等特殊情况，要留样分析时，应针对具体项目的分析用量同时采集留样样品，并填写"留样记录表"，表中应涵盖以下内容：污染源名称、监测项目、采样点位、采样时间、样品编号、污水性质、污水流量、采样人姓名、留样时间、留样人姓名、固定剂添加情况、保存时间、保存条件及其他有关事项。

6.3 监测指标测试

6.3.1 测试方法概述

制药工业排污单位自行监测项目包括理化指标（如 pH、色度、悬浮物等）、无机阴离子（如硫化物、总氰化物等）、有机污染综合指标（如化学需氧量、五日生化需氧量、总有机碳等）、金属及其化合物（如总铜、总锌、总铅、总镉等）、有机污染物（如挥发酚、苯胺类等）以及生物监测指标（如急性毒性）等几大类。这些监测项目所涉及的分析方法主要包括：重量法、分光光度法、容量分析法、原子吸收分光光度法、电感耦合等离子体发射光谱法、电感耦合等离子体质谱法、离子色谱法、原子荧光法、气相色谱法和气相色谱-质谱法等。

（1）重量法

重量法是将被测组分从试样中分离出来，经过精确称量来确定待测组分含量的分析方法。它是分析方法中最直接的测定方法，可以直接称量得到分析结果，不需标准试样或基准物质进行比较，具有精确度高等特点。图 6-3 为重量法所用的分析天平。

图 6-3　分析天平

（2）分光光度法

分光光度法测定样品的基本原理是利用朗伯—比尔定律，根据不同浓度样品溶液对光信号具有不同的吸光度，对待测组分进行定量测定。分光光度法是环境监测中常用的方法，具有灵敏度高、准确度高、适用范围广、操作简便和快速及价格低廉等特点。图 6-4 为分光光度法所用的分光光度计。

图 6-4　分光光度计

（3）容量分析法

容量分析法是将一种已知准确浓度的标准溶液滴加到被测物质的溶液中，直到所加的标准溶液与被测物质按化学计量定量反应为止，然后根据标准溶液的浓度和用量计算被测物质的含量。按反应的性质，容量分析法可分为：酸碱滴定法、氧化还原滴定法、络合滴定法和沉淀滴定法。容量分析法具有操作简便、快速、比较准确和仪器普通易得等特点。图 6-5 为滴定时所使用的套件。

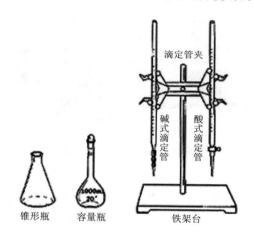

图 6-5　滴定套件

适合容量分析的化学反应应该具备的条件有以下几种：

1）反应必须定量进行而且进行完全；

2）反应速度要快；

3）有比较简便可靠的方法确定理论终点（或滴定终点）；

4）共存物质不干扰滴定反应，或采用掩蔽剂等方法能予以消除。

（4）原子吸收分光光度法

原子吸收分光光度法的测量对象是呈原子状态的金属元素和部分非金属元素，是由待测元素灯发出的特征谱线通过供试品经原子化产生的原子蒸气时，被蒸气中待测元素的基态原子所吸收，通过测定辐射光强度减弱的程度，求出供试品中待测元素的含量，并能够灵敏可靠地测定微量或痕量元素。原子吸收分光光度法由光源、原子化器（分为火焰原子化器、石墨炉原子化器、氢化物发生原子化器及冷蒸气发生原子化器 4 种）、单色器、背景校正系统、自动进样系统和检测系统等组成。根据原子化器的不同，其又可分为火焰原子吸收分光光度法、石墨炉原子吸收分光光度法、氢化物发生原子吸收分光光度法、冷原子吸收分光光度法。图 6-6 为原子吸收分光光度法所用的一种仪器设备。

图 6-6　原子吸收分光光度法所用的火焰原子吸收光谱仪

1）火焰原子吸收分光光度法是最常用的技术，非常适合含有目标分析物的液体或溶解样品，非常适用于 mg/L 级的痕量元素检测。缺点是原子化效率低，灵敏度不够高，一般不能直接分析固体样品。

2）石墨炉原子吸收分光光度法能够分析低体积的液体样品，适用于实验室处理日常工作中的复杂基质，可高效去除干扰，敏感度高于火焰原子吸收分光光度法分析数个数量级，可以检测低至μg/L 级的痕量元素。缺点是试样组成不均匀性的影响较大，共存化合物的干扰比火焰原子分光光度法大，干扰背景比较严重，一般都需要校正背景。

3）冷原子吸收分光光度法由汞蒸气发生器和原子吸收池组成，专门用于汞的测定。

（5）电感耦合等离子体发射光谱法

电感耦合等离子体发射光谱法是指以电感耦合等离子体作为激发光源，根据处于激发态的待测元素原子回到基态时发射的特征谱线对待测元素进行分析的仪器。具有检出限低、准确度及精密度高、分析速度快等优点。图 6-7 为电感耦合等离子体光谱仪。

（6）电感耦合等离子体质谱法

电感耦合等离子体质谱法是以独特的接口技术将电感耦合等离子体的高温电离特性与质谱检测器的灵敏快速扫描的优点相结合而形成一种高灵敏度的分析技术。水样经预处理后，采用电感耦合等离子体质谱进行检测，根据元素的质谱图或特征离子进行定性，内标法定量。其具有灵敏度高、速度快，可在几分钟内完成几十个元素的定量测定的优点，常用于测定地下水中微量、痕量和超痕量的金属元素，某些卤素元素、非金属元素。图 6-8 为电感耦合等离子体质谱仪。

图 6-7　电感耦合等离子体光谱仪

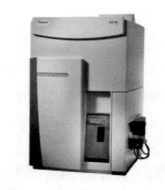

图 6-8　电感耦合等离子体质谱仪

（7）离子色谱法

离子色谱法是以低交换容量的离子交换树脂为固定相对离子性物质进行分离，用电导检测器连续检测流出物电导变化的一种色谱方法。其主要用于环境样品的分析，包括地表水、饮用水、雨水、生活污水和工业废水、酸沉降物和大气颗粒物等样品中的阴、阳离子，与微电子工业有关的水和试剂中痕量杂质的分析。图 6-9 为离子色谱仪。

（8）原子荧光法

原子荧光法根据测量待测元素的原子蒸气在一定波长的辐射能激发下发射的荧光强度进行定量分析的方法，是测定微量砷、锑、铋、汞、硒、碲、锗等元素最成功的分析方法之一。图 6-10 为原子荧光光谱仪。

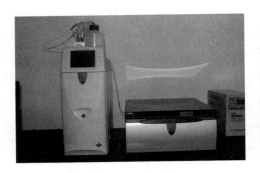

图 6-9　离子色谱仪

图 6-10　原子荧光光谱仪

（9）气相色谱法

气相色谱法其原理主要是利用物质的沸点、极性及吸附性质的差异实现混合物的分离，然后利用检测器依次检测已分离出来的组分。其具有快速、有效、灵敏度高等优点，能直接用于气相色谱分析的样品必须是气体或液体，常用的前处理方法有索氏提取法、超声提取法、振荡提取法、微波提取法等。图 6-11 为气相色谱仪。

图 6-11　气相色谱仪

图 6-12　气相色谱—质谱联用仪

（10）气相色谱-质谱法

气相色谱-质谱法中气相色谱对有机化合物具有有效的分离、分辨能力，而质谱则是准确鉴定化合物的有效手段。由两者结合构成的色谱-质谱联用技术，是分离和检测复杂化合物的最有力工具之一，可实现复杂体系中有机物的定性及定量测定。气相色谱-质谱法分析虽然结果准确可靠，但相对于光谱分析等方法其预处理、分析步骤较为复杂。图 6-12 为气相色谱-质谱联用仪。

6.3.2　指标测定

通过对制药工业 3 个技术指南废水监测项目的梳理，除现场测量的流量在前面已经介绍外，对其余的 26 项监测指标的常用监测分析方法和注意事项分别进行介绍，排污单位根据行业排放污染物的特征及单位实验室实际情况选择适合的监测方法开展自行监测。若有其他适用的方法，经过开展相关验证也可以使用。

6.3.2.1　pH

（1）常用方法

pH 是水中氢离子活度的负对数，$pH = -\log_{10} a_{H^+}$。pH 是环境监测中常用和重要的检验项目之一，可间接表示水的酸碱程度，测量常用的分析方法有《水质 pH 的测定　玻璃电极法》（GB/T 6920—1986）和便携式 pH 计法 [《水和废水监测分析方法》（第四版）]。

（2）注意事项

1）最好能够现场测定，否则样品采集后，应保持在 0～4℃，并在 6 h 内进行测定。当 pH 大于 12 或小于 2 时，不宜使用便携式 pH 计方法，以免损伤电极。

2）便携式 pH 计由不同的复合电极构成，其浸泡方式会有所不同，有些电极要用蒸馏水浸泡，有些则严禁用蒸馏水浸泡，应当严格遵守操作手册，以免损伤电极。

3）玻璃电极在使用前先放入蒸馏水中浸泡 24 h 以上。用完后冲洗干净，浸泡在纯水中。

4）测定 pH 时，玻璃电极的球泡应全部浸入溶液中，并使其稍高于甘汞电极的陶瓷芯端，以免搅拌时碰坏。

5）必须注意玻璃电极的内电极与球泡之间、甘汞电极的内电极和陶瓷芯之间不得有气泡，以防短路。

6）测定 pH 时，为减少空气和水样中二氧化碳的溶入或挥发，在测水样之前，不应提前打开水样瓶。

7）玻璃电极表面受到污染时，需进行处理。如果附着无机盐结垢，可用温稀盐酸溶解；对钙镁等难溶性结垢，可用 EDTA 二钠溶液溶解；沾有油污时，可由丙酮清洗。电极按上述方法处理后，应在蒸馏水中浸泡一昼夜再使用。注意忌用无水乙醇、脱水性洗涤剂处理电极。

6.3.2.2 色度

（1）常用方法

有色废水常给人以不愉快感，排入环境后不仅会使天然水着色，减弱水体的透光性，还会影响水生生物的生长。水的色度单位是度，其常用的测定方法为《水质 色度的测定》（GB 11903—1989）。

（2）注意事项

1）pH 对颜色有较大影响，在测定颜色时应同时测定 pH。

2）所用与样品接触的玻璃器皿都要用盐酸或表面活性剂溶液加以清洗，最后用蒸馏水或去离子水洗净、沥干。

3）样品采集在容积至少为 1 L 的玻璃瓶内，并尽快分析。如果需要贮存，则将样品贮存于暗处，同时还要避免与空气接触，避免温度的变化。

6.3.2.3 悬浮物

（1）常用方法

水质中的悬浮物是指水样通过孔径为 0.45 μm 的滤膜，截留在滤膜上并于103～105℃烘干至恒重的物质。悬浮物的测定常用方法为《水质 悬浮物的测定 重量法》（GB 11901—1989）。

（2）注意事项

1）所用聚乙烯瓶或硬质玻璃瓶要用洗涤剂清洗，再依次用自来水和蒸馏水冲洗干净。采样前用即将采集的水样清洗 3 次。采集 500～1 000 ml 样品，盖严瓶塞。

2）采样时漂浮或浸没的不均匀固体物质不属于悬浮物，应从水样中除去。

3）样品应尽快分析，如需放置，应贮存在 4℃冷藏箱中，但最长不得超过 7 天。采样时不能加任何保存剂，以防破坏物质在固、液间的分配平衡。

4）滤膜上截留过多的悬浮物可能夹带过多的水分，除延长干燥时间外，还可能造成过滤困难，遇此情况，可酌情少取试样。

5）滤膜上的悬浮物过少，则会增大称量误差，影响测定精度，必要时可增大试样体积，一般以 5～100 mg 悬浮物量作为量取试样体积的使用范围。

6.3.2.4　硫化物

（1）常用方法

硫化物指水中溶解性无机硫化物和酸溶性金属硫化物的总和。包括溶解性的 H_2S、HS^-、S^{2-}，以及存在于悬浮物中可溶性硫化物和可溶性金属硫化物。常用方法有《水质　硫化物的测定　亚甲基蓝分光光度法》（GB/T 16489—1996）、《水质　硫化物的测定　直接显色分光光度法》（GB/T 17133—1997）、《水质　硫化物的测定　流动注射-亚甲基蓝分光光度法》（HJ 824—2017）、《水质　硫化物的测定　碘量法》（HJ/T 60—2000）和《水质　硫化物的测定　气相分子吸收光谱法》（HJ/T 200—2005）。

（2）注意事项

1）硫离子很容易被氧化，硫化氢易从水样中溢出，在采样时应防止曝气，并加适量的氢氧化钠溶液和乙酸锌-乙酸钠溶液，使水样呈碱性并形成硫化锌沉淀。水样应充满瓶，瓶塞下不留空气。

2）对于无色、透明、不含悬浮物的清洁水样，采用沉淀分离法测定。

3）对于含悬浮物、浑浊度较高、有色、不透明的水样，采用酸化-吹气-吸收法测定。

4）采样时，先在采样瓶中加入一定量的乙酸锌溶液，再加水样，然后滴加适量的氢氧化钠溶液，使之呈碱性并生成硫化锌沉淀。

5）硫化物含量过高时，在采样时可多加固定剂，直至完全沉淀。水样充满采样容器后立即密封保存。

6）每批次样品须至少测定 2 个实验室空白，空白值不得超过方法检出限。否则应查明原因，重新分析直至合格之后才能测定样品。

6.3.2.5　总氰化物

（1）常用方法

氰化物是指在 pH<2 介质中，磷酸和 EDTA 存在下，加热蒸馏形成氰化氢的氰化物，包括全部简单氰化物（多为碱金属和碱土金属的氰化物，铵的氰化物）和绝大部分络合氰化物（锌氰络合物、铁氰络合物、镍氰络合物、铜氰络合物等），不包括钴氰络合物。常用分析方法有：《水质 氰化物的测定 流动注射-分光光度法》（HJ 823—2017）、《水质 氰化物的测定 容量法和分光光度法》（HJ 484—2009）和《水质 氰化物等的测定 真空检测管-电子比色法》（HJ 659—2013）。

（2）注意事项

1）氰化物属于剧毒物质，操作时应按规定要求佩戴防护器具，应避免接触皮肤和衣物，检测后的残渣废液应做妥善的安全处理。

2）有明显颗粒物或沉淀的样品应用超声仪超声粉碎后进样。

3）当样品中含有大量硫化物时，应先加碳酸镉或碳酸铅固体粉末，除去硫化物后，再加氢氧化钠固定。否则，在碱性条件下，氰离子和硫离子作用会生成硫氰酸离子而干扰测定。

4）分析过程中如果有氰化物的废液产生，应集中回收，交有资质的废弃物专业处理公司处理。

5）在废液收集瓶中，应加入氢氧化钠使得 pH≥11（一般 1 L 废液中加入约7 g 氢氧化钠），以防止气态 HCN 逸出。应定期摇动废液瓶，以防在瓶中形成浓度梯度。

6）应注意流动注射仪管路系统的保养，经常清洗管路；每次实验前都应检查泵管是否磨损，并及时更换已损坏的泵管。

6.3.2.6　化学需氧量

（1）常用方法

化学需氧量（COD）是指在强酸并加热条件下，用重铬酸钾作为氧化剂处理水样时所消耗氧化剂的量。常用分析方法有：《水质　化学需氧量的测定　重铬酸盐法》（HJ 828—2017）、《水质　化学需氧量的测定　快速消解分光光度法》（HJ/T 399—2007）和《高氯废水　化学需氧量的测定　氯气校正法》（HJ/T 70—2001）。

（2）注意事项

1）实验试剂硫酸汞剧毒，实验人员应避免与其直接接触。样品前处理过程应在通风橱中进行。

2）采集水样的体积不得少于 100 ml，采集的水样应至于玻璃瓶中，并尽快分析。如不能立即分析时，应加入硫酸至 pH<2，置于 4℃以下保存，保存时间不能超过 5 天。

3）对于污染严重的水样，可选取所需体积的 1/10 的水样放入硬质玻璃管，加入 1/10 的试剂，摇匀后加热沸腾数分钟，观察溶液是否变成蓝绿色。若呈蓝绿色，应再适当少取水样，直至溶液不变蓝绿色为止，从而可以确定待测水样的稀释倍数。

4）消解时应使溶液缓慢沸腾，不宜爆沸。如出现爆沸，说明溶液中出现局部过热，会导致测定结果有误。爆沸的原因可能是加热过于激烈，或是防爆沸玻璃珠的效果不好。

6.3.2.7　五日生化需氧量

（1）常用方法

水体中所含的有机物成分复杂，难以一一测定其成分。人们常常利用水中有机物在一定条件下所消耗的氧来间接表示水体中有机物的含量，生化需氧量即属于这类的重要指标之一。常用分析方法是《水质 五日生化需氧量（BOD_5）的测定 稀释与接种法》（HJ 505—2009）。

（2）注意事项

1）丙烯基硫脲属于有毒化合物，操作时应按规定要求佩戴防护器具，避免接触皮肤和衣物；标准溶液的配置应在通风橱内进行操作；检测后的残渣废液应做妥善的安全处理。

2）采集的样品应充满并密封于棕色玻璃瓶中，样品量不小于 1 000 ml，在 0～4℃的暗处运输保存，并于 24 小时内尽快分析。24 小时内不能分析，可冷冻保存（冷冻保存时避免样品瓶破裂），冷冻样品分析前须解冻、均质化和接种。

3）若样品中的有机物含量较多，BOD_5 的质量浓度大于 6 mg/L，样品需适当稀释后测定

4）对不含或含微生物少的工业废水，如酸性废水、碱性废水、高温废水、冷冻保存的废水或经过氯化处理等的废水，在测定 BOD_5 时应进行接种，以引进能分解废水中有机物的微生物。

5）当废水中存在难以被一般生活污水中的微生物以正常的速度降解的有机物或含有剧毒物质时，应将驯化后的微生物引入水样中进行接种。

6）每一批样品做两个分析空白试样，稀释空白试样的测定结果不能超过 0.5 mg/L，非稀释接种法和稀释接种法空白试样的测定结果不能超过 1.5 mg/L，否则应检查可能的污染来源。

6.3.2.8　氨氮

（1）常用方法

氨氮（$NH_3\text{-}N$）以游离氮（NH_3）或铵盐（NH_4^+）形式存在于水中。氨氮常用测定方法有《水质 氨氮的测定 蒸馏-中和滴定法》（HJ 537—2009）、《水质 氨氮的测定 气相分子吸收光谱法》（HJ/T 195—2005）、《水质 氨氮的测

定　纳氏试剂分光光度法》(HJ 535—2009)、《水质　氨氮的测定　水杨酸分光光度法》(HJ 536—2009)、《水质　氨氮的测定　连续流动-水杨酸分光光度法》(HJ 665—2013)和《水质　氨氮的测定　连续流动-水杨酸分光光度法》(HJ 666—2013)。

(2)注意事项

1)水样采集在聚乙烯或玻璃瓶内,要尽快分析。如需保存,应加硫酸使水样酸化至 pH<2,2~5℃下可保存 7 天。

2)水样中含有悬浮物、余氯、钙镁等金属离子、硫化物和有机物时会产生干扰,含有此类物质时要做适当处理,以消除对测定的影响。

3)如果水样的颜色过深、含盐量过多,酒石酸钾盐对水样中的金属离子掩蔽能力不够,或水样中存在高浓度的钙、镁和氯化物时,需要预蒸馏。

4)试剂和环境温度会影响分析结果,冰箱贮存的试剂需放置到室温后再分析,分析过程中室温波动不超过±5℃。

5)当同批分析的样品浓度波动较大时,可在样品与样品之间插入空白当试样分析,以减小高浓度样品对低浓度样品的影响。

6)标定盐酸标准滴定溶液时,至少平行滴定 3 次,平行滴定的最大允许偏差不大于 0.05 ml。

7)分析过程中发现检测峰峰型异常,一般情况下平峰为超量程,双峰为基体干扰,不出峰为泵管堵塞或试剂失效。

8)每天分析完毕后,用纯水对分析管路进行清洗,并及时将流动检测池中的滤光片取下放入干燥器中,防尘防湿。

6.3.2.9　总氮

(1)常用方法

总氮指能测定的样品中溶解态氮及悬浮物中氮的总和,包括亚硝酸盐氮、硝酸盐氮、无机铵盐、溶解态氮及大部分有机含氮化合物中的氮。常用测定方法有:

《水质 总氮的测定 碱性过硫酸钾消解紫外分光光度法》(HJ 636—2012)、《水质 总氮的测定 连续流动-盐酸萘乙二胺分光光度法》(HJ 667—2013)、《水质 总氮的测定 流动注射-盐酸萘乙二胺分光光度法》(HJ 668—2013)和《水质 总氮的测定 气相分子吸收光谱法》(HJ/T 199—2005)。

（2）注意事项

1）将采集好的样品贮存在聚乙烯瓶或硬质玻璃瓶中，用浓硫酸调节 pH 至 1～2，常温下可保存 7 天。贮存在聚乙烯瓶中，−20℃冷冻，可保存 1 个月。

2）某些含氮有机物在本标准规定的测定条件下不能完全转化为硝酸盐。

3）测定应在无氨的实验室环境中进行，避免环境交叉污染对测定结果产生影响。

4）实验所用的器皿和高压蒸汽灭菌器等均应无氨污染。实验中所用的玻璃器皿应用盐酸溶液或硫酸溶液浸泡，用自来水冲洗后再用无氨水冲洗数次，洗净后立即使用。高压蒸汽灭菌器应每周清洗。

5）在碱性过硫酸钾溶液配制过程中，温度过高会导致过硫酸钾分解失效，因此要控制水浴温度在 60℃以下，而且应待氢氧化钠溶液温度冷却至室温后，再将其与过硫酸钾溶液混合、定容。

6）使用高压蒸汽灭菌器时，应定期检定压力表，并检查橡胶密封圈密封情况，避免因漏气而减压。

7）当同批分析的样品浓度波动大时，可在样品与样品之间插入空白当试样分析，以减小高浓度样品对低浓度样品的影响。

6.3.2.10 总磷

（1）常用方法

总磷的常用测定方法有：《水质 总磷的测定 钼酸铵分光光度法》(GB 11893—1989)、《水质 磷酸盐和总磷的测定 连续流动-钼酸铵分光光度法》(HJ 670—2013)和《水质 总磷的测定 流动注射-钼酸铵分光光度法》(HJ 671—

2013）。

（2）注意事项

1）用硝酸-高氯酸消解需要在通风橱中进行。高氯酸和有机物的混合物经加热易发生危险，需将试样先用硝酸消解，然后再加入高氯酸消解。

2）在采样前，用水冲洗所有接触样品的器皿，样品采集于清洗过的聚乙烯或玻璃瓶中。用于测定磷酸盐的水样，取样后于 0～4℃暗处保存，可稳定 24 小时。用于测定总磷的水样，采集后应立即加入硫酸至 pH≤2，常温可保存 24 小时；于-20℃冷冻，可保存 1 个月。

3）对于磷酸含量较少的样品（磷酸盐或总磷浓度≤0.1 mg/L），不可用聚乙烯瓶保存，冷冻保存状态除外。

4）绝不可把消解的试样蒸干。

5）如消解后有残渣时，用滤纸过滤于具塞比色管中。

6）水样中的有机物用过硫酸钾氧化不能完全破坏时，可用此法消解。

7）当同批分析的样品浓度波动大时，可在样品与样品之间插入空白当试样分析，以减小高浓度样品对低浓度样品的影响。

8）每次分析完毕后，用纯水对分析管路进行清洗，并及时将流动检测池中的滤光片取下放入干燥器中，防尘防湿。

6.3.2.11　总有机碳

（1）常用方法

总有机碳（TOC），是以碳的含量表示水体中有机物质总量的综合指标，常用测定方法是《水质　总有机碳的测定　燃烧氧化-非分散红外吸收法》（HJ 501—2009）。

（2）注意事项

1）水样应采集在棕色玻璃瓶中并应充满采样瓶，不留顶空。水样采集后应在 24 小时内测定。否则应加入硫酸将水样酸化至 pH≤2，在 4℃条件下可保存 7 天。

2）当水中苯、甲苯、环己烷和三氯甲烷等挥发性有机物含量较高时，宜用差减法测定；当水中挥发性有机物含量较少而无机碳含量相对较高时，宜用直接法测定。

3）当元素碳微粒（煤烟）、碳化物、氰化物、氰酸盐和硫氰酸盐存在时，可与有机碳同时测出。

4）水中含大颗粒悬浮物时，由于受自动进样器孔径的限制，测定结果不包括全部颗粒态有机碳。

5）每次实验前应检测无二氧化碳水的 TOC 含量，测定值应不超过 0.5 mg/L。

6.3.2.12 总汞

（1）常用方法

水中的总汞是指未经过滤的样品经消解后测得的汞，包括无机的、有机结合的、可溶的和悬浮的全部汞。常用的测定方法主要有：《水质 总汞的测定 冷原子吸收分光光度法》（HJ 597—2011）、《水质 汞、砷、硒、铋和锑的测定 原子荧光法》（HJ 694—2014）和《水质 总汞的测定 高锰酸钾-过硫酸钾消解法双硫腙分光光度法》（GB/T 7469—1987）。

（2）注意事项

1）样品采集后应当按照每升水样加入 5 ml 盐酸的比例添加保存剂。

2）测定可滤态汞时，采样后尽快通过 0.45 μm 滤膜过滤，然后再按要求添加保存剂。

3）试验所用试剂（尤其是高锰酸钾）中的汞含量对空白试验测定值影响较大。因此，试验中应选择汞含量尽可能低的试剂。

4）在样品还原前，所有试剂和试样的温度应保持一致（<25℃）。环境温度低于 10℃时，灵敏度会明显降低。

5）汞的测定易受到环境中的汞污染，在汞的测定过程中应加强对环境中汞的控制，保持清洁、加强通风。

6）水蒸气对汞的测定有影响，会导致测定时响应值降低，应注意保持连接管路和汞吸收池干燥。可通过红外灯加热的方式去除汞吸收池中的水蒸气。

7）反应装置的连接管宜采用硼硅玻璃、高密度聚乙烯、聚四氟乙烯、聚砜等材质，不宜采用硅胶管。

8）实验中产生的废液和废物不可随意倾倒，应置于密闭容器中保存，委托有资质单位处理。

6.3.2.13　总砷

（1）常用方法

水中的总砷是指未经过滤的样品经消解后测得的砷，包括单体形态、无机和有机结合化合物中砷的总量。常用的测定方法主要有：《水质　汞、砷、硒、铋和锑的测定　原子荧光法》《水质　65 种元素的测定　电感耦合等离子体质谱法》（HJ 700—2014）、《水质　总砷的测定　二乙基二硫代氨基甲酸银分光光度法》（GB 7485—1987）和《水质　32 种元素的测定　电感耦合等离子体发射光谱法》（HJ 776—2015）。

（2）注意事项

1）样品采集后应当按照每升水样加入 2 ml 盐酸的比例添加保存剂。

2）测定可滤态砷时，采样后尽快通过 0.45 μm 滤膜过滤，然后再按要求添加保存剂。

3）砷化氢为剧毒气体，故砷化氢发生系统应严防漏气。加入锌粒后要立即接好导气管，以免砷化氢中毒且影响测定结果。应在通风良好的条件下操作。

4）三氧化二砷为剧毒药品，建议购买砷标准中间液，避免中毒。

5）盐酸、硝酸均具有强烈的化学腐蚀性和刺激性，操作时应按规定要求佩戴防护器具，并在通风橱中进行，避免酸雾吸入呼吸道和接触皮肤、衣物。

6）测定试样（或空白试样）：每个试样测定前，先用硝酸和水的体积比为 2∶98（2+98）的稀硝酸溶液冲洗系统直到信号降至最低，待分析信号稳定后才可开始测定。

7）样品采集后立即加硝酸酸化至 pH 为 1～2，正常情况下每 1 000 ml 水样加 2 ml 浓硝酸。

8）实验用的玻璃器皿或塑料器皿洗涤干净后，在稀硝酸溶液中浸泡至少 12 h，使用前用蒸馏水冲洗干净。

9）实验中产生的废液应集中收集，并清楚地做好标记贴上标签，委托有资质的单位处理。

6.3.2.14　总镍

（1）常用方法

水中的总镍是指未经过滤的样品经消解后测得的镍的总量。常用的测定方法主要有：《水质　镍的测定　火焰原子吸收分光光度法》（GB 11912—1989）、《水质　65 种元素的测定　电感耦合等离子体质谱》《水质　镍的测定　丁二酮肟分光光度法》（GB 11910—1989）和《水质　32 种元素的测定　电感耦合等离子体发射光谱法》。

（2）注意事项

1）测定地表水和地下水中总镍时，只能使用电感耦合等离子体质谱法；测定工业废水和受镍污染的环境水中总镍时，三种方法均可使用。使用前应注意不同方法的适用范围。

2）样品采集后应当立即加入硝酸调节水样 pH 为 1～2。

3）测定可滤态镍时，采样后尽快通过 0.45 μm 滤膜过滤，然后再加入硝酸调节水样 pH。

4）实验用的玻璃器皿或塑料器皿洗涤干净后，在稀硝酸溶液中浸泡至少 12 小时，使用前用蒸馏水冲洗干净。

5）实验中产生的废液应集中收集，并清楚地做好标记贴上标签，委托有资质的单位处理。

6.3.2.15　六价铬

（1）常用方法

地面水和工业废水中六价铬的测定常用方法为《水质　六价铬的测定　二苯碳酰二肼分光光度法》（GB/T 7467—1987）。

（2）注意事项

1）所有玻璃仪器不能使用重铬酸钾洗液洗涤，可用硝酸、硫酸混合液或洗涤剂洗涤。玻璃器皿内壁应保持光洁，防止铬被吸附。

2）实验室样品应当使用玻璃瓶采集，采集后应加入氢氧化钠，调节样品 pH 约为 8，尽快测定，如需放置，不宜超过 24 小时。

3）样品经锌盐沉淀分离法前处理后，仍含有机物干扰测定时，可用酸性高锰酸钾氧化法破坏有机物后再测定。

6.3.2.16　总铜

（1）常用方法

水质中的总铜是指未经过滤的水样经消解后测得的铜。常用的测定方法主要有：《水质　铜、锌、铅、镉的测定　原子吸收分光光度法》（GB 7475—1987）、《水质　铜的测定　2,9-二甲基-1,10-菲啰啉分光光度法》（HJ 486—2009）、《水质　铜的测定　二乙基二硫代氨基甲酸钠分光光度法》（HJ 485—2009）、《水质　65 种元素的测定　电感耦合等离子体质谱法》和《水质　32 种元素的测定　电感耦合等离子体发射光谱法》。

（2）注意事项

1）用聚乙烯塑料瓶采集样品。采样瓶先用洗涤剂洗净，再在硝酸溶液中浸泡 24 小时以上，使用前用水冲洗干净，采样后立即加硝酸酸化至 pH 为 1～2。

2）每批样品至少做 2 个实验室空白，空白值应低于方法测定下限。否则应检查实验用水质量、试剂纯度、器皿洁净度及仪器性能等。

3）实验过程中产生的废液和废物应分类收集和保管，委托有资质的单位处理。

6.3.2.17 总铅

（1）常用方法

水质中的总铅是指未经过滤的水样，经消解后测得的铅。常用的测定方法主要有：《水质 铜、锌、铅、镉的测定 原子吸收分光光度法》《水质 铅的测定 双硫腙分光光度法》（GB 7470—1987）、《水质 65 种元素的测定 电感耦合等离子体质谱法》和《水质 32 种元素的测定 电感耦合等离子体发射光谱法》。

（2）注意事项

1）用聚乙烯塑料瓶采集样品。采样瓶先用洗涤剂洗净，再在硝酸溶液中浸泡，使用前用水冲洗干净。

2）采样后，每 1 000 ml 水样立即加入 2.0 ml 硝酸酸化至 pH 约为 1.5，加入 5 ml 碘溶液以免挥发性有机铅化合物在水样处理和消化过程中损失。

3）所用玻璃仪器，在使用前都应用硝酸清洗，并用自来水和无铅蒸馏水冲洗干净。

6.3.2.18 总锌

（1）常用方法

水质中的总锌是指未经过滤的水样经消解后测得的锌。常用的测定方法主要有：《水质 铜、锌、铅、镉的测定 原子吸收分光光度法》《水质 锌的测定 双硫腙分光光度法》（GB 7472—1987）、《水质 65 种元素的测定 电感耦合等离子体质谱法》和《水质 32 种元素的测定 电感耦合等离子体发射光谱法》。

（2）注意事项

1）用聚乙烯塑料瓶采集样品。采样瓶先用洗涤剂洗净，再在硝酸溶液中浸泡 24 小时，使用前用无锌水冲洗干净。

2）采样后，每 1 000 ml 水样立即加入 2.0 ml 硝酸酸化至 pH 约为 1.5。

3）所用玻璃器皿均先后用 1+1 硫酸和无锌水浸泡和洗净。

6.3.2.19　总镉

（1）常用方法

水质中的总镉是指未经过滤的水样经消解后测得的镉。常用的测定方法主要有：《水质　铜、锌、铅、镉的测定　原子吸收分光光度法》《水质　镉的测定　双硫腙分光光度法》（GB 7471—1987）、《水质　65 种元素的测定　电感耦合等离子体质谱法》和《水质　32 种元素的测定　电感耦合等离子体发射光谱法》。

（2）注意事项

1）用聚乙烯塑料瓶采集样品。采样瓶先用洗涤剂洗净，再在盐酸溶液中浸泡，使用前用自来水和去离子水冲洗干净。

2）采样后，每 1 000 ml 水样立即加入 2.0 ml 硝酸酸化至 pH 约为 1.5。

3）所用玻璃器皿使用前应用盐酸浸泡，自来水和去离子水冲洗干净。

4）实验中所用氢氧化钠-氰化钾溶液剧毒，称量和配置时要特别小心，取时要戴胶皮手套，避免玷污皮肤。

5）禁止用嘴通过移液管来吸取氰化钾溶液。

6.3.2.20　挥发酚

（1）常用方法

水质中的挥发酚是指能够随水蒸气蒸馏出来和特定物质发生特定化学反应的挥发性酚类化合物，结果均以苯酚计。常用的测定方法主要有：《水质　挥发酚的测定　4-氨基安替比林分光光度法》（HJ 503—2009）、《水质　挥发酚的测定　4-氨基安替比林分光光度法》（HJ 825—2017）和《水质　挥发酚的测定　溴化容量法》（HJ 502—2009）。

（2）注意事项

1）注意不同方法的适用范围。溴化容量法只适用于高浓度工业废水中挥发酚的测定；分光光度法适用于不同类型水质中挥发酚的测定。

2）测定中氧化剂、油类、硫化物、有机或无机还原性物质和苯胺类会干扰酚的测定，消除方法参见具体的分析方法。

3）样品采集量应大于 500 ml，贮存于硬质玻璃瓶中。

4）在样品采集现场，用淀粉-碘化钾试纸检测样品中有无游离氯等氧化剂的存在。若试纸变蓝，应及时加入过量硫酸亚铁去除。

5）采集后的样品应及时加磷酸酸化至 pH 约为 4.0，并加适量硫酸铜，使样品中硫酸铜质量浓度约为 1 g/L，以抑制微生物对酚类的生物氧化作用。

6）采集后的样品应在 4℃下冷藏，24 小时内进行测定。

7）每次试验前后，应清洗整个蒸馏设备。

8）不得用橡胶塞、橡胶管连接蒸馏瓶及冷凝器，以防止对测定产生干扰。

9）实验中产生的废液应集中收集，并清楚地做好标记贴上标签，委托有资质的单位处理。

6.3.2.21 动植物油类

（1）常用方法

水质中动植物油类是指在 pH≤2 的条件下，能够被四氯乙烯萃取且被硅酸镁吸收的物质。常用的测定方法为《水质　石油类和动植物油类的测定　红外分光光度法》（HJ 637—2018）。

（2）注意事项

1）用采样瓶采集约 500 ml 水样后，加入盐酸溶液酸化至 pH≤2。

2）如样品不能再 24 小时内测定，应在 0～4℃冷藏保存，3 天内测定。

3）试验中使用的四氯乙烯须符合品质相关要求，避光保存。

4）同一批样品测定所使用的四氯乙烯应来自同一瓶，如样品数量多，可将多瓶四氯乙烯混合均匀后使用。

5）所有使用完的器皿置于通风橱内挥发完后清洗。

6）四氯乙烯废液应集中存放于密闭容器中，并做好相应标识，委托有资质的单位处理。

6.3.2.22　苯胺类

（1）常用方法

水质中苯胺类化合物的测定常用方法主要有：《水质　苯胺类化合物的测定　气相色谱-质谱法》（HJ 822—2017）和《水质　苯胺类化合物的测定　*N*-（1-萘基）乙二胺偶氮分光光度法》（GB 11889—1989）。

（2）注意事项

1）注意不同方法的适用范围。气相色谱-质谱法规定了 19 种苯胺类化合物及验证后其他苯胺类化合物的测定；分光光度法适用于染料、制药等废水中芳香族伯胺类化合物的测定。

2）相关溶液配制应在通风橱中进行，操作时应按规定佩戴防护器具，避免吸入或接触皮肤和衣物。

3）样品应用玻璃瓶采集，水样充满样品瓶，不留空隙。

4）样品应在 4℃下冷藏保存。气相色谱-质谱法规定样品必须在采集后 7 天内萃取，萃取液在 40 天内完成分析；分光光度法则规定保存不超过两周。

5）实验中产生的废液应集中收集，并清楚地做好标记贴上标签，委托有资质的单位处理。

6.3.2.23　烷基汞

（1）常用方法

水中烷基汞常用的分析方法有：《水质　烷基汞的测定　气相色谱法》（GB/T 14204—1993）和《水质　烷基汞的测定　吹扫捕集/气相色谱-冷原子荧光光谱法》

（HJ 977—2018）。

（2）注意事项

1）相关溶液配制应在通风橱中进行，操作时应按规定佩戴防护器具，避免吸入或接触皮肤和衣物。

2）样品应当采集在塑料品中，如果样品不能及时分析，应在样品瓶中预先加入硫酸铜，在 4℃下避光冷藏保存。

3）实验所用的器皿应在硝酸溶液中浸泡至少 24 小时，用水洗净。玻璃瓶放入马弗炉于 400℃下灼烧 4 小时，冷却后使用。

6.3.2.24 硝基苯类

（1）常用方法

水中硝基氯苯类常用的分析方法有：《水质 硝基苯类化合物的测定 液液萃取/固相萃取-气相色谱法》（HJ 648—2013）、《水质 硝基苯类化合物的测定 气相色谱-质谱法》（HJ 592—2010）和《水质 硝基苯类化合物的测定 气相色谱-质谱法》（HJ 716—2014）。

（2）注意事项

1）采集水样时不要用水样预洗采样瓶，水样应充满采样瓶，并加盖密封。若水中有余氯存在，要在每升水中加入 80 g 硫代硫酸钠除氯。

2）水样应避光于 4℃冷藏，7 天内完成萃取，萃取后 40 天内完成分析。

3）根据 HJ 592—2010 进行分析时，应当采集 1 000 ml 水样，若水样不能在 24 小时内测定，需加入浓硫酸调节至 pH≤3，样品在 7 天内萃取，萃取液 4℃下避光保存，应在 30 天内进行分析。

4）硝基苯类化合物具有一定的毒性，应尽量减少与这些化学品的直接接触，操作时按照规定佩戴防护器具，并在通风橱中进行标准溶液的配制。

5）实验过程中产生的废液及分析后的高浓度样品，应放置于适当的密闭容器中保存，并委托有资质的单位处理。

6.3.2.25　二氯甲烷

（1）常用方法

二氯甲烷常用的分析方法为《水质　挥发性卤代烃的测定　顶空气相色谱法》（HJ 620—2011）。

（2）注意事项

1）相关标准样品在使用时应在通风橱中进行,操作时应按规定佩戴防护器具,避免吸入或接触皮肤和衣物。

2）使用 40 ml 采样瓶采集样品。采样时样品沿瓶壁注入,防止气泡产生,水样充满后不留液上空间。

3）如果水样中含有余氯,可向采样瓶中加入 0.3～0.5 g 抗坏血酸或硫代硫酸钠。

4）每批样品应带一个全程序空白。

5）水样采集后应立即放入 4℃左右冷藏箱内,尽快分析,如不能及时分析,可在 4℃冰箱中保存,样品存放区域无有机物干扰,7 天内完成样品分析。

6）高浓度样品与低浓度样品交替分析会造成干扰,当分析完高浓度样品后应分析一个空白以防止交叉污染。

7）顶空瓶可重复使用,但需用洗涤剂洗净,再依次用自来水和蒸馏水多次淋洗,最后在 105℃烘 1 小时,取出放冷,置于无有机试剂的区域备用。

8）密封垫在食用前应清洗并烘干,但烘箱温度要低于 60℃。清洗后的密封垫放入洁净的铝箔密封袋或干净的玻璃试剂瓶中保存。

6.3.2.26　急性毒性

（1）常用方法

通过生物发光光度计测定水样的相对发光度来表示其急性毒性水平,常用方法为《水质　急性毒性的测定　发光细菌法》（GB/T 15441—1995）。

（2）注意事项

1）采样瓶使用带有聚四氟乙烯衬垫的玻璃瓶时，务必要保持清洁、干燥。采样时，瓶内应充满水样不留空气。采样后用塑胶带将瓶口密封。

2）毒性测定应在 6 小时内进行。否则应在 2～5℃下保存样品，但不得超过 24 小时。报告中应写明水样采集时间和测定时间。

3）对于含有固体悬浮物的样品须离心或过滤去除，以免干扰测定。

4）测试室温应在 20～25℃，同一批样品在测试过程中温度变化不超过±1℃，且所有测试器皿及试剂、溶液测前 1 小时均置于控温的测试室内。

5）样品 3 次重复测定结果的相对偏差应不大于 15%。

第 7 章　废水自动监测系统技术要点

　　近年来，为加强地区排污的监控力度和满足排污许可的要求，全国各级生态环境部门大力推进废水自动监测系统的建设。废水自动监测系统也称为水污染源在线监测系统，通常是由水污染源在线监测设备和水污染源在线监测站房组成。随着全国废水自动监测系统的逐年攀升，做好系统的建设、验收及运行维护管理工作成为影响数据质量关键环节。本章基于《水污染源在线监测系统安装技术规范（试行）》《水污染源在线监测系统验收技术规范（试行）》（HJ/T 354—2007）、《水污染源在线监测系统运行与考核技术规范（试行）》（HJ/T 355—2007）、《水污染源在线监测系统数据有效性判别技术规范（试行）》（HJ/T 356—2007）标准，对废水自动监测系统的建设、验收、运行维护应注意的技术要点进行了梳理。

7.1　自动监测设备

　　水污染自动监测设备通常由采样设备、废水在线监测仪器、数据采集设备、数据传输设备、通讯设备和终端接收设备等组成。

　　采样设备通常是指采样管路、采样泵以及自动采样器。采样管路应根据废水水质选择适宜的采样管材质，防止腐蚀和堵塞，不应使用软管。采样泵应根据水样流量、废水水质、水质自动采样器的水头损失及水位差合理选择。固定采样管道与采样头或潜水泵之间应装有活接头，便于维护。

在线监测仪器是指在现场用于监控、监测污染物排放的化学需氧量（COD_{Cr}）在线自动监测仪、pH 水质自动分析仪、氨氮水质自动分析仪、总磷水质自动分析仪、污水流量计、水质自动采样器和数据采集传输仪等仪器、仪表。

化学需氧量（COD_{Cr}）在线自动监测仪的测定方法多采用重铬酸钾法测定，对于高氯废水也可考虑采用总有机碳（TOC）、紫外（UV）法测定 COD，但必须与重铬酸钾法做对照实验，作出相关系数，换算成重铬酸钾法监测数据输出。

pH 水质自动分析仪采用玻璃电极法测定。

氨氮水质自动分析仪的测定方法有纳氏试剂光度法、氨气敏电极法、水杨酸-次氯酸盐比色法等方法测定。

总磷在线自动监测仪的测定方法多采用钼锑抗分光光度法测定。

总氮在线自动监测仪的测定方法多采用连续流动-盐酸萘乙二胺分光光度法和碱性过硫酸钾消解紫外分光光度法。

流量计通常包括明渠流量计和管道流量计。采用超声波明渠流量计测定流量，应按技术规范要求修建堰槽；管道流量计可选择电磁流量计或超声流量计，宜优先选择电磁流量计。

数据采集设备主要是对各种监测设备测量的数据进行采集、存储及处理，并将有关的数据存储和输出。

数据传输设备对采集的各种监测数据传输至生态环境主管部门，目前，数据的传输有多种方式，包括 GPRS 方式、GSM 短消息方式、局域网方式等。

排污单位在安装自动监测设备时，应当根据国家对每个监测设备的具体技术要求进行选型安装。选型安装在线监测仪器时，应根据污染物浓度和排放标准，选择检测范围与之匹配的在线监测仪器，监测仪器满足国家对应仪器的技术要求。如《环境保护产品技术要求 化学需氧量（COD_{Cr}）水质在线自动监测仪》（HJ/T 377—2007）、《氨氮水质自动分析仪技术要求》（HJ/T 101—2003）、《总氮水质自动分析仪技术要求》（HJ/T 102—2003）、《总磷水质自动分析仪技术要求》（HJ/T 103—2003）等。选型安装数据传输设备时，应按照《污染物在线监控（监测）系统数据传输标准》（HJ/T 212—2017）和《污染源在线自动监控（监测）数据采集传输仪技术要求》（HJ 477—2009）规范要求设置，不得添加其他可能干扰监测数据存储、处理、传输的软件或设备。

在污染源自动监测设备建设、联网和管理过程中，如果当地管理部门有相关规定的，应同时参考地方的规定要求。如上海市环保局于 2017 年发布了《上海市固定污染源自动监测建设、联网、运维和管理有关规定》。

7.2　现场安装要求

废水自动监测系统现场安装主要涉及现场监测站房建设、排放口规范化整治、采样点位选取等内容，其中监测站房的建筑设计应作为在线监控的专室专用，远离腐蚀性气体的地点，并满足所处位置的气候、生态、地质、安全等要求；排放口应满足生态环境主管部门规定的排放口规范化设置要求；采样点位应避开有腐蚀性气体、较强的电磁干扰和振动的地方，应易于到达，且保证采样管路不超过50 m，同时应有足够的工作空间和安全措施，便于采样和维护操作。具体要求见第 5 章 5.2.4。

7.3　调试检测

废水污染源自动监测设备现场安装完成后，需对其进行调试、试运行及联网检测，以验证设备是否符合连续稳定运行的技术要求。

7.3.1　调试

调试是指在设备运行初期进行校准、校验的初期检查，并按照标准规范要求编制调试报告。具体要求如下：

（1）在现场完成水污染源在线监测仪器的安装、初试之后，对在线仪器进行调试运行，调试连续运行时间不少于 72 小时。

（2）每天进行零点校准和量程校准检查，当累计漂移超过规定指标时，应对仪器进行调整。

（3）因排放源故障或在线监测系统故障造成调试中断，在排放源或在线监测系统恢复正常后，重新开始调试，调试运行时间不少于 72 小时。

（4）编制水污染源在线监测仪器调试期间零点漂移和量程漂移测试报告，调试报告应盖章存档。

零点漂移：采用零点校正液连续测量 24 小时。利用该段时间内的初期零值（最初的 3 次测定值的均值），计算最大变化幅度。

量程漂移：采用量程校正液，于零点漂移前后分别测定 3 次，计算平均值。由减去零点漂移成分后的变化幅度，求出相对于量程的值的百分比。

7.3.2　试运行

设备调试完成后，进入试运行阶段，编制相关测试报告。具体要求如下：

（1）试运行期间水污染源在线监测仪器应正常运行 60 天。

（2）可设定任一时间（时间间隔为 24 小时），由水污染源在线系统自动调节零点和校准量程值。

（3）因排放源故障或在线监测系统故障造成的试运行中断，应在排放源或在线监测系统恢复正常后，重新开始试运行。

（4）如果使用总有机碳（TOC）水质自动分析仪、紫外（UV）吸收水质自动在线监测仪，试运行期间应完成总有机碳（TOC）水质自动分析仪、紫外（UV）吸收水质自动在线监测仪与 COD_{Cr} 转换系数的校准。

（5）编制水污染在线监测仪器零点漂移、量程漂移、重复性的测试报告，以及 COD_{Cr} 转换系数的校准报告。

（6）水污染源在线监测仪器的零点漂移、量程漂移、重复性和平均无故障连续运行时间等性能指标与试验方法应满足《水污染源在线监测系统安装技术规范

（试行）》中表 2 要求。

7.3.3　联网技术要求

设备完成调试、试运行之后，正式进入联网测试阶段。设备联网就是将数据采集传输仪与水污染源在线监测仪器进行连接，将在线监测仪器输出的监测数据通过数据采集传输仪上传至生态环境部门自动监测平台。按照《污染物在线监控（监测）系统数据传输标准》技术要求与生态环境主管部门联网。数据采集传输仪要求至少稳定运行一个月，且向上位机发送数据准确、及时。

7.4　验收要求

自动监测设备完成安装、调试及试运行并与生态环境部门联网后，同时符合下列要求后，建设方组织仪器供应商、管理部门等相关方实施技术验收工作，并编制在线验收报告。验收主要内容应包括在线监测仪器的技术指标验收和联网验收。验收前自动监测设备应满足如下条件：

（1）水污染源在线监测系统已进行了调试与试运行，并提供调试与试运行报告。

（2）水污染源在线监测仪器进行了零点漂移、量程漂移、重现性检测，满足《水污染源在线监测系统验收技术规范（试行）》表 1 中的性能要求并提供检测报告。

重现性包括零点重现性和量程重现性。

零点重现性：测量 6 次零点校正液，各次指示值的平均值作为零点的平均值，求出 6 次零点测定值的相对标准偏差。

量程重现性：测量 6 次测量程校正液，各次指示值的平均值作为量程的平均值，求出 6 次量程测定值的相对标准偏差。

（3）如果使用总有机碳（TOC）水质自动分析仪或紫外（UV）吸收水质自动在线监测仪，应完成总有机碳（TOC）水质自动分析仪或紫外（UV）吸收水质自动在线监测仪与 COD_{Cr} 转换系数的校准，提供校准报告。

（4）提供水污染源在线监测系统的选型、工程设计、施工、安装调试及性能等相关技术资料。

（5）水污染源在线监测系统所采用基础通信网络和基础通信协议应符合《污染物在线监控（监测）系统数据传输标准》的相关要求，对通信规范的各项内容作出响应，并提供相关的自检报告。

（6）数据采集传输仪已稳定运行一个月，向上位机发送数据准确、及时。

7.4.1　技术指标验收

7.4.1.1　验收要求

（1）水污染源在线监测仪器技术指标验收包括对化学需氧量（COD$_{Cr}$）在线自动监测仪、总有机碳（TOC）水质自动分析仪、紫外（UV）吸收水质自动在线监测仪、pH 水质自动分析仪、氨氮水质自动分析仪和总磷水质自动分析仪、超声波明渠污水流量计、水质自动采样器等技术指标验收。

（2）验收期间不允许对水污染源在线监测仪器进行零点和量程校准、维护、检修和调节。

（3）所有的水污染源在线监测仪器均应进行验收监测。

7.4.1.2　验收内容

（1）水污染源在线监测仪器［化学需氧量（COD$_{Cr}$）在线自动监测仪、总有机碳（TOC）水质自动分析仪、紫外（UV）吸收水质自动在线监测仪、pH 水质自动分析仪、氨氮水质自动分析仪和总磷水质自动分析仪］技术验收应包括实际废水比对试验、质控样考核。水污染源在线监测仪器实际水样比对试验验收指标要求见《水污染源在线监测系统验收技术规范（试行）》表 2。

（2）超声波明渠污水流量计的检测验收方法、指标和要求，参照《环境保护产品技术要求　超声波明渠污水流量计》（HJ/T 15—2007）中第 5 章"检验项目与试验方法"执行。

（3）水质自动采样器能按技术说明书上的要求工作。采样量重复性，采用测量 6 次采样的体积方式，单次采样量与平均值之差不大于±5 ml 或平均容积的±5%。

7.4.2　联网验收

联网验收由数据采集传输仪验收、现场数据比对验收和联网稳定性验收三部分组成。

7.4.2.1　数据采集传输仪验收

（1）数据采集传输仪应具备模拟量、数字量、标准串行口（RS485/RS232）接口、继电器输出接口等，可以通过 RS485 或 RS232 接口，向上位机发送数据，以便实时监控污水排放状况。

（2）数据采集传输仪接口应具有扩展功能、模块化结构设计，可根据使用要求，增加输入、输出通道的数量，以满足用户的各项监控功能要求。

（3）数据采集传输仪应能实时显示水污染源在线监测仪器和辅助设备的工作状态和报警信息，可以用图、表方式，实时显示污染物排放状况和环境参数。

（4）数据采集传输仪可存储 12 个月及以上的原始数据，记录水质测定数据和各类仪器运行状态数据，自动生成运行状况报告、水质测定数据报告、掉电记录报告、操作记录报告和仪器校准报告。

（5）在水污染源在线监测系统现场验收过程中，人为模拟现场断电、断水和断气等故障，在恢复供电等外部条件后，水污染源在线监测系统应能正常自启动和远程控制启动。在数据采集传输仪中保存故障前完整的分析结果，并在故障过程中不被丢失。数据采集传输仪完整记录所有故障信息。

7.4.2.2　现场数据比对验收

数据采集传输仪向上位机发送数据已稳定运行一个月后，抽取一周数据进行抽样比对，对比上位机接收到的数据和数采仪存储的数据完全一致，同时，水污染源在线监测仪器测量值与数据采集传输仪存储数据和上位机接收到的实时数据应保持一致。

7.4.2.3　联网稳定性验收

在连续一个月内，子系统能稳定运行，不出现除通信稳定性、通信协议正确性、数据传输正确性以外的其他联网问题。

7.5　运行管理要求

污染源自动监测设备通过验收后，自动监测设备即被认定为已处于正常运行状态，设备运行维护单位应按照相关技术规范的要求做好日常运行管理。

7.5.1　总体要求

水污染源在线监测设备运维单位应根据相关技术规范及仪器使用说明书进行运行管理，并制定完善的水污染源自动监测设备运行维护管理制度，确定系统运行操作人员和管理维护人员的工作职责。运维人员应按照国家相关规定，经培训合格，持证上岗，并熟练掌握水污染源在线监测设备的原理、使用和维护方法。

设备验收完成后应对设备相关参数进行备案，备案参数应与设备参数保持一致，如需修改相关参数，应提交情况说明，重新进行备案。

7.5.2　运维单位

运维单位应在服务省市无不良运行维护记录，未出现过故意干扰在线监测仪器，在线监测数据弄虚作假的案例，运行维护人员应持有在线监测仪器运行维护上岗证书且在有效期内。运维单位应严格按照技术规范开展日常运行维护工作，建立完善的运行维护管理制度及档案资料备查，提供驻地运行维护服务，设备出现故障 6 小时内到达现场及时处理，能与在线监测仪器建设单位保持良好沟通，确保最短时间内修复故障。运维单位相关人员信息和资质证书应粘贴至监测站房。

7.5.3　管理制度

运维单位应建立水污染源自动监测设备运行维护管理制度，主要包括设备操作、使用和维护保养制度；运行、巡检和定期校准、校验制度；标准物质和易耗品的定期更换以及废药剂的收集处置制度；设备故障及应急处理制度；自动监测数据分析记录、统计制度等一系列管理制度。

7.5.4　日常巡检

运维单位应按照相关技术规范及仪器使用说明书建立日常巡检制度，开展日常巡检工作并做好记录。日常巡检内容主要包括每日远程检查、每周 1～2 次的现场日常维护，设备出现故障时应第一时间处理解决；除日常维护工作外，应按照相关要求和设备说明书完成月度、季度、半年、年度维护内容。每日数据传输情况、定期的设备检查及保养情况应记录并归档。每次进行备件或材料更换时，更换的备件或材料的品名、规格、数量等应记录并归档。如更换有证标准物质或标准样品，还需记录新标准物质或标准样品的来源、有效期和浓度等信息。对日常巡检或维护保养中发现的故障或问题，系统管理维护人员应及时处理并记录。

7.5.5　定期校验

运维单位应按照相关技术规范及仪器使用说明书建立定期校验制度，自动监测设备的定期校验包括实际水样与标准方法比对、质控样试验和日常校验。相关校准、校验记录应及时归档。

7.6 质量保证要求

7.6.1 总体要求

　　水污染源自动监测设备日常运行质量保证是保障设备正常稳定运行、持续提供有质量保证监测数据的必要手段。操作维护人员每日远程检查检测设备运行状态，发现异常，应立即前往；操作维护人员每周 1～2 次对设备进行现场维护，包括试剂添加、设备状态检查、采水系统维护、供电系统检查等；操作维护人员每月一次对现场设备进行保养，包括对设备的进样回路、测量部件和设备外壳进行清洗；操作维护人员定期开展校验，每月至少进行一次实际水样比对试验和质控样试验，每季度进行重复性、零点漂移和量程漂移试验。当设备出现故障时应在24 小时内修复，如无法修复需要停机的，应报当地生态环境主管部门备案。设备在一年中的运转率应达到90%，以保证监测数据的数量要求。

　　　　　设备运转率=实际运行天数/企业排放天数×100%。

7.6.2 日常巡检

7.6.2.1 运行和日常维护

　　（1）每日上午、下午远程检查仪器运行状态，检查数据传输系统是否正常，如发现数据有持续异常情况，应立即前往站点进行检查。

　　（2）每 48 小时自动进行总有机碳（TOC）、氨氮、化学需氧量（COD_{Cr}）等水质在线自动监测仪的零点校正。

　　（3）每周 1～2 次对监测系统进行现场维护，现场维护内容包括：

　　检查各台自动分析仪及辅助设备的运行状态和主要技术参数，判断运行是否正常。

　　检查自来水供应、泵取水情况，检查内部管路是否通畅，仪器自动清洗装置是否运行正常，检查各自动分析仪的进样水管和排水管是否清洁，必要时进行清洗；定期清洗水泵和过滤网。

　　检查站房内电路系统、通讯系统是否正常。

　　对于用电极法测量的仪器，检查标准溶液和电极填充液，进行电极探头的清洗。

　　若部分站点使用气体钢瓶，应检查载气气路系统是否密封，气压是否满足使用要求。

　　检查各仪器标准溶液和试剂是否在有效使用期内，按相关要求定期更换标准溶液和分析试剂，更换试剂后应对仪器进行校准，校准曲线应符合仪器要求（原因：试剂配制可能有误差）。

　　观察数据采集传输仪运行情况，并检查连接处有无损坏，对数据进行抽样检查，对比自动分析仪、数据采集传输仪及上位机接收到的数据是否一致。

　　每周用国家认可的质控样（或按照规定方法配制的标准溶液）对自动分析仪进行一次标样核查（测定仪器使用的量程液）。

　　（4）每月现场维护内容包括：

　　总有机碳（TOC）水质自动分析仪：检查 TOC-COD_{Cr} 转换系数是否适用，必要时进行修正。对 TOC 水质自动分析仪载气气路的密封性、泵、管、加热炉温度等进行一次检查，检查试剂余量（必要时添加或更换），检查卤素洗涤器、冷凝器水封容器、增湿器，必要时加蒸馏水。

　　化学需氧量（COD_{Cr}）水质在线自动监测仪：检查内部试管是否污染，必要时进行清洗。

　　氨氮水质自动分析仪：气敏电极表面是否清洁，仪器管路进行保养、清洁；

　　流量计：检查超声波流量计高度是否发生变化。

　　每月的现场维护内容还包括对在线监测仪器进行一次保养，对水泵和取水管路、配水和进水系统、仪器分析系统进行维护。对数据存储/控制系统工作状态进行一次检查，对自动分析仪进行一次日常校验。检查监测仪器接地情况，检查监测用房防雷措施。

（5）每 3 个月至少对总有机碳（TOC）水质自动分析仪试样计量阀等进行一次清洗。检查化学需氧量（COD$_{Cr}$）水质在线自动监测仪水样导管、排水导管、活塞和密封圈，必要时进行更换，检查氨氮水质自动分析仪气敏电极膜，必要时进行更换。

（6）根据实际情况更换化学需氧量（COD$_{Cr}$）水质在线自动监测仪水样导管、排水导管、活塞和密封圈，每年至少更换一次总有机碳（TOC）水质自动分析仪注射器活塞、燃烧管、CO$_2$ 吸收器。

（7）其他预防性维护

保持机房、实验室、监测用房（监控箱）的清洁，保持设备的清洁，避免仪器振动，保证监测用房内的温度、湿度满足仪器正常运行的需求。

保持各仪器管路通畅，出水正常，无漏液。

对电源控制器、空调等辅助设备要进行经常性检查。

此处未提及的维护内容，按相关仪器说明书的要求进行仪器维护保养、易耗品的定期更换工作。

7.6.2.2　维护记录

操作人员在对系统进行日常维护时，应做好巡检记录，巡检记录应包含该系统运行状况、系统辅助设备运行状况、系统校准工作等必检项目和记录，以及仪器使用说明书中规定的其他检查项目和校准、维护保养、维修记录。

7.6.3　定期校验

自动监测设备的校验包括实际水样与标准方法比对、质控样试验和日常校验。

7.6.3.1　与标准方法比对

除流量外，运行维护人员每月应对每个站点所有自动分析仪至少进行 1 次自动监测方法与实验室标准方法的比对试验，试验结果应满足《水污染源在线监测系统运行与考核技术规范（试行）》表 1 规定的要求。

（1）化学需氧量（COD_{Cr}）水质在线自动监测仪

以化学需氧量（COD_{Cr}）水质在线自动监测方法与实验室标准方法《水质　化学需氧量的测定　重铬酸盐法》进行现场 COD_{Cr} 实际水样比对试验，比对过程中应尽可能保证比对样品均匀一致。比对试验总数应不少于 3 对，其中 2 对实际水样比对试验相对误差（A）应满足《水污染源在线监测系统运行与考核技术规范（试行）》表 1 规定的要求。实际水样比对试验相对误差（A）公式如下：

$$A = \frac{X_n - B_n}{B_n} \times 100\%$$

式中，A —— 实际水样比对试验相对误差；

　　　X_n —— 第 n 次测量值；

　　　B_n —— 实验室标准方法的测定值；

　　　n —— 比对次数。

（2）总有机碳（TOC）水质自动分析仪

若将 TOC 水质自动分析仪的监测值转换为 COD_{Cr} 时，用 COD_{Cr} 的实验室标准方法《水质　化学需氧量的测定　重铬酸盐法》进行实际水样比对试验。对于排放高氯废水（氯离子浓度在 1 000～20 000 mg/L）的水污染源，实验室化学需氧量分析方法采用《高氯废水　化学需氧量的测定　氯气校正法》。比对过程中应尽可能保证比对样品均匀一致。比对试验总数应不少于 3 对，其中 2 对实际水样比对试验相对误差（A）应满足《水污染源在线监测系统运行与考核技术规范（试行）》表 1 规定的要求。实际水样比对试验相对误差（A）公式如下：

$$A = \frac{X_n - B_n}{B_n} \times 100\%$$

式中，A —— 实际水样比对试验相对误差；

　　　X_n —— 第 n 次测量值；

B_n —— 实验室标准方法的测定值；

n —— 比对次数。

（3）紫外（UV）吸收水质自动在线监测仪

若将紫外（UV）吸收水质自动在线监测仪的监测值转换为 COD_{Cr} 时，用 COD_{Cr} 的实验室标准方法《水质　化学需氧量的测定　重铬酸盐法》进行实际水样比对试验。对于排放高氯废水（氯离子浓度在 1 000～20 000 mg/L）的水污染源，实验室化学需氧量分析方法采用《高氯废水　化学需氧量的测定　氯气校正法》。比对过程中应尽可能保证比对样品均匀一致。比对试验总数应不少于 3 对，其中 2 对实际水样比对试验相对误差（A）应满足《水污染源在线监测系统运行与考核技术规范（试行）》表 1 规定的要求。实际水样比对试验相对误差（A）公式如下：

$$A = \frac{X_n - B_n}{B_n} \times 100\%$$

式中，A —— 实际水样比对试验相对误差；

X_n —— 第 n 次测量值；

B_n —— 实验室标准方法的测定值；

n —— 比对次数。

（4）氨氮水质自动分析仪

分别以氨氮水质自动分析方法与实验室标准方法《水质　氨氮的测定　纳氏试剂分光光度法》或《水质　氨氮的测定　水杨酸分光光度法》进行实际水样比对试验，比对过程中应尽可能保证比对样品均匀一致。比对试验总数应不少于 3 对，其中 2 对实际水样比对试验相对误差（A）应满足《水污染源在线监测系统运行与考核技术规范（试行）》表 1 规定的要求。实际水样比对试验相对误差（A）公式如下：

$$A = \frac{X_n - B_n}{B_n} \times 100\%$$

式中，A —— 实际水样比对试验相对误差；

X_n —— 第 n 次测量值；

B_n —— 实验室标准方法的测定值；

n —— 比对次数。

（5）总磷水质自动分析仪

以总磷水质自动分析方法与实验室标准方法《水质　总磷的测定　钼酸铵分光光度法》进行实际水样比对试验，比对过程中应尽可能保证比对样品均匀一致。比对试验总数应不少于 3 对，其中 2 对实际水样比对试验相对误差（A）应满足《水污染源在线监测系统运行与考核技术规范（试行）》表 1 规定的要求。实际水样比对试验相对误差（A）公式如下：

$$A = \frac{X_n - B_n}{B_n} \times 100\%$$

式中，A —— 实际水样比对试验相对误差；

X_n —— 第 n 次测量值；

B_n —— 实验室标准方法的测定值；

n —— 比对次数。

（6）pH 水质自动分析仪

pH 水质自动分析方法与标准方法《水质　pH 的测定　玻璃电极法》分别测定实际水样的 pH，实际水样比对试验绝对误差控制在±0.5。

（7）温度

进行现场水温比对试验，以在线监测方法与标准方法《水质　水温的测定　温度计或颠倒温度计测定法》（GB 13195—1991）分别测定温度，变化幅度控制在±0.5℃。

7.6.3.2　质控样试验

运行维护人员每月应对每个站点所有自动分析仪至少进行 1 次质控样试验，采用国家认可的两种浓度的质控样进行试验，一种为接近实际废水浓度的质控样品，另一种为超过相应排放标准浓度的质控样品，每种样品至少测定 2 次，质控样测定的相对误差不大于标准值的±10%。

7.6.3.3 日常校验

每月除进行实际水样比对试验和质控样试验外，每季度还应进行现场校验，现场校验可采用自动校准或手工校准。现场校验内容还包括重复性试验、零点漂移试验和量程漂移试验。

当仪器发生严重故障，经维修后在正常使用和运行之前也应对仪器进行一次校验；校验的结果应满足相应的技术要求；在测试期间保持设备相对稳定，做好测试记录和调整、校验、维护记录。

目前，国家正在组织修订水污染源在线监测系统相关技术规范，在技术规范正式发布前，国家对以质控样代替氨氮、总磷实际水样进行比对监测和评价给出了指导性意见，内容如下：

（1）氨氮水质自动分析仪比对监测时，当实际水样实验室手工监测浓度小于 1 mg/L 时，可采用浓度为 0.5 mg/L 的质控样替代实际水样进行试验，比对误差须满足±0.1 mg/L 的范围。

（2）总磷水质自动分析仪比对监测时，当实际水样实验室手工监测浓度小于 0.4 mg/L 时，可采用浓度为 0.2 mg/L 的质控样替代实际水样进行试验，比对误差须满足±0.04 mg/L 的范围。

其他校验的结果应满足《水污染源在线监测系统运行与考核技术规范（试行）》的要求，如表 7-1 所示。

表 7-1　自动监测仪性能指标要求

仪器名称	零点漂移	量程漂移	重复性漂移	实际水样比对实验相对误差
化学需氧量（COD_{Cr}）水质在线自动监测仪	±5 mg/L	±10%	±10%	±10%以接近于实际水样的低浓度质控样替代实际水样进行试验（$COD_{Cr} < 30$ mg/L）
				±30%（30 mg/L ≤ $COD_{Cr} < 60$ mg/L）
				±20%（60 mg/L ≤ $COD_{Cr} < 100$ mg/L）
				±15%（$COD_{Cr} ≥ 100$ mg/L）

仪器名称		零点漂移	量程漂移	重复性漂移	实际水样比对实验相对误差
总有机碳（TOC）水质自动分析仪		±5%	±5%	±5%	按 COD_{Cr} 实际水样比对试验相对误差要求考核
紫外（UV）吸收水质自动在线监测仪		±2%	±4%	±4%	按 COD_{Cr} 实际水样比对试验相对误差要求考核
氨氮水质自动分析仪	电极法	±5%	±5%	±5%	±15%
	光度法	±10%	±10%	±10%	±15%
总磷水质自动分析仪		±5%	±10%	±10%	±15%
pH 水质自动分析仪		—	±0.1 pH	±0.1 pH	±0.5 pH
水温		—	—	—	±0.5℃

7.6.4　仪器检修

污染源自动监测设备发生故障后，应该严格按照相关技术规范及管理要求进行设备检修，具体情况如下：

（1）在线监测设备需要停用、拆除或者更换的，应当事先报经生态环境主管部门批准。

（2）运行单位发现故障或接到故障通知，应在 6 小时内赶到现场处理。

（3）对于一些容易诊断的故障，如电磁阀控制失灵、膜裂损、气路堵塞、数据仪死机等，可携带工具或者备件到现场进行针对性维修，此类故障维修时间不应超过 8 小时，对不易诊断和维修的仪器故障，若 72 小时内无法排除，应安装备用仪器或采用有资质的第三方检测公司进行人工采样监测数据。

（4）仪器经过维修后，在正常使用和运行之前应确保维修内容全部完成，性能通过检测程序，按国家有关技术规定对仪器进行校准检查。若监测仪器进行了更换，在正常使用和运行之前应对仪器进行一次校验和比对实验，校验和比对试验方法详见《水污染源在线监测系统运行与考核技术规范（试行）》第 4 章、第 5 章。

（5）若数据存储/控制仪发生故障，应在 12 小时内修复或更换，并保证已采集的数据不丢失。

（6）第三方运行机构应备有足够的备品备件及备仪器用，对其使用情况进行定期清点，并根据实际需要进行增购，以不断调整和补充各种备品备件及备用仪器的存储数量。

（7）在线监测设备因故障不能正常采集、传输数据时，应及时向生态环境主管部门报告，必要时采用人工方法进行监测，人工监测的周期不低于每两周一次，监测技术要求参照《地表水和污水监测技术规范》执行。

7.6.5 缺失数据、异常数据的标记和处理

根据《水污染源在线监测系统数据有效性判别技术规范（试行）》处理。

7.6.5.1 缺失数据的处理

（1）缺失水质自动分析仪监测值

缺失 COD_{Cr}、$NH_3\text{-}N$、TP 监测值以缺失时间段上推至与缺失时间段相同长度的前一段时间段监测值的算术平均值替代。

缺失 pH，以缺失时间段上推至与缺失时间段相同长度的前一段时间段 pH 中位值替代。

如前一阶段有数据缺失，再依次往前推。

（2）缺失瞬时流量值

缺失瞬时流量值以缺失时间段上推至与缺失时间段相同长度的前一段时间段瞬时流量值的算术平均值替代，累计流量值以推算出的算术平均值乘以缺失时间段内的排水时间获得。如前一段时间有数据缺失，再依次往前类推。

缺失时间段的排水量也可通过在缺失时间段的用水量乘以排水系数获得。

（3）缺失自动分析仪监测值和流量值

同时缺失水质自动分析仪监测值和流量值时，分别以上述两种方法处理。

7.6.5.2 数据逻辑性分析

（1）未通过设备验收的自动监测数据无效，不得作为总量核定、环境管理和

监督执法的依据。

（2）当流量为零时，所得的监测值为无效数据，应予以剔除。

（3）监测值为负值无任何物理意义，可视为无效数据，予以剔除。

（4）将自动监测仪校零、校标和质控样试验期间的数据作无效数据处理，不参加统计，但对该时段数据做标记，作为监测仪器检查和校准的依据予以保留。

（5）自动分析仪、数据采集传输仪及上位机接收到的数据误差大于 1% 时，上位机接收到的数据为无效数据。

（6）监测值如出现急剧升高、急剧下降或连续不变时，该数据进行统计时不能随意剔除，需要通过现场检查、质控等手段来识别，再做处理。

（7）具备自动校准功能的自动监测仪在校零和校标期间，发现仪器零点漂移或量程漂移超出规定范围，应从上次零点漂移和量程漂移合格到本次零点漂移和量程漂移不合格期间的监测数据作为无效数据处理，按本章 7.6.5.1 处理。

（8）从上次比对试验或校验合格到此次比对试验或校验不合格期间的在线监测数据作为无效数据，按本章 7.6.5.1 处理。

（9）有效日均值

有效日均值是对应于以每日为一个监测周期内获得的某个污染物（COD_{Cr}、NH_3-N、TP）的多个有效监测数据的平均值。在同时监测污水排放流量的情况下，有效日均值是以流量为权的某个污染物的有效监测数据的加权平均值；在未监测污水排放流量的情况下，有效日均值是某个污染物的有效监测数据的算术平均值。

有效日均值的加权平均值计算公式如下：

$$有效日均值 = \frac{\sum\limits_{i=1}^{n} C_i Q_i}{\sum\limits_{i=1}^{n} Q_i}$$

式中，C_i —— 某污染物的有效监测数据，mg/L；

Q_i —— C_i 和 C_{i+1} 两次有效监测数据中间时段的累计流量，m^3。

第8章 废气手工监测技术要点

与废水手工监测类似，废气手工监测也是一个全面性、系统性的工作。我国同样有一系列监测技术规范和方法标准用于指导和规范废气手工监测。本章立足现有的技术规范和标准，结合日常工作经验，分别针对有组织废气、无组织废气归纳总结了常见的方法和操作要求，以及方法使用过程中的重点注意事项。对于一些虽然适用，但不够便捷，目前实际应用很少的方法，本书中未列举，若排污单位根据实际情况，确实需要采用这类方法的，应严格按照方法的适用条件和要求开展相关监测活动。

8.1 有组织废气监测

8.1.1 监测方式

有组织废气监测主要是针对排污单位通过排气筒排放的污染物排放浓度、排放速率、排气参数等开展的监测，主要的监测方式有现场测试和现场采样+实验室分析两种。

1）现场测试：指采用便携式仪器在污染源现场直接采集气态样品，通过预处理后进行即时分析，现场得到污染物的相关排放信息。目前，采用现场测试的主要指标包括二氧化硫、氮氧化物、一氧化碳、硫化氢、排气参数（温度、氧含量、含湿量、流速）等，测试方法主要包括定电位电解法、非分散红外法、皮托管法、热电偶法、干湿球法等。

2）现场采样+实验室分析：是指采用特定仪器采集一定量的污染源废气并妥善保存带回实验室进行分析。目前我国多数污染物指标仍采用这种监测方式，主要的采样方式包括直接采样法（气袋、注射器、真空瓶等）和富集（浓缩）采样法（活性炭吸附、滤筒、滤膜捕集、吸收液吸收等），主要的分析方法包括重量法、色谱法、质谱法、分光光度法等。

8.1.2　现场采样

8.1.2.1　现场采样方式

（1）现场直接采样

现场直接采样包括注射器采样、气袋采样、采样管采样和真空瓶（管）采样。现场采样时，应按照《固定污染源排气中颗粒物测定与气态污染物采样方法》规定配备相应的采样系统采样。

1）注射器采样

常用 100 ml 注射器采集样品。采样时，先用现场气体抽洗 2～3 次，然后抽取 100 ml，密封进气口，带回实验室分析。样品存放时间不宜过长，一般当天分析完。

气相色谱分析法常采用此法取样。取样后，应将注射器进气口朝下，垂直放置，以使注射器内压略大于外压，避光保存。

2）气袋采样

应选不吸附、不渗漏，也不与样气中污染组分发生化学反应的气袋，如聚四氟乙烯袋、聚乙烯袋、聚氯乙烯袋和聚酯袋等，还有用金属薄膜作衬里（如衬银、衬铝）的气袋。

采样时，先用待测废气冲洗 2～3 次，再充满样气，夹封进气口，带回实验室尽快分析。

3）采样管采样

采样时，打开两端旋塞，用抽气泵接在采样管的一端，迅速抽进比采样管容积大 6～10 倍的待测气体，使采样管中原有气体被完全置换出，关上旋塞，采样管体积即为采气体积。

4）真空瓶采样

真空瓶是一种具有活塞的耐压玻璃瓶。采样前，先用抽真空装置把真空瓶内气体抽走，抽气减压到绝对压力为 1.33 kPa。采样时，打开旋塞采样，采完关闭旋塞，则采样体积即为真空瓶体积。

（2）富集（浓缩）采样法

富集（浓缩）采样法主要包括溶液吸收法、填充柱阻留法和滤料阻留法等。

1）溶液吸收法

原理：采样时，用抽气装置将待测废气以一定流量抽入装有吸收液的吸收瓶采集一段时间。采样结束后，送实验室进行测定。

常用吸收液：酸碱溶液、有机溶剂等。

吸收液选用应遵循的原则：

①反应快，溶解度大；

②稳定时间长；

③吸收后利于分析；

④毒性小，价格低，易于回收。

2）填充柱阻留法

原理：填充柱是用一根长 6～10 cm、内径 3～5 mm 的玻璃管或塑料管，内装颗粒状填充剂制成。采样时，让气样以一定流速通过填充柱，待测组分因吸附、溶解或化学反应等作用被阻留在填充剂上，达到浓缩采样的目的。采样后，通过解吸或溶剂洗脱，使被测组分从填充剂上释放出来进行测定。

填充剂主要类型：

①吸附型：活性炭、硅胶、分子筛、高分子多孔微球等；

②分配型：涂高沸点有机溶剂的惰性多孔颗粒物；

③反应型：惰性多孔颗粒物、纤维状物表面能与被测组分发生化学反应。

3）滤料阻留法

原理：该方法是将过滤材料（滤筒、滤膜等）放在采样装置内，用抽气装置抽气，废气中的待测物质被阻留在过滤材料上，根据相应分析方法测定出待测物质的含量。

常用过滤材料：玻璃纤维滤筒、石英滤筒、刚玉滤筒、玻璃纤维滤膜、过氯乙烯滤膜、聚苯乙烯滤膜、微孔滤膜、核孔滤膜等。

8.1.2.2 现场采样技术要点

有组织废气排放监测时，采样点位布设、采样频次、时间、监测分析方法以及质量保证等均应符合《固定污染源排气中颗粒物测定与气态污染物采样方法》和《固定源废气监测技术规范》的规定。

（1）采样位置和采样点

1）采样位置应避开对测试人员操作有危险的场所。

2）采样位置应优先选择在垂直管段，避开烟道弯头和断面急剧变化的部位。采样位置应设置在距弯头、阀门、变径管下游方向不小于 6 倍直径，和距上述部件上游方向不小于 3 倍直径处。采样断面的气流速度最好在 5 m/s 以上。采样孔内径应不小于 80 mm，宜选用 90～120 mm 内径的采样孔。

3）测试现场空间位置有限，很难满足上述要求时，可选择比较适宜的管段采样，但采样断面与弯头等的距离至少是烟道直径的 1.5 倍，并应适当增加测点的数量和采样频次。

4）对于气态污染物，由于混合比较均匀，其采样位置可不受上述规定限制，但应避开涡流区。

5）采样平台应有足够的工作面积使工作人员安全、方便地操作。监测平台长度应≥2 m，宽度≥2 m 或不小于采样枪长度外延 1 m，周围设置 1.2 m 以上的安全护栏，有牢固并符合要求的安全措施；当采样平台设置在离地面高度≥2 m 的位置时，应有通往平台的斜梯（或 Z 字梯、旋梯），宽度应≥0.9 m；当采样平台设置在离地面高度≥20 m 的位置时，应有通往平台的升降梯。

6）颗粒物和废气流量测量时，根据采样位置尺寸进行多点分布采样测量；一般情况下排气参数（温度、含湿量、氧含量）和气态污染物在管道中心位置测定。

（2）排气参数的测定

1）温度的测定：常用测定方法为热电偶法或电阻温度计法。一般情况下可在靠近烟道中心的一点测定，封闭测孔，待温度计读数稳定后读取数据。

2）含湿量的测定：常用测定方法为干湿球法。在靠近烟道中心的一点测定，封闭测孔，使气体在一定的速度下流经干球、湿球温度计，根据干球、湿球温度计的读数和测点处排气的压力，计算出排气的水分含量。

3）氧含量的测定：常用测定方法为电化学法或氧化锆氧分仪法。在靠近烟道中心的一点测定，封闭测孔，待氧含量读数稳定后读取数据。

4）流速、流量的测定：常用测定方法为皮托管法。根据测得的某点处的动压、静压及温度、断面截面积等参数计算出排气流速和流量。

（3）采样频次和采样时间

采样频次和采样时间确定的主要依据：相关标准和规范的规定和要求；实施监测的目的和要求；被测污染源污染物排放特点、排放方式及排放规律，生产设施和治理设施的运行状况；被测污染源污染物排放浓度的高低和所采用的监测分析方法的检出限。

具体要求如下：

1）相关标准中对采样频次和采样时间有规定的，按相关标准的规定执行。

2）相关标准中没有明确规定的，排气筒中废气的采样以连续 1 小时的采样获取平均值，或在 1 小时内，以等时间间隔采集 3～4 个样品，并计算平均值。

3）特殊情况下，若某排气筒的排放为间断性排放，排放时间小于 1 小时，应在排放时段内实行连续采样，或在排放时段内等间隔采集 2～4 个样品，并计算平均值；若某排气筒的排放为间断性排放，排放时间大于 1 小时，则应在排放时段内按 2）的要求采样。

（4）监测分析方法选择

监测分析方法选择时，应遵循以下原则：

1）监测分析方法的选用应充分考虑相关排放标准的规定、被测污染源排放特点、污染物排放浓度的高低、所采用监测分析方法的检出限和干扰等因素。

2）相关排放标准中有监测分析方法的规定时，应采用标准中规定的方法。

3）对相关排放标准未规定监测分析方法的污染物项目，应选用国家环境保护标准、环境保护行业标准规定的方法。

4）在某些项目的监测中，尚无方法标准的，可采用国际标准化组织（ISO）或其他国家的等效方法标准，但应经过验证合格，其检出限、准确度和精密度应能达到质控要求。

（5）质量保证要求

1）属于国家强制检定目录内的工作计量器具，必须按期送计量部门检定，检定合格，取得检定证书后方可用于监测工作。

2）排气温度、氧含量、含湿量、流速测定、烟气、烟尘测定等仪器应根据要求定期校准，对一些仪器使用的电化学传感器应根据使用情况及时更换。

3）采样系统采样前应进行气密性检查，防止系统漏气。检查采样嘴、皮托管等是否变形或损坏。

4）滤筒、滤料等外观无裂纹、空隙或破损，无挂毛或碎屑，能耐受一定的高温和机械强度。采样管、连接管、滤筒、滤料等不被腐蚀、不与待测组分发生化学反应。

5）样品采集后注意样品的保存要求，应尽快送实验室分析。

8.1.3　具体指标的监测

各监测指标除遵循本章 8.1.1 监测方式和 8.1.2 现场采样的相关要求外，还应遵循各自的具体要求。

8.1.3.1 二氧化硫（SO₂）的监测

（1）常用方法

二氧化硫（SO_2）是有组织废气排放的主要常规污染物之一，目前主要的监测方法有定电位电解法和非分散红外吸收法两种现场测试方法，标准监测方法见表8-1。

表 8-1 常用二氧化硫监测标准方法

序号	标准方法	原理及特点
1	固定污染源废气二氧化硫的测定定电位电解法（HJ 57—2017）	（1）废气被抽入主要由电解槽、电解液和电极组成的传感器中，二氧化硫通过渗透膜扩散到电极表面，发生氧化反应，产生的极限电流大小与二氧化硫浓度成正比。 （2）需要配备除湿性能好的预处理器，以去除水分对监测的影响。 （3）测定时，易受一氧化碳干扰
2	固定污染源废气二氧化硫的测定非分散红外吸收法（HJ 629—2011）	（1）二氧化硫气体在 6.82～9 μm 红外光谱波长具有选择性吸收。一束恒定波长为 7.3 μm 的红外光通过二氧化硫气体时，其光通量的衰减与二氧化硫的浓度符合朗伯-比尔定律定量。 （2）需要配备除湿性能好的预处理器，以排出水分对监测的影响

（2）注意事项

1）水分对二氧化硫测定影响较大。废气中的高含水量和水蒸气会对测定结果造成负干扰，还会对仪器检测器/检测室造成损坏和污染，因此监测时，特别是在废气含湿量较高的情况下，应使用除湿性能较好的预处理设备，及时排空除湿装置的冷凝水，防止影响测定结果。

2）对于定电位电解法而言，一氧化碳对二氧化硫监测会存在一定程度的干扰。监测仪器应具有一氧化碳测试功能，当一氧化碳浓度高于 50 μmol/mol 时，应根据《固定污染源废气 二氧化硫的测定 定电位电解法》中的附录 A 进行一氧化碳干扰试验，确定仪器的适用范围，根据一氧化碳、二氧化硫浓度是否超出了干扰试验允许的范围，从而对二氧化硫数据是否有效进行判定。

3）监测结果一般应在校准量程的 20%～100%，特别是应注意不能超过校准量程，因此监测活动正式开展前，应根据历史监测资料，预判二氧化硫可能的浓度范围，从而选择合适的标准气体进行校准，确定校准量程。

4）监测活动开展全过程中，仪器不得关机。

5）定电位电解法仪器测定二氧化硫的传感器更换后，应重新开展干扰试验。对于未开展一氧化碳干扰试验的定电位电解法仪器，有组织废气监测过程中，一氧化碳浓度高于 50 μmol/mol 时同步测得的二氧化硫数据，应作为无效数据予以剔除。

8.1.3.2　氮氧化物（NO_x）的监测

（1）常用方法

有组织废气中的氮氧化物（NO_x）包括以一氧化氮（NO）和二氧化氮（NO_2）两种形式存在的氮氧化物，因此对有组织废气中氮氧化物（NO_x）监测的实际上是通过对一氧化氮（NO）和二氧化氮（NO_2）的监测实现的。

表 8-2 给出了有组织废气中氮氧化物监测标准方法的原理及特点。

表 8-2　常用氮氧化物监测标准方法

序号	标准方法	原理及特点
1	固定污染源废气氮氧化物的测定定电位电解法（HJ 693—2014）	（1）废气被抽入主要由电解槽、电解液和电极组成的传感器中，一氧化氮或二氧化氮通过渗透膜扩散到电极表面，发生氧化还原反应，产生的极限电流大小与一氧化氮或二氧化氮浓度成正比。 （2）两个不同的传感器分别测定一氧化氮（结果以 NO_2 计）和二氧化氮，两者测定之和为氮氧化物（以 NO_2 计）
2	固定污染源废气氮氧化物的测定非分散红外吸收法（HJ 692—2014）	（1）利用 NO 对红外光谱区，特别是 5.3 μm 波长光的选择性吸收，由朗伯-比尔定律定量 NO 和废气中 NO_2 通过转换器还原为 NO 后的浓度。 （2）一般先将废气通入转换器，将废气中的二氧化氮还原为一氧化氮，再将废气通入非分散红外吸收法仪器进行监测，此时，由二氧化氮转化而来的一氧化氮，将和废气中原有的一氧化氮一起经过分析测试，测得结果为总的氮氧化物（以 NO_2 计）

从表 8-2 中可以看出，常用的有组织废气中氮氧化物（NO_x）监测方法主要包括定电位电解法、非分散红外吸收法两种现场测试方法，这两种方法实现氮氧化

物测定的过程方式是不同的，但最终监测结果均以 NO_2 计。

（2）注意事项

1）测定结果一般应在校准量程的 20%～100%，特别是应注意不能超过校准量程。

2）监测活动开展的全过程中，仪器不得关机。

3）非分散红外吸收法测定氮氧化物时，应注意至少每半年做一次 NO_2 的转化效率的测定，转化效率不能低于 85%，否则应更换还原剂；监测活动中，进入转换器 NO_2 浓度不要大于 200 µmol/mol。

8.1.3.3　颗粒物的监测

（1）常用方法

颗粒物的监测一般使用重量法，采用现场采样+实验室分析的监测方式，利用等速采样原理，抽取一定量的含颗粒物的废气，根据所捕集到的颗粒物质量和同时抽取的废气体积，计算出废气中颗粒物的浓度。

目前颗粒物监测方法标准主要有《固定污染源排气中颗粒物测定与气态污染物采样方法》和《固定污染源废气　低浓度颗粒物的测定　重量法》（HJ 836—2017）。根据原环境保护部的相关规定，在测定有组织废气中颗粒物浓度时，应遵循表 8-3 中的规定选择合适的监测方法标准。

表 8-3　常用颗粒物监测标准方法的适用范围

序号	废气中颗粒物浓度范围	适用的标准方法
1	≤20 mg/m³	《固定污染源废气　低浓度颗粒物的测定　重量法》（HJ 836—2017）
2	>20 mg/m³，且≤50 mg/m³	《固定污染源废气　低浓度颗粒物的测定　重量法》（HJ 836—2017）、《固定污染源排气中颗粒物测定与气态污染物采样方法》（GB/T 16157—1996），均适用
3	>50 mg/m³	《固定污染源排气中颗粒物测定与气态污染物采样方法》（GB/T 16157—1996）

依据《固定污染源排气中颗粒物测定与气态污染物采样方法》进行颗粒物监测时，仅将滤筒作为样品，进行采样前后的分析称量，依据《固定污染源废气　低浓度颗粒物的测定　重量法》进行低浓度颗粒物监测时，需要将装有滤膜的采样头作为样品，进行采样前后的整体称量。

（2）注意事项

1）样品采集时，采样嘴应对准气流方向，与气流方向的偏差不得大于 10°；不同于气态污染物，颗粒物在排气筒监测断面（即横截面）上的分布是不均匀的，须多点等速采样，各点等时长采样，每个点采样时间不少于 3 min。

2）应选择气流平稳的工况下进行采样。采样前后，排气筒内气流流速变化不应大于 10%，否则应重新测量。

3）每次开展低浓度颗粒物监测时，每批次应采集全程序空白样品。实际监测样品的增重若低于全程序空白样品的增重，则认定该实际监测样品无效，低浓度颗粒物样品采样体积为 1 m^3 时，方法检出限为 1.0 mg/m^3；废气中颗粒物浓度低于方法检出限时，全程序空白样品采样前后重量之差的绝对值不得超过 0.5 mg。

4）采样前后样品称重环境条件应保持一致。低浓度颗粒物样品称重使用的恒温恒湿设备的温度控制在 15～30℃任意一点，控温精度±1℃；相对湿度应保持在（50±5）% RH 范围内。

8.1.3.4　汞排放监测

（1）常用方法

废气中汞排放监测时，主要依据《固定污染源废气　汞的测定　冷原子吸收分光光度法（暂行）》（HJ 543—2009）。采用气泡吸收管+烟气采样器进行现场吸收液采集样品，之后送实验室采用冷原子吸收分光光度法分析测定。

（2）注意事项

1）由于橡皮管对汞有吸附作用，采样管与吸收管之间应采用聚乙烯管连接，接口处用聚四氟乙烯生料带密封。

2）当汞浓度较高时，可采用大型冲击式吸收采样瓶。全部玻璃器皿在使用前要用 10%硝酸溶液浸泡过夜或用（1+1）硝酸溶液浸泡 40 min，以除去器壁上吸附的汞。

3）测定样品前必须做试剂空白试验，空白值不超过 0.005 μg 汞。

4）采样结束后，封闭吸收管进出气口，置于样品箱内运输，并注意避光，样品采集后应尽快分析。若不能及时测定，应置于冰箱内 0～4℃保存，5 天内测定。

8.1.3.5　重金属（除汞）的监测

（1）监测方法标准

对废气中重金属进行监测时，主要依据的方法标准见表 8-4。有的重金属物质有不同的方法，排污单位可以根据实际情况选择合适的方法开展监测。监测时主要的采样方式为富集采样法，采用滤筒+颗粒物采样器进行现场滤筒捕集采样或者使用气泡吸收管+小流量采样器进行现场吸收液采集样品，妥善保存后带回实验室分析。重金属监测主要的分析方法包括光谱法、质谱法和分光光度法。

表 8-4　重金属监测方法对照表

监测项目	监测方法标准
砷、镉、铬、铜、锰、镍、铅、锑、锡	《空气和废气　颗粒物中金属元素的测定　电感耦合等离子体发射光谱法》（HJ 777—2015） 《空气和废气　颗粒物中铅等金属元素的测定　电感耦合等离子体质谱法》（HJ 657—2013）
镍	《大气固定污染源　镍的测定　火焰原子吸收分光光度法》（HJ/T 63.1—2001） 《大气固定污染源　镍的测定　原子吸收分光光度法》（HJ/T 63.2—2001） 《大气固定污染源　镍的测定　丁二酮肟-正丁醇萃取分光光度法》（HJ/T 63.3—2001）
镉	《大气固定污染源　镉的测定　火焰原子吸收分光光度法》（HJ/T 64.1—2001） 《大气固定污染源　镉的测定　石墨炉原子吸收分光光度法》（HJ/T 64.2—2001） 《大气固定污染源　镉的测定　对-偶氮苯重氮氨基偶氮苯磺酸分光光度法》（HJ/T 64.3—2001）

监测项目	监测方法标准
铅	《固定污染源废气 铅的测定 火焰原子吸收分光光度法》（HJ 538—2009） 《固定污染源废气 铅的测定 石墨炉原子吸收分光光度法》（HJ 539—2015）
锡	《大气固定污染源 锡的测定 石墨炉原子吸收分光光度法》（HJ/T 65—2001）
砷	《固定污染源废气 砷的测定 二乙基二硫代氨基甲酸银分光光度法》（HJ 540—2016）

（2）注意事项

1）采集颗粒物中的重金属时，应使用颗粒物采样器采样，采样材料应使用玻璃纤维滤筒或石英滤筒，要求其对粒径大于 0.3 μm 颗粒物的阻留效率不低于 99.9%。空白滤筒中目标金属元素含量应小于等于排放标准限值的 1/10，不符合要求则不能使用。

2）采样前要彻底清洗采样管的采样嘴和弯管，并吹干。将玻璃纤维滤筒或石英滤筒装入采样管头部的滤筒夹内，根据所选择的等速采样方法，再连接好采样系统，连接管要尽可能地短，并检查系统的气密性和可靠性。

3）当重金属质量浓度较低时可适当增加采样体积。如管道内烟气温度高于需采集的相关金属元素熔点，应采取降温措施，使进入滤筒前的烟气温度低于相关金属元素的熔点。使用滤筒采样时，每次采样至少取同批号滤筒两个，带到采样现场作为现场空白样品。

4）对所采集的颗粒物中的重金属样品在采样结束后，滤筒样品应将封口向内折叠，编号后，竖直放回原采样盒中，放入干燥器中保存。样品在干燥、通风、避光、室温环境下保存。同时按照采样要求，做好记录。

5）砷、铅、镍等金属元素具有一定的毒性，试验过程中应做好安全防护工作。

8.1.3.6 挥发性有机物的监测

挥发性有机物（VOCs）监测已经成为"十三五"重点监测的重要内容，这里简要介绍一下监测的技术要求。

（1）监测方法标准

固定污染源废气 VOCs 监测时，主要依据原环境保护部《关于加强固定污染源废气挥发性有机物监测工作的通知》（环办监测函〔2018〕123 号）文中附件 2 的《固定污染源废气挥发性有机物监测技术规定（试行）》，涉及的主要监测方法标准有《固定污染源排气中颗粒物测定与气态污染物采样方法》《固定源废气监测技术规范》《固定污染源废气　挥发性有机物的采样　气袋法》（HJ 732—2014）、《固定污染源废气　挥发性有机物的测定　固定相吸附-热脱附/气相色谱-质谱法》（HJ 734—2014）、《固定污染源排气中酚类化合物的测定　4-氨基安替比林分光光度法》（HJ/T 32—1999）、《固定污染源排气中甲醇的测定　气相色谱法》（HJ/T 33—1999）、《固定污染源排气中氯乙烯的测定　气相色谱法》（HJ/T 34—1999）、《固定污染源排气中乙醛的测定　气相色谱法》（HJ/T 35—1999）、《固定污染源排气中丙烯醛的测定　气相色谱法》（HJ/T 36—1999）、《固定污染源排气中丙烯腈的测定　气相色谱法》（HJ/T 37—1999）、《固定污染源排气中非甲烷总烃的测定　气相色谱法》（HJ/T 38—2017）、《固定污染源排气中氯苯类的测定　气相色谱法》（HJ/T 39—1999）、《固定污染源监测质量保证与质量控制技术规范（试行）》（HJ/T 373—2007）。

（2）监测技术要求

1）分析方法选择

挥发性有机物测定项目的分析方法选择次序及原则如下：

①标准方法：按环境质量标准或污染物排放标准中选配的分析方法、新发布的国家标准、行业标准或地方标准方法。国家或地方再行发布的分析方法同等选用。

②其他方法：经证实或确认后，检测机构等同采用由国际标准化组织（ISO）或其他国家环保行业规定或推荐的标准方法。

2）采样技术要求

①采样点位布设：有组织废气排放源的采样点位布设，应符合《固定污染源

排气中颗粒物测定与气态污染物采样方法》和《固定源废气监测技术规范》的规定。应将靠近排气筒中心作为采样点，采样管线应为不锈钢、石英玻璃、聚四氟乙烯等低吸附材料，并尽可能短。

对固定污染源挥发性有机物废气排放进行监测时，应优先选择排放浓度高、废气排放量大的排放口及其排放时段进行监测。

② 采样口及采样平台：有组织废气排气筒的采样口（监测孔）和采样平台设置应符合《固定污染源排气中颗粒物测定与气态污染物采样方法》和《固定源废气监测技术规范》的规定要求。

③采样频次及时段：连续有组织排放源，其排放时间大于 1 小时的，应在生产工况、排放状况比较稳定的情况下采样，连续采样时间不少于 20 分钟，气袋采气量应不小于 10 L；或 1 小时内以等时间间隔采集 3~4 个样品，其测试平均值作为小时浓度。

间歇有组织排放源，其排放时间小于 1 小时的，应在排放时间段内恒流采样；当排放时间不足 20 分钟时，采样时间与间歇生产启停时间相同，可增加采样流量或连续采集 2~4 个排放过程，采气量不小于 10 L；或在排放时段内采集 3~4 个样品，计算其平均值作为小时浓度。

采样时应核查并记录工况。对于储罐类排放采样，应在其加注、输送操作时段内时采样；在测试挥发性有机物处理效率时，应避免在装置或设备启动等不稳定工况条件下采样。

当对污染事故排放进行监测时，应按需要设置采样频次及时段，不受上述要求限制。

④ 采样器具：使用气袋采样应按照《固定污染源废气　挥发性有机物的采样气袋法》中的技术规定执行。

使用吸附管采样应按照测定方法标准规定的采样方法执行，并符合《固定源废气监测技术规范》中的质量控制要求。

使用采样罐、真空瓶或注射器采样时，应按照测定方法规定的采样方法执行，并符合《固定源废气监测技术规范》中对真空瓶或注射器采样的质量控制要求。

采样枪、过滤器、采样管、气袋、采样罐和注射器等可重复利用器材，在使用后应尽快充分净化，先用空气吹扫 2～3 次，再用高纯氮气吹扫 2～3 次，经净化后的采样管、气袋、采样罐和注射器等器具应保存在密封袋或箱内避免污染。在使用前抽检 10%的气袋、采样罐等可重复利用器材，其待测组分含量应不大于分析方法测定下限，抽检合格方可使用。

⑤样气采集：若排放废气温度与车间或环境温度差不超过 10℃，为常温排放，采样枪可不用加热；否则为非常温排放，为防止高沸点有机物在采样枪内凝结，采样枪需加热（有防爆安全要求除外），采样枪前端的颗粒物过滤器应为陶瓷或不锈钢材质等低挥发性有机物吸附材料，过滤器、采样枪、采样管线加热温度应比废气温度高 10℃，但最高不超过 120℃。

使用气袋法采样操作应按照《固定污染源废气 挥发性有机物的采样 气袋法》中的规定执行，采集样气量应不大于气袋容量的 80%。使用气袋在高温、高湿、高浓度排放口采集样品时，为减少挥发性有机物在气袋内凝结、吸附对测试结果的影响，分析测试前应将样品气袋避光加热并保持 5 分钟，待样品混合均匀后再快速取样分析，气袋加热温度应比废气排放温度或露点温度高 10℃，但最高不超过 120℃。分析方法或标准中另有规定的按相关规定执行。

当废气中湿度较大时，应按《固定污染源排气中颗粒物测定与气态污染物采样方法》中要求执行，在采样枪后增加一个脱水装置，然后再连接采样袋，脱水装置中的冷凝水应与样品气同步分析，冷凝水中的有机物含量可作为修正值计入样品中，以减少水汽对测定值干扰产生的误差。

排气筒中挥发性有机物质量浓度较高时，应优先用仪器在现场直接测试，使用吸附管采样时可适当减少吸附管的采样流量和采样时间，控制好采样体积，第二级吸附管吸附率应小于总吸附率的 10%，否则应重新采样。

特征有机污染物的采样方法、采气量应按照其标准方法的规定执行，方法中未明确规定的，验证后可用气袋、吸附管等采样后分析，验证方法按 HJ732—2014

中的规定执行。

　　3）安全防护要求

　　①在挥发性有机物监测点位周边环境中可能存在爆炸性或有毒有害有机气体，现场监测或采样方法及设备的选用，应以安全为第一原则。

　　采样或监测现场区域为非危险场所，宜优先选择现场监测方法。

　　采样或监测现场区域为有防爆保护安全要求的危险场所，根据危险场所分类选择现场采样、监测用电气设备的类型，选用防爆电气设备的级别和组别应按照《爆炸性环境　第 1 部分：设备　通用要求》（GB 3836.1—2010）中的规定执行；若不具备现场测试条件的，现场采样后送回实验室分析。

　　采样或监测现场区域的危险分类或防爆保护要求未明确的，应按照GB 3836.1—2010 中的规定尽量使用本质安全型（ia 或 ib 类）监测设备开展采样或监测工作。

　　②污染源单位应向现场监测或采样人员详细说明处理设施及采样点位附近所有可能的安全生产问题，必要时应进行现场安全生产培训。

　　③现场监测或采样时应严格执行现场作业的有关安全生产规定，若监测点位区域为有防爆要求的危险场所，污染源企业应为监测人员提供相关报警仪，并安排安全员负责现场指导安全工作，确保采样操作和仪器使用符合相关安全要求。

　　④采样或监测人员应正确使用各类个人劳动保护用品，做好安全防护工作。尽量在监测点位或采样口的上风向进行采样或监测。

　　4）样品运输和保存

　　①现场采样样品必须逐件与样品登记表、样品标签和采样记录进行核对，核对无误后分类装箱。运输过程中严防样品的损失、受热、混淆和玷污。

　　②用气袋法采集好的样品，应低温或常温避光保存。样品应尽快送到实验室，样品分析应在采样后 8 小时内完成。

　　③用吸附管采样后，立即用密封帽将采样管两端密封，4℃避光保存，7 天内分析。

④用采样罐采集的样品，可在常温下保存，采样后尽快分析，20 天内分析完毕。

⑤用注射器采集的样品，立即用内衬聚四氟乙烯的橡皮帽密封，避光保存，应在当天完成分析测试。

⑥冷链运输的样品应在实验室内恢复至常温或加热后再进行测定。

5）质量保证与质量控制

①挥发性有机物监测的质量保证与质量控制应按照《固定污染源监测质量保证与质量控制技术规范（试行）》《固定源废气监测技术规范》及其他相关标准规定执行。

②采样前应严格检查采样系统的密封性，泄漏检查方法和标准按照《固定污染源废气 挥发性有机物的采样 气袋法》（HJ 732—2014）要求执行，或者系统漏气量不大于 600 ml/2 min，则视为采样系统不漏气。

③现场监测时，应对仪器校准情况进行记录。

④采样前应对采样流量计进行校验，其相对误差应不大于 5%；采样流量波动应不大于 10%。

⑤使用吸附管采样时，可用快速检测仪等方法预估样品浓度，估算并控制好采样体积，第二级吸附管目标化合物的吸附率应小于总吸附率的 10%，否则应重新采样。方法标准中另有规定的按相关要求执行。

⑥每批样品均需建立标准或工作曲线，标准或工作曲线的相关系数应大于 0.995，校准曲线应选择 3～5 个点（不包括空白）。每 24 小时分析一次校准曲线中间浓度点或者次高点，其测定结果与初始浓度值相对偏差应小于等于 30%，否则应查找原因或重新绘制标准曲线。

⑦测定挥发性有机物的特征污染物时，每 10 个样品或每批次（少于 10 个样品）至少分析一个平行样品，平行样品的相对偏差应小于 30%，分析方法另有规定的按相关规定执行。

⑧每批样品至少有一个全程序空白样品，其平均浓度应小于样品浓度的 10%，

否则应重新采样；每批样品分析前至少分析一次实验室空白，空白分析结果应小于方法检出限。分析方法另有规定的按相关规定执行。

⑨送实验室的样品应及时分析，应在规定的期限内完成；留样样品应按测定项目标准监测方法规定的要求保存。

8.1.3.7　总烃、甲烷和非甲烷总烃的监测

由于国家还没有出台制药行业的大气污染物标准，在制药工业的自行监测技术指南中，废气的挥发性有机物指标暂时使用非甲烷总烃作为其综合控制指标。

（1）常用方法

对废气中总烃、甲烷和非甲烷总烃排放监测时，主要依据《固定污染源废气总烃、甲烷和非甲烷总烃的测定　气相色谱法》（HJ/T 38—2017）。采用气袋或玻璃注射器进行现场采集样品，之后送实验室将气体样品直接注入具氢火焰离子化检测器的气相色谱仪，分别在总烃柱和甲烷柱上测定总烃和甲烷的含量，两者之差即为非甲烷总烃的含量。同时以除烃空气代替样品，测定氧在总烃柱上的响应值，以排除样品中的氧对总烃测定的干扰。

（2）注意事项

1）用气袋采样时，连接采样装置，开启加热采样管电源，将采样管加热并保持在（120±5）℃（有防爆安全要求的除外），气袋须用样品气清洗至少 3 次，结束采样后样品应立即放入样品保存箱内保存，直至样品分析时取出。用玻璃注射器采样时，除遵循上述规定外，采集样品的玻璃注射器用惰性密封头密封。

2）样品采集时应采集全程序空白，将注入除烃空气的采样容器带至采样现场，与同批次采集的样品一起送回实验室分析。

3）采集样品的玻璃注射器应小心轻放，防止破损，保持针头端向下状态放入样品保存箱内保存和运送。样品常温避光保存，采样后尽快完成分析。玻璃注射器保存的样品，放置时间不超过 8 小时；气袋保存的样品，放置时间不超过 48 h，如仅测定甲烷，应在 7 天内完成。

4）分析高沸点组分样品后，可通过提高柱温等方式去除分析系统残留的影响，并通过分析除烃空气予以确认。

8.1.3.8　挥发性有机物特征污染物的监测

（1）苯、苯乙烯、二甲苯、甲苯、丙酮、乙苯、乙酸乙酯、正己烷的监测

1）常用方法

废气中苯、苯乙烯、二甲苯、甲苯、丙酮、乙苯、乙酸乙酯、正己烷排放监测时，主要依据《固定污染源废气挥发性有机物的测定　固体吸附-热脱附/气相色谱-质谱法 》（HJ 734—2014）。使用填充了合适吸附剂的吸附管直接采集固定污染源废气中挥发性有机物（或先用气袋采集然后再将气袋中的气体采集到固体吸附管中），将吸附管置于热脱附仪中进行二级热脱附，脱附气体经气相色谱分离后用质谱检测，根据保留时间、质谱图或特征离子定性，内标法或外标法定量。

2）注意事项

①采样前，将老化后的吸附采样管两端立即用密封帽密封，放在气密性的密封袋或密封盒中保存。密封袋或密封盒存放于装有活性炭的盒子或干燥器中，4℃保存。必要时，老化好的吸附管中加入一定量（一般为校准曲线中间浓度）的替代物标准。

②对于使用多层吸附剂的吸附采样管，吸附采样管气体入口端应为弱吸附剂（比表面积小），出口端为强吸附剂（比表面积大）。每个样品至少采气 300 ml，当废气温度较高，含湿量大于 2%，目标化合物的安全采样体积不能满足样品采气 300 ml，影响吸附采样管的吸附效率时，应将吸附采样管冷却（0～5℃）采样。当用气袋-吸附管采样时，8 小时内将气袋与吸附采样管连接，用样品采集装置以 50 ml/min 流量，至少采气 150 ml。

③每批样品应至少做一个全程序空白样品，全程序空白样品中目标化合物的含量过大可疑时，应对本批数据进行核实和检查。将密封保存的吸附采样管带到采样现场，同样品吸附管同时打开封帽接触现场环境空气，采样时全程序空白吸附管关

闭封帽，采样结束时同样品吸附管接触环境空气同时关闭封帽，按与样品相同的操作步骤进行处理和测定，用于检查从样品采集到分析全过程是否受到污染。

④每批样品应至少采集一根串联吸附采样管，同时采样。用于监视采样是否穿透。在吸附采样管后串联一根吸附采样管，如果在后一支吸附采样管中检出目标化合物的量大于总量的 10%，则认为吸附采样管发生穿透，本次采集样品无效。应重新采样，并确保目标化合物的采气量小于吸附采样管安全采样体积。

⑤采样前后流量变化大于 5%，但不大于 10%，应进行修正；流量变化大于 10%，应重新采样。

⑥吸附采样管采样后，立即用密封帽将采样管两端密封，在采样现场应存放在密闭的样品保存箱中，以避免污染。4℃避光保存，7 天内分析。

（2）苯胺类的监测

1）常用方法

废气中苯胺类排放监测时，主要依据《大气固定污染源　苯胺类的测定　气相色谱法》（HJ/T 68—2001）。采用填充了合适吸附剂的硅胶吸附管+小流量烟气采样器进行现场采集样品，之后送实验室采用气相色谱仪进行分析测定。

2）注意事项

①采样前，老化后的吸附采样管两端立即用密封帽密封，放在气密性的密封袋或密封盒中保存。

②采样后用聚四氟乙烯塑料帽或内衬聚四氟乙烯薄膜的橡皮帽将硅橡胶管两端套封，速送实验室分析。若不能及时测定，样品应于 2～5℃避光保存，6 天内有效。

③硅胶吸附管被石英玻璃棉固定分隔成 A、B 两段，在测定时，当 B 段解析溶液中苯胺类化合物的含量大于 A、B 两段含量之和的 5%时，说明样品已经穿透吸附剂，需要重新采样测定。

（3）二甲基甲酰胺、丙烯酰胺排放监测

1）常用方法

废气中二甲基甲酰胺、丙烯酰胺排放监测时，主要依据《环境空气和废气　酰

胺类化合物的测定　液相色谱法》(HJ 801—2016)。采用多孔波板吸收瓶+小流量烟气采样器进行现场吸收液采集样品，之后送实验室采用配备紫外检测器的高效液相色谱仪分离检测，以保留时间定性，外标法定量。

2）注意事项

①应选择气密性好、阻力和吸收效率合格的多孔波板吸收瓶清洗干净并烘干备用。采样前在采样器中装入吸收液并密封避光保存。采样前应对采样器进行气密性检查和流量校准，并打开抽气泵以 1.0 L/min 抽气约 5 分钟，置换采样系统的空气。

②采样时，将装有 50 ml 实验用水的多孔波板吸收瓶，用聚四氟乙烯软管或内衬聚四氟乙烯薄膜的硅橡胶管连接至烟气采样器，将采样枪加热至 120℃以上，以 1.0 L/min 流量采集固定污染源废气样品 30 分钟。可根据实际浓度，适当延长或缩短采样时间，记录采样温度和压力等参数（当采样气体温度较高时，可用冰水浴冷却多孔波板吸收瓶）。

③每次采样时至少带一个全程序空白样品，将同批次内装 50 ml 实验用水的多孔波板吸收瓶带至采样现场，打开其两端，不与采样器连接，1 分钟后封闭。用于检查样品采集、运输、贮存过程中样品是否被污染。如果采样全程序空白明显高于同批配置的吸收液空白，则同批次采集的样品作废。

④采样后，用聚四氟乙烯软管或内衬聚四氟乙烯薄膜的硅橡胶管封闭多孔波板吸收瓶的进气口与出气口，直立于冷藏箱内运输和保存。若不能及时测定，样品应于 4℃以下冷藏、避光和密封保存，7 天内完成分析测定。

（4）甲醇的监测

1）常用方法

废气中甲醇排放监测时，主要依据《固定污染源排气中甲醇的测定　气相色谱法》(HJ/T 33—1999)。采用玻璃注射器进行现场采集样品，之后送实验室将气体样品直接注入氢火焰离子化检测器的气相色谱仪进行分析测定。

2）注意事项

①采用适当尺寸的不锈钢、硬质玻璃或聚四氟乙烯材质的管料，并附有可加温至 120℃以上的保温夹套的采样管。

②样品采集前要检查密封性和可靠性。在采样管口塞入适量玻璃棉，然后将其伸入至排气筒内的采样点位置后启动抽气泵。首先将采样系统管路用排气筒内的气体充分清洗，然后抽动注射器，反复抽洗 5～6 次后，抽满所需体积的气体，然后迅速用橡皮帽（内衬聚四氟乙烯薄膜）密封，带回实验室分析。为便于运输和存放，可将注射器内的样品充入贮气袋中存放。

③样品采集时应采集全程序空白，与同批次采集的样品一起送回实验室分析。

④采样后应尽快分析。若不能及时分析，可于冰箱中 3～5℃冷藏，7 天内分析完毕。采集样品的玻璃注射器应小心轻放，防止破损，保持针头端向下状态放入样品保存箱内保存和运送。

⑤如发现样品浓度过高，应于测定前用高纯氮或干净空气稀释。乙醛浓度应在 250 mg/m³ 以下，以保证能与甲醇完全分离而不干扰测定。

（5）氯苯类化合物的监测

1）常用方法

废气中氯苯类化合物排放监测时，主要依据《大气固定污染源　氯苯类化合物的测定　气相色谱法》（HJ/T 66—2001）和《固定污染源排气中氯苯类的测定　气相色谱法》（HJ/T 39—1999）。两个方法标准均采用填充了合适吸附剂吸附管富集采集样品，之后送实验室将气体样品用气相色谱仪进行分析测定。

2）注意事项

①按照《大气固定污染源　氯苯类化合物的测定　气相色谱法》方法监测时，用乳胶管以最短距离串联两支吸附管，安装在采样系统内，以 0.5～1 L/min 的流量采气 10～20 L，记录采样流量、采样时间及采样系统内气体的温度、压力和流量，采样后用衬有氟塑料薄膜的胶帽密封吸附管，常温下避光保存。已经采样的吸附管可在常温下避光保存 10 天，经解析后，解析液应及时分析。分别检测两支

串联吸附管，当后吸附管中氯苯类化合物的含量达到或超过前吸附管的 5%时，认为吸附管已经被穿透，该样品作废，重新采样。

②按照《固定污染源排气中氯苯类的测定　气相色谱法》方法监测时，采样管采用不锈钢、硬质玻璃或聚四氟乙烯材质的管料，头部塞少量玻璃纤维，并附有可加温至 120℃以上的保温夹套。采样时，将富集柱连接于空气采样器内。若样品气体的含湿量大，应在采样管和富集柱之间接入除湿装置，以 1.0 L/min 的流速采取气体，采气量视气体中待测物的含量而定，一般取有组织排气 10～20 L。采好样的富集柱迅速用衬有氟塑料薄膜的胶帽密封，带回实验室分析。采集好的样品于富集柱内可保存 2 天（室温），经脱附后的洗脱液应及时分析。

8.1.3.9　二噁英类的监测

（1）常用方法

废气中二噁英类排放监测时，主要依据《环境空气和废气　二噁英类的测定同位素稀释高分辨气相色谱-高分辨质谱法》（HJ 77.2—2008）和《环境二噁英类监测技术规范》（HJ 916—2017）。采用滤筒（或滤膜）进行现场样品采集，之后送实验室采用同位素稀释高分辨气相色谱-高分辨质谱法分析测定。

（2）注意事项

1）采样管材料应为硼硅酸盐玻璃、石英玻璃或钛合金属合金，采样管内表面应光滑流畅，采样管应带有加热装置，加热温度应在 105～125℃。滤筒或滤膜应用硼硅酸盐玻璃或石英玻璃制成，尺寸与滤筒或滤膜相适应，方便滤筒或滤膜的取放，接口处应密封良好。冷凝装置用于分离、储存废气中冷凝下来的水，容积应不小于1 L。

2）根据样品采样量和等速采样流量，确定总采样时间及各点采样时间。由于废气采样的特殊性，采样需在一段较长的时间内进行以避免短时间的不稳定工况对采样结果造成影响，一般总采样时间应不少于 2 h。样品采样量还应同时满足方法检出限的要求。采样前加入采样内标。要求采样内标物质的回收率为 70%～130%，超过此范围要重新采样。

3）将采样管插入烟道第一采样点处，封闭采样孔，使采样嘴对准气流方向（其与气流方向偏差不得大于10°），启动采样泵，迅速调节采样流量到第一采样点所需的等速流量值，采样流量与计算的等速流量之间的相对误差应在±10%的范围内。第一点采样后，立即将采样管移至第二采样点，迅速调整采样流量到第二采样点所需的等速流量值，继续进行采样。依此类推，顺序在各点采样。

4）采样期间当压力、温度有较大变化时，需随时将有关参数输入仪器，重新计算等速采样流量。若滤筒阻力增大到无法保持等速采样，则应更换滤筒后继续采样。采样过程中，气相吸附柱应注意避光，并保持在30℃以下。

5）采样过程按照标准规定准备采样材料带至现场，但不进行实际采样操作，采样结束后带回实验室完成分析步骤，所得结果为运输空白。运输空白实验的频度约为采样总数的10%。运输空白值较高时，如果样品实测值远大于运输空白值（如规定两者相差2个数量级以上），则可以从样品实测值中扣除运输空白值。而如果运输空白值接近甚至大于样品实测值，应查找污染原因，消除污染后重新采样分析。

6）拆卸采样装置时应尽量避免阳光直接照射。取出滤筒保存在专用容器中，用水冲洗采样管和连接管，冲洗液与冷凝水一并保存在棕色试剂瓶中。气相吸附柱两端密封后避光保存。样品应冷藏贮存，尽快送至实验室分析。

8.1.3.10　一氧化碳的监测

（1）常用方法

废气中一氧化碳排放监测时，主要依据《固定污染源排气中一氧化碳的测定　非色散红外吸收法》（HJ/T 44—1999）和《固定污染源废气　一氧化碳的测定　定电位电解法》（HJ 973—2018）。采用非色散红外气体分析仪现场直接测试或现场利用气袋采集样品后再用非色散红外气体分析仪进行分析。利用定电位电解法时直接用分析仪测定。

（2）注意事项

1）按照《固定污染源排气中一氧化碳的测定　非色散红外吸收法》方法监测

时，采样时如遇负压锅炉，需接大功率泵，仪器本身泵关闭；采样时应注意安全，对一氧化碳浓度较高的采样点，采样开孔应安装防喷装置，采样人员要站在上风口，防止一氧化碳中毒；室温下的饱和水蒸气对测定无干扰，但更高的含湿量对测定有正干扰，需采取适当的除湿措施（如气体吸收瓶中填装玻璃棉，依靠烟气冷却凝结水分除湿；若烟气温度高，含湿量大，需采用冷凝器除湿）。

2）按照《固定污染源废气　一氧化碳的测定　定电位电解法》方法监测时，采样时要采用滤尘装置、除湿装置等进行滤除，消除颗粒物、水分等对传感器滤膜的影响；测定时注意氢气、酸性气体和乙烯对测定结果的干扰，当乙烯浓度超过 100 μmol/mol 时，应慎用此标准；采样时要堵严采样孔，使之不漏气，待测定仪稳定后，按分钟保存测定数据，连续 5～15 min 测定数据的平均值作为一次测量值；每次测量结束后，按照仪器说明书规定用零气进行清洗，最后结束时，示值回到零点附近后再关机断电。

8.1.3.11　臭气浓度监测

（1）常用方法

废气中臭气浓度监测时，主要依据《恶臭污染源环境监测技术规范》（HJ 905—2017）和《空气质量　恶臭的测定　三点比较式臭袋法》（GB/T 14675—1993）。利用真空瓶（管）或气袋用抽气泵采集恶臭气体样品后，送回实验室利用三点比较式臭袋法进行分析。

（2）注意事项

1）真空瓶采样

①真空瓶的准备：采样前应采用空气吹洗，再抽真空使用，使用后的真空瓶应及时用空气吹洗。当使用后的真空瓶污染较严重时，应采用蒸沸或重铬酸钾洗液清洗的方法处理。当有组织排放源样品浓度过高，需对样品进行预稀释时，在采样前应对真空瓶进行定容，可采用注水计量法对真空瓶定容，定容后的真空瓶应经除湿处理后再抽气采样。对新购置的真空瓶或新配置的胶塞，应进行漏气检

查。用带有真空表的胶塞塞紧真空瓶的大口端，抽气减压到绝对压力 1.33 kPa 以下，放置 1 小时后，如果瓶内绝对压力不超过 2.66 kPa，则视为不漏气。

②系统漏气检查：采样前将除湿定容后的真空瓶抽真空至 1.0×10^5 Pa，放置 2 小时后，观察并记录真空瓶压力变化不能超过规定负压的 20%。连接采样系统，打开抽气泵抽气，使真空压力表负压上升至 13 kPa，关闭抽气泵一侧阀门，压力在 1 分钟之内下降不超过 0.15 kPa，则视为系统不漏气。

③样品采集：采样前，打开气泵以 1 L/min 流量抽气约 5 分钟，置换采样系统中的空气。接通采样管路，打开真空瓶旋塞，使气体进入真空瓶，然后关闭旋塞，将真空瓶取下。必要时记录采样的工况、环境温度及大气压力及真空瓶采样前瓶内压力。

④采样频次：连续有组织排放源按生产周期确定采样频次，样品采集次数不小于 3 次，取其最大测定值。生产周期在 8 小时以内的，采样间隔不小于 2 小时；生产周期大于 8 小时的，采样间隔不小于 4 小时。间歇有组织排放源应在恶臭污染浓度最高时段采样，样品采集次数不小于 3 次，取其最大测定值。

⑤样品保存：真空瓶存放的样品应有相应的包装箱，防止光照和碰撞，所有样品均应在 17～25℃ 条件下保存，样品应在采样后 24 小时内测定。

⑥采集样品时，应注意：采样位置应选择在排气压力为正压或常压点位处；真空瓶应尽量靠近排放管道处，并应采用惰性管材（如聚四氟乙烯管等）作为采样管；如采集排放源强酸或强碱性气体时，应使用洗涤瓶。取 100 ml 洗涤瓶，内装 5 mol/L 的氢氧化钠溶液或 3 mol/L 的硫酸溶液洗涤气体。

2）气袋采样

①连接好采样系统，在抽气泵前加装一个真空压力表，按照真空瓶采样系统一样进行系统漏气检查。

②打开采样气体导管与采样袋之间的阀门，启动抽气泵，抽取气袋采样箱成负压，气体进入采样袋，采样袋充满气体后，关闭采样袋阀门。采样前按上述操作，用被测气体冲洗采样袋 3 次。

③采样结束，从气袋采样箱取出充满样气的采样袋，送回实验室分析。气袋样品应避光保存，所有样品均应在 17～25℃条件下保存，样品应在采样后 24 小时内测定。

④采集排气温度较高样品时，应注意气袋的适用温度。必要时记录采样的工况、环境温度及大气压力。

8.1.3.12　氟化氢的监测

（1）常用方法

废气中氟化氢排放监测时，主要依据《固定污染源废气　氟化氢的测定　离子色谱法（暂行）》（HJ 688—2013）。测定废气中气态氟化物时也可用此监测方法标准。采用加热的采样管经加热过滤器滤除颗粒物后，用冷却的碱性吸收液连续吸收气态样品，之后送实验室用离子色谱仪进行分析测定。

（2）注意事项

①采样管、过滤装置的温度控制在 185℃±5℃范围。采样管内衬管材质为 PTFE、硼硅酸盐玻璃、石英玻璃或钛合金，内表面光滑流畅。抽气泵应保证足够的抽气量，当采样系统负载阻力为 20 kPa 时，抽气流量应不低于 2.0 L/min。

②若采用恒流采样，在采样装置的主路和旁路上分别串联 2 支各装 30 ml 吸收液的小型多孔玻板吸收瓶。用连接管将采样管和吸收瓶及吸收瓶和干燥器连接，以 2.0 L/min 流量，每个样品采样时间 20～60 分钟。采样后将连接管和吸收瓶一起拆下，用连接管密封吸收瓶。

③若采用等速采样，在采样装置上串联 3 支大型冲击吸收瓶，采样管和吸收瓶之间及吸收瓶之间用连接管连接。前两支吸收瓶各装有 75 ml 吸收液，第 3 支为空瓶，并与干燥器连接，以 90%～110%等速率采集废气样品，每个样品采样时间原则上不低于 20 分钟。采样后将连接管和吸收瓶一起拆下，用连接管密封吸收瓶。不分析过滤器收集的颗粒物。

④准备 2 支密封的各装有与实际采样所需等量吸收液的吸收瓶，带至采样地

点，不与采样器连接。采样结束后，其作为全程序空白样品带回实验室与实际样品一起分析测定。每批样品至少做一个全程序空白，空白值不得超过方法检出限。

⑤样品保存：将吸收瓶垂直放置于清洁的容器内运输。实验室内室温保存，时间不超过 7 天。

⑥样品溶液浓度与淋洗液浓度相近，减少测定误差；根据废气中氟化氢浓度的高低相应调整采样体积和（或）试样稀释体积；试样中含有粒径超过 0.45 μm 的颗粒物时，试样溶液进入离子色谱仪前预先过滤处理，消除对离子色谱柱的影响；气泡对离子色谱柱分离效果有影响，进样时不能带入气泡。

8.1.3.13　氯化氢、氯化物（以 HCl 计）的监测

（1）常用方法

废气中氯化氢、氯化物（以 HCl 计）排放监测时，主要依据《固定污染源排气中氯化氢的测定　硫氰酸汞分光光度法》（HJ/T 27—1999）、《固定污染源废气　氯化氢的测定　硝酸银容量法》（HJ 548—2016）和《环境空气和废气　氯化氢的测定　离子色谱法》（HJ 549—2016）。采用多孔玻板吸收瓶（或冲击式吸收瓶）+小流量采样器进行现场吸收液采集样品，之后送实验室按照相应分析方法分析测定。

（2）注意事项

1）按照《固定污染源排气中氯化氢的测定　硫氰酸汞分光光度法》（HJ/T 27—1999）方法监测。

①采样管用硬质玻璃或氟树脂材质，并具有适当尺寸的管料，应附有可加热至 120℃以上的保温夹套。样品吸收装置采用 50 ml 多孔玻板吸收瓶。

②串联 2 支各装 25 ml 氢氧化钠吸收液的多孔玻板吸收瓶，以 0.5 L/min 流量采样 5～30 min。在采样过程中，根据排气温度和湿度调节采样管保温夹套温度，以避免水汽于吸收瓶之前凝结。

③如果样品采集后不能当天测定，应将试样密封后置于冰箱 3～5℃保存，保

存期不超过 48 小时。

④若排气中含有氯化物颗粒性物质，应在吸收瓶之前接装滤膜夹，否则可不装滤膜夹。采样管、吸收瓶之间连接时不可用乳胶管连接，应用聚乙烯管或聚四氟乙烯管内接外套法连接。用过的吸收瓶、具塞比色管、连接管等，将溶液倒出后，直接用去离子水洗涤，不能用自来水洗涤，操作过程注意防尘，避免用手指触摸连接管口，防治氯化物玷污。采样分析时，样品溶液、标准溶液和空白对照必须用同一批试剂同时操作。

2）按照《固定污染源废气　氯化氢的测定　硝酸银容量法》（HJ 548—2016）方法监测。

①75 ml 多孔玻板吸收瓶或大型气泡吸收瓶，吸收瓶应严密不漏气，多孔玻板吸收瓶发泡要均匀，当流量为 0.5 L/min 时，其阻力应在 5 kPa±0.7 kPa。

②采样时，串联 2 支内装 50 ml 氢氧化钠吸收液的吸收瓶，按照气态污染物采集方法，以 0.5～1.0 L/min 的流量连续采样 1 小时，或在 1 小时内以等时间间隔采集 3～4 个样品。在采样过程中，应保持采样保温夹套温度为 120℃，以避免水汽在采样管路中凝结。采样完毕后，用连接管密封吸收瓶，待测。

③当废气中湿度较大，氯化氢吸湿并主要以颗粒态存在时，其采样点位布设及采样应按照 GB/T 16157—1996 中颗粒物采集的相关规定执行。在烟尘采样器后连接加热装置（内含分流阀及内含乙酸纤维微孔滤膜的滤膜夹），之后通过分流阀再按照气态采样方法进行采集，采样过程中，烟气采样器和加热装置温度保持在 120℃。

④采集的样品及全程序空白，应当天尽快测定，若不能及时测定，应于 4℃以下冷藏、密封保存，48 小时内完成分析测定。

⑤排气中含有颗粒态氯化物，应在采样枪与吸收瓶之间接装有乙酸纤维微孔滤膜的滤膜夹；采样枪与吸收瓶之间的连接管应尽可能短并检查系统的气密性和可靠性；采样器应在使用前进行气密性检查和流量校准；每批样品至少要带 2 个实验室空白和 2 个全程序空白，空白测定值应小于方法检出限。

3）按照《环境空气和废气 氯化氢的测定 离子色谱法》（HJ 549—2016）方法监测。

①25 ml 或 75 ml 的冲击式吸收瓶。用水预先清洗冲击式吸收瓶至洗液电导率小于 1.0 μS/cm，置于清洁的环境中晾干备用。采样前，装入吸收液并用连接管密封保存运输。

②串联 2 支各装 50 ml 吸收液的 75 ml 冲击式吸收瓶，按照气态污染物采集方法，以 0.5～1.0 L/min 的流量连续采样 1 小时，或在 1 小时内以等时间间隔采集 3～4 个样品，采样前后流量偏差应≤5%。在采样过程中，应保持采样管保温夹套温度为 120℃，以避免水汽于吸收瓶之前凝结，若排气中含有颗粒态氯化物，应在吸收瓶之前接装放入滤膜的滤膜夹。

③当废气中氯化氢质量浓度高于 100 mg/m³ 时，吸收液质量浓度可适当增加，测定时应稀释至与淋洗液质量浓度相当。

④当废气中含有氯气时，串联 4 支吸收瓶，前 2 支为各装 50 ml 硫酸吸收液的 75 ml 冲击式吸收瓶，后 2 支为各装 50 ml 碱性吸收液的 75 ml 冲击式吸收瓶，前后两组吸收瓶分别吸收氯化氢气体和氯气，以避免氯气干扰。

⑤当废气中湿度较大，氯化氢吸湿并主要以颗粒态存在时，其采样点位布设及采样应按照 GB/T 16157 中颗粒物采集的相关规定执行。在烟尘采样器后连接加热装置（内含分流阀及内含乙酸纤维微孔滤膜的滤膜夹），之后通过分流阀再按照气态采样方法进行采集，采样过程中，保持烟气采样器和加热装置温度保持在 120℃。

⑥样品采集后用连接管密封吸收瓶，于 4℃下冷藏保存，48 小时内完成分析测定。如不能及时分析，则应将样品转移至聚乙烯瓶中，于 4℃以下冷藏可保存 7 天。

⑦吸收瓶、连接管及各器皿均应用实验用水反复洗涤并防止被污染，操作中应防止自来水、空气微尘及手上氯化物干扰；采样器、滤膜夹、吸收瓶之间连接管应尽可能短，并检查系统的气密性和可靠性；每次分析样品结束后，用淋洗液清洗仪器管路，实验结束后用实验室用水清洗仪器泵及抑制器，以免受到淋洗液腐蚀；如

出现仪器分析精度下降，应检查柱效及抑制器工作状态，必要时进行更换。

8.1.3.14　烟气黑度的监测

（1）常用方法

废气烟气黑度的监测主要依据《固定污染源排放烟气黑度的测定　林格曼烟气黑度图法》（HJ/T 398—2007）。现场对照林格曼烟气黑度图观测比对。

（2）注意事项

1）观测者与烟囱的距离应足以保证对烟气排放情况清晰的观察。观察者的视线应尽量与烟气飘动的方向垂直，观察排气的仰视角尽可能低，应尽量避免在过于陡峭的角度观察，观察烟气宜在比较均匀的天空照明条件下进行。

2）应使用符合规范要求的林格曼烟气黑度图，并注意保持图面的整洁、不被污损或褪色。

3）图片面向观测者，尽可能使图位于观测者至烟囱顶部的连线上，并使图与烟气有相似的天空背景。图距观测者应有足够的距离，以使图上的线条看起来融合在一起，从而使每个方块都有均匀的黑度。

4）观察烟气的部位应选择在烟气黑度最大的地方，该部位应没有冷凝水蒸气存在。

8.2　无组织废气监测

8.2.1　监测方式

无组织废气监测是指排污单位对没有经过排气筒无规则排放的废气，或者废气虽经排气筒排放但排气筒高度没有达到有组织排放要求的低矮排气筒排放的废气污染物浓度进行监测。

无组织废气排放监测的主要方式为现场采样+实验室分析，与有组织废气的方式相同，就是指采用特定仪器采集一定量的无组织废气并妥善保存带回实验室进行分析。主要采样方式包括现场直接采样法（注射器、气袋、采样管、真空瓶等）和富集（浓缩）采样法（活性炭吸附、滤筒、滤膜捕集、吸收液吸收等），主要分析方法包括重量法、色谱法、质谱法、分光光度法等。

8.2.2　现场采样

8.2.2.1　现场采样技术要点

无组织废气排放监测的主要参考标准为《大气污染物无组织排放监测技术导则》（HJ/T 55—2000）、《大气污染物综合排放标准》和排污单位具体执行的行业标准。

（1）控制无组织排放的基本方式

按照《大气污染物综合排放标准》所做的规定，我国以控制无组织排放所造成的后果来对无组织排放实行监督和限制。采用的基本方式是规定设立监控点（即监测点）和规定监控点的污染物浓度限值。在设置监测点时，有的污染物要求除在下风向设置监控点外，还要在上风向设置对照点，监控浓度限值为监控点与参照点的浓度差值。有的污染物要求只在周界外浓度最高点设置监控点。

（2）设置监控点的位置和数目

根据《大气污染物综合排放标准》的规定，二氧化硫、氮氧化物、颗粒物和氟化物的监控点设在无组织排放源下风向 2～50 m 的浓度最高点，相对应的参照点设在排放源上风向 2～50 m 内；其余物质的监控点设在单位周界外 10 m 范围内的浓度最高点。按规定监控点最多可设 4 个，参照点只设 1 个。

（3）采样频次的要求

按《大气污染物无组织排放监测技术导则》规定对无组织排放实行监测时，实行连续 1 小时的采样，或者实行在 1 小时内以等时间间隔采集 4 个样品计平均值。在进行实际监测时，为了捕捉到监控点最高浓度的时段，实际安排的采样时间可超过 1 小时。

（4）工况的要求

由于大气污染物排放标准对无组织排放实行限制的原则是在最大负荷下生产和排放，以及在最不利于污染物扩散稀释的条件下，无组织排放监控值不应超过排放标准所规定的限制，因此，监测人员应在不违反上述原则的前提下，选择尽可能高的生产负荷及不利于污染物扩散稀释的条件进行监测。

针对以上基本要求，如果排污单位执行的行业排放标准中对无组织排放有明确要求的，按照行业标准执行。

8.2.2.2　监测前准备工作

（1）单位基本情况调查

1）主要原、辅材料和主、副产品，相应用量和产量、来源及运输方式等，重点了解用量大和可产生大气污染的材料和产品，列表说明，并予以必要的注释。

2）注意车间和其他主要建筑物的位置和尺寸，有组织排放和无组织排放口位置及其主要参数，排放污染物的种类和排放速率；单位周界围墙的高度和性质（封闭式或通风式）；单位区域内的主要地形变化等。对单位周界外的主要环境敏感点（影响气流运动的建筑物和地形分布、有无排放被测污染物的源存在）进行调查，并标于单位平面布置图中。

3）了解环境保护影响评价、工程建设设计、实际建设的污染治理设施的种类、原理、设计参数、数量以及目前的运行情况等。

（2）无组织排放源基本情况调查

除调查排放污染物的种类和排放速率（估计值）之外，还应重点调查被监测无组织排放源的形状、尺寸、高度及其处于建筑群的具体位置等。

（3）仪器设备准备

按照被测物质的对应标准分析方法中有关无组织排放监测的采样部分所规定仪器设备和试剂做好准备。所用仪器应通过计量监督部门的性能检定合格，并在使用前做必要调试和检查。采样时应注意检查电路系统、气路部分、校正流量计。

（4）监测条件

监测时，被测无组织排放源的排放负荷应处于相对较高，或者处于正常生产和排放状态。主导风向（平均风速）利于监控点的设置，并可使监控点和被测无组织排放源之间的距离尽可能缩小。通常情况下，选择冬季微风的日期，避开阳光辐射较强烈的中午时段进行监测是比较适宜的。

8.2.3　具体指标的监测

各监测指标除遵循本章 8.2.1 监测方式和 8.2.2 现场采样的相关要求外，还应遵循各自的具体要求。

由于国家还没有出台制药行业的大气污染物排放标准，对制药工业的排污单位的无组织废气监测指标也无法明确，为了加强对重点排污单位的环境管理，在自行监测技术指南编制过程中对排污单位厂界无组织监测指标目前只设定了挥发性有机物、臭气浓度和排污单位的特征污染物。挥发性有机物暂时用非甲烷总烃来作为其综合控制指标，特征污染物排污单位可根据排污许可证、所执行的污染物排放（控制）标准、环境影响评价文件及其批复等相关环境管理规定，以及其生产工艺、原辅用料、中间及最终产品，按照《恶臭污染物排放标准》和《大气污染物综合排放标准》所列污染物视具体情况而定。

8.2.3.1　臭气浓度的监测

（1）常用方法

无组织废气监测时，臭气浓度监测主要依据的方法标准有《恶臭污染物排放标准》《大气污染物无组织排放监测技术导则》和《恶臭污染环境监测技术规范》。臭气浓度的分析方法采用《空气质量　恶臭的测定　三点比较式臭袋法》（GB/T 14675—1993）。

（2）监测点位

恶臭的无组织排放采样点一般设置在厂界，在工厂厂界的下风向或有臭气方位的边界线上。在实际监测过程中，可以参照《大气污染物无组织排放监测技术导则》的规定，在厂界（距离臭气无组织排放源较近处）下风向设置，一般设置3个点位，根据风向变化情况可适当增加或减少监测点位。当围墙通透性很好时，可紧靠围墙外侧设监控点；当围墙的通透性不好时，也可紧靠围墙设置监控点，但采气口要抬高出围墙 20～30 cm；当围墙通透性不好，又不便于把采气口抬高时，为避开围墙造成的涡流区，应将监控点设于距离围墙 1.5～2.0 倍围墙高度，且距地面 1.5 m 的地方。具体设置时，应避免周边环境的影响，包括花丛树木、污水沟渠、垃圾收集点等。

现场监测时，无组织排放源与下风向周界之间存在若干阻挡气流运动的建筑、树木等物质，使气流形成涡流，污染物迁移变化比较复杂。因此，监测人员要根据具体的地形、气象条件研究和分析，发挥创造性，综合确定采样点位，以保证获取污染物最大排放浓度值。

（3）注意事项

1）连续无组织排放源每 2 小时采集一次，共采集 4 次，取其最大测定值。间歇无组织排放源应在恶臭污染浓度最高时段采样，样品采集次数不少于 3 次，取其最大测定值。

2）采样时同步监测气象参数，应包括环境温度、大气压力、主导风向和风速的测量。当风向发生变化，风向变化标准偏差发生明显偏离时，应及时调整监测点位。

3）用真空瓶采样时，将除湿定容后的真空瓶在采样前抽真空至负压 1.0×10^5 Pa，观测并记录真空瓶内压力，至少放置 2 小时，真空瓶压力变化不能超过规定负压 1.0×10^5 Pa 的 20%，否则不能使用，要更换真空瓶。在恶臭气味最大时段进行采样。采样时打开真空瓶进气端胶管的止气夹（或进气阀），使瓶内充入样品气体至常压，随即用止气夹封住进气口。

4）用气袋采样时，检查并确保采样袋完好无损。在气袋采样箱中先装上经排空后的采样袋。在恶臭气味最大时段进行采样。采样时打开进气截止阀，使恶臭气体迅速充满采气袋。

5）样品采集后应对样品进行密封，与污染源样品在运输和保存过程中分隔放置，并防止异味污染。真空瓶存放的样品应有相应的包装箱，防止光照和碰撞，气袋样品应避光保存。所有的样品均应在17~25℃条件下保存。采集完的样品要在24小时内测定。

如果制药工业排污单位根据排污许可、生产工艺、原辅用料、环境影响评价及其批复或其他环境管理需要，需要对氨、三甲胺、硫化氢、甲硫醇、甲硫醚、二甲二硫、二硫化碳和苯乙烯8种臭气浓度的1种或几种特征污染物进行监测分析时，按照相应的方法进行采样分析。具体的分析方法见表8-5。

表8-5 臭气浓度特征污染物的分析方法

序号	控制项目	测定方法
1	氨	环境空气和废气 氨的测定 纳氏试剂分光光度法（HJ 533—2009）
		环境空气 氨的测定 次氯酸钠-水杨酸分光光度法（HJ 534—2009）
2	三甲胺	空气质量 三甲胺的测定 气相色谱法（GB/T 14676—1993）
3	硫化氢	空气质量 硫化氢、甲硫醇、甲硫醚和二甲二硫的测定 气相色谱法（GB/T 14678—1993）
4	甲硫醇	环境空气 挥发性有机物的测定 罐采样/气相色谱-质谱法（HJ 759—2015）
		空气质量 硫化氢、甲硫醇、甲硫醚和二甲二硫的测定 气相色谱法（GB/T 14678—1993）
5	甲硫醚	环境空气 挥发性有机物的测定 罐采样/气相色谱-质谱法（HJ 759—2015）
		空气质量 硫化氢、甲硫醇、甲硫醚和二甲二硫的测定 气相色谱法（GB/T 14678—1993）
6	二甲二硫	空气质量 硫化氢、甲硫醇、甲硫醚和二甲二硫的测定 气相色谱法（GB/T 14678—1993）
7	二硫化碳	环境空气 挥发性有机物的测定 罐采样/气相色谱-质谱法（HJ 759—2015）
		空气质量 二硫化碳的测定 二乙胺分光光度法（GB/T 14680—1993）
8	苯乙烯	环境空气 挥发性有机物的测定 罐采样/气相色谱-质谱法（HJ 759—2015）
		环境空气 苯系物的测定 固体吸附/热脱附-气相色谱法（HJ 583—2010）（代替 GB/T 14677—1993）

8.2.3.2 挥发性有机物的监测

由于目前国家还未出台关于制药行业的大气污染物排放标准，现阶段对挥发性有机物的监测也未出台标准测定方法，挥发性有机物又是化学原料药制药工业重点关注的监测指标，因此在自行监测技术指南中暂时使用非甲烷总烃作为挥发性有机物排放的综合性控制指标来进行监测，待国家出台相应标准方法后，按照新标准要求进行监测。

（1）常用方法

无组织废气监测时，非甲烷总烃监测主要依据的方法标准有《大气污染物无组织排放监测技术导则》和《环境空气 总烃、甲烷和非甲烷总烃的测定 直接进样-气相色谱法》（HJ 604—2017）。

（2）监测点位

非甲烷总烃的无组织排放采样点可参照 8.2.3.1 中的臭气浓度采样时点位布设。

（3）注意事项

1）采样容器经现场空气清洗至少 3 次后采样。以玻璃注射器满刻度采集空气样品的，用惰性密封头密封；以气袋采集样品的，用真空气体采样箱将空气样品引入气袋，至最大体积的 80%左右，立即密封。将注入除烃空气的采样容器带至采样现场，与同批次采集的样品一起送回实验室分析。

2）采集样品的玻璃注射器应小心轻放，防止破损，保持针头端向下状态放入样品箱内保存和运送。样品应常温避光保存，采样后尽快分析。玻璃注射器保存的样品，放置时间不超过 8 小时；气袋保持的样品，放置时间不超过 48 小时。

3）采样容器使用前应充分洗净，经气密性检查合格，置于密闭采样箱中以避免污染。样品返回实验室时，应平衡至环境温度后再进行测定。测定复杂样品后，如发现分析系统内有残留，可通过提高柱温等方式去除，以分析除烃空气确认。

8.2.3.3　其他特征污染物的监测

制药工业排污单位根据排污许可、环境影响评价及其批复、生产工艺、原辅材料等方面综合考虑，如需要监测特征污染物的，除根据本章 8.2.1 的监测方式和 8.2.2 的现场采样要求外，主要从以下方面考虑：

（1）监控点布设方法

根据《大气污染物综合排放标准》规定，监控点布设方法有两种：

1）在排放源上、下风向分别设置参照点和监控点的方法：对于 1997 年 1 月 1 日之前设立的污染源，监测二氧化硫、氮氧化物、颗粒物和氟化物污染物无组织排放时，在排放源的上风向设参照点，下风向设监控点，监控点设于排放源下风向的浓度最高点，不受单位周界的限制。

2）在单位周界外设置监控点的方法：对于 1997 年 1 月 1 日之后设立的污染源，监测其污染物无组织排放时，监控点设置在单位周界外污染物浓度最高点处，监控点设置方法参照《大气污染物无组织排放监测技术导则》标准文本中条目 9.1。对于 1997 年 1 月 1 日之前设立的污染源，监测除二氧化硫、氮氧化物、颗粒物和氟化物之外的污染物无组织排放时，也采用此方法布设监控点。

设置参照点的原则要求：参照点应不受或尽可能少受被测无组织排放源的影响，参照点要力求避开其近处的其他无组织排放源和有组织排放源的影响，尤其要注意避开那些可能对参照点造成明显影响而同时对监控点无明显影响的排放源；参照点的设置，要以能够代表监控点的污染物本底浓度为原则。具体设置方法参见《大气污染物无组织排放监测技术导则》标准文本中条目 9.2.1。

设置监控点的原则要求：监控点应设置于无组织排放下风向，距排放源 2～50 m 范围内的浓度最高点。设置监控点不需要回避其他源的影响。具体设置方法参见《大气污染物无组织排放监测技术导则》标准文本中条目 9.2.2。

3）复杂情况下的监控点设置

在特别复杂的情况下，不可能单独运用上述各点的内容来设置监控点，需对情况做仔细分析，综合运用《大气污染物综合排放标准》和《大气污染物无组织排放监测技术导则》的有关条款设置监控点。同时，也不大可能对污染物的运动和分布做确切的描述和得出确切的结论，此时监测人员应尽可能利用现场可利用的条件，如利用无组织排放废气的颜色、嗅味、烟雾分布、地形特点等，甚至采用人造烟源或其他情况，借以分析污染物的运动和可能的浓度最高点，并据此设置监控点。

（2）样品采集

1）有与大气污染物排放标准相配套的国家标准分析方法的污染物项目，应按照配套标准分析方法中适用于无组织排放采样的方法执行。

2）尚缺少配套标准分析方法的污染物项目，应按照环境空气监测方法中的采样要求进行采样。

3）无组织排放监测的采样频次，参见本章8.2.2.1（3）。

（3）分析方法

1）有与大气污染物排放标准相配套的国家标准分析方法的污染物项目，应按照配套标准分析方法（其中适用于无组织排放部分）执行；

2）个别没有配套标准分析方法的污染物项目，应按照适用于环境空气监测的标准分析方法执行。

（4）计值方法

1）在污染源单位周界外设监控点的监测结果，以最多4个监控点中的测定浓度最高点的测值作为无组织排放监控浓度值。注意：浓度最高点的测值应是1小时连续采样或由等时间间隔采集的4个样品所得的1小时平均值。

2）在无组织排放源上、下风向分别设置参照点和监控点的监测结果，以最多4个监控点中的浓度最高点测值扣除参照点测值所得之差值，作为无组织排放监控浓度值。注意：监控点和参照点测值是指1小时连续采样或由等时间间隔采集的4个样品所得的1小时平均值。

第9章　废气自动监测系统技术要点

随着"蓝天保卫战"的打响，大气污染防治工作继续向纵深推进，废气自动监测系统因其实时、自动等功能，在环境管理中发挥着越来越大的作用。如何确保废气自动监测数据能够有效应用，这就要求排污单位加强废气自动监测系统的运维和管理，使其能够稳定、良好的运行。本章基于《固定污染源烟气（SO_2、NO_x、颗粒物）排放连续监测技术规范》《固定污染源烟气（SO_2、NO_x、颗粒物）排放连续监测系统技术要求及检测方法》标准，对废气自动监测系统的建设、验收、运行维护应注意的技术要点进行了梳理。

9.1　自动监测系统

废气自动监测系统通常是指烟气排放连续监测系统（Continuous Emission Monitoring System，CEMS），能够对固定污染源排放的颗粒物和（或）气态污染物的排放浓度和排放量进行连续、实时的自动监测。连续监测固定污染源烟气参数所需要的全部设备组成连续监测系统（Continuous Monitoring System，CMS）。

一套完整的 CEMS 主要包括：颗粒物监测单元、气态污染物监测单元、烟气参数监测单元、数据采集与传输单元以及相应的建筑设施等组成。

颗粒物监测单元：主要对排放烟气中的烟尘浓度进行测量。

气态污染物监测单元：主要对排放烟气中 SO_2、NO_x、CO、HCl 等气态形式存在的污染物进行监测。

烟气参数监测单元：主要对排放烟气的温度、压力、湿度、含氧量等参数进行监测，用于污染物排放量的计算以及将污染物的浓度转化成标准干烟气状态和排放标准中规定的过剩空气系数下的浓度。

数据采集与传输单元：主要完成测量数据的采集、存储、统计功能，并按相关标准要求的格式将数据传输到环境监管部门。

对于配有锅炉或危险废物焚烧炉的制药排污单位，废气自动监测时主要包活烟尘、SO_2、NO_x，还有 CO、HCl 等主要污染物的自动监测。在选择 CEMS 时，应选择能测量烟气中烟尘、SO_2、NO_x，以及 CO、HCl 浓度，同时还要测量烟气参数（温度、压力、流速或流量、湿度、含氧量等），能够计算出烟气中污染物的排放速率和排放量，显示（可支持打印）和记录各种数据和参数，形成相关图表，并通过数据、图文等方式传输至管理部门等功能。

对于氮氧化物监测单元，NO_2 可以直接测量，也可通过转化炉转化为 NO 后一并测量，但不允许只监测烟气中的 NO，NO_2 转换为 NO 的效率不小于 95%。

排污单位在进行自动监控系统安装选型时，应当根据国家对每个监测设备的具体技术要求进行选型安装。选型安装在线监测仪器时，应根据污染物浓度和排放标准，选择检测范围与之匹配的在线监测仪器，监测仪器满足国家对应仪器的技术要求。如二氧化硫、氮氧化物、颗粒物应符合《固定污染源烟气（SO_2、NO_x、颗粒物）排放连续监测技术规范》和《固定污染源烟气（SO_2、NO_x、颗粒物）排放连续监测系统技术要求及检测方法》等相关规范要求。选型安装数据传输设备时，应按照《污染物在线监控（监测）系统数据传输标准》和《污染源在线自动监控（监测）数据采集传输仪技术要求》（HJ 477—2009）规范要求设置，不得添加其他可能干扰监测数据存储、处理、传输的软件或设备。

在污染源自动监测设备建设、联网和管理过程中，当地生态环境管理部门有相关规定的，应同时参考地方的规定要求。如上海市环保局于 2017 年发布了《上海市固定污染源自动监测建设、联网、运维和管理有关规定》。

9.2 现场安装要求

CEMS 的现场安装主要涉及现场监测站房、废气排放口、自动监控点位设置及监测断面等内容。现场监测站房必须能满足仪器设备功能需求且专室专用，保障供电、给排水、温湿度控制、网络传输等必需的运行条件，配备安装必要的电源、通讯网络、温湿度控制、视频监视和安全防护设施；排放口应设置符合 GB 15562.1 要求的环境保护图形标志牌。排放口的设置应按照原环境保护部和地方生态环境主管部门的相关要求，进行规范化设置；自动监控点位的选取应尽可能选取固定污染源烟气排放状况有代表性的点位。具体要求见第 5 章 5.3 节的相关部分内容。

9.3 调试检测

CEMS 在现场安装运行以后，在接受验收前，应对其进行技术性能指标和联网情况的调试检测。

9.3.1 技术指标调试检测

CEMS 在进行调试检测工作时，需认真记录调试过程中出现的自动监测数据，同时编制调试报告并加盖公章存档。具体要求如下：

在现场完成 CEMS 安装、初调之后，CEMS 连续运行时间不少于 168 小时。连续运行 168 小时后可开展调试检测，调试检测周期为 72 小时。需要注意的是，调试检测期间不允许出现计划外的检修和调节仪器，一旦因不可预期的故障（如 CEMS 故障、固定污染源故障或断电等）造成调试中断，排污单位应在恢复正常后重新开始为期 72 小时的调试检测。

调试检测的技术指标包括：

（1）颗粒物 CEMS：零点漂移、量程漂移、线性相关系数、置信区间、允许区间。

（2）气态污染物 CEMS 和氧气 CMS：零点漂移、量程漂移、示值误差、系统响应时间、准确度。

（3）流速 CMS：速度场系数、速度场系数精密度。

（4）温度 CMS：准确度。

（5）湿度 CMS：准确度。

9.3.2　联网调试检测

完成 CEMS 设备安装、调试后，15 天内按照《污染物在线监控（监测）系统数据传输标准》技术要求，将在线监测仪器输出的监测数据通过数据采集传输仪上传至生态环境主管部门自动监测平台，数据采集传输仪要求至少稳定运行 1 个月，且向上位机发送数据准确、及时。

9.4　验收要求

同废水自动监测设备一样，CEMS 在完成安装、调试检测并与生态环境主管部门联网后，同时符合下列要求后，建设方组织仪器供应商、管理部门等相关方实施技术验收工作，并编制在线验收报告。验收主要内容应包括在线监测仪器的技术指标验收和联网验收。验收前废气自动监测系统应满足如下条件：

（1）CEMS 的安装位置及手工采样位置应符合本章 9.2.2 的要求。

（2）数据采集和传输以及通信协议均应符合《污染物在线监控（监测）系统数据传输标准》的要求，并提供 1 个月内数据采集和传输自检报告，报告应对数据传输标准的各项内容作出响应。

（3）根据本章 9.3.1 的要求进行 72 小时的调试检测，并提供调试检测合格报告及调试检测结果数据。

（4）调试检测后至少稳定运行 7 天。

9.4.1　技术指标验收

9.4.1.1　验收要求

CEMS 技术指标验收包括颗粒物 CEMS、气态污染物 CEMS、烟气参数 CMS 技术指标收。符合下列要求后，即可进行技术指标验收。

（1）现场验收期间，生产设备应正常且稳定运行，可通过调节固定污染源烟气净化设备达到某一排放状况，该状况在测试期间应保持稳定。

（2）日常运行中更换 CEMS 分析仪表或变动 CEMS 取样点位时，应进行再次验收。

（3）现场验收时必须采用有证标准物质或标准样品，较低浓度的标准气体可以使用高浓度的标准气体采用等比例稀释方法获得，等比例稀释装置的精密度在 1%以内。标准气体要求贮存在铝或不锈钢瓶中，不确定度不超过±2%。

（4）对于光学法颗粒物 CEMS，校准时须对实际测量光路进行全光路校准，确保发射光先经过出射镜片，再经过实际测量光路，到校准镜片后，再经过入射镜片到达接收单元，不得只对激光发射器和接收器进行校准。对于抽取式气态污染物 CEMS，当对全系统进行零点校准和量程校准、示值误差和系统响应时间的检测时，零气和标准气体应通过预设管线输送至采样探头处，经由样品传输管线回到站房，经过全套预处理设施后进入气体分析仪。

（5）验收前检查直接抽取式气态污染物采样伴热管的设置，从探头到分析仪的整条采样管线的铺设应采用桥架或穿管等方式，保证整条管线具有良好的支撑。管线倾斜度≥5°，防止管线内积水，在每隔 4～5 m 处装线卡箍。使用的伴热管线应具备稳定、均匀加热和保温的功能，其设置加热温度≥120℃，且应高于烟气露点温度10℃以上，实际温度值应能够在机柜或系统软件中显示查询。冷干法 CEMS 冷凝器的设置和实际控制温度应保持在 2～6℃。

9.4.1.2 验收内容

颗粒物 CEMS 技术指标验收包括颗粒物的零点漂移、量程漂移和准确度验收。气态污染物 CEMS 和氧气 CMS 技术指标验收包括零点漂移、量程漂移、示值误差、系统响应时间和准确度验收。

现场验收时，先做示值误差和系统响应时间的验收测试，不符合技术要求的，可不再继续开展其余项目验收。

通入零气和标气时，均应通过 CEMS 系统，不得直接通入气体分析仪。

示值误差、系统响应时间、零点漂移和量程漂移验收技术需满足表 9-1 的要求。

表 9-1 示值误差、系统响应时间、零点漂移和量程漂移验收技术要求

检测项目			技术要求
气态污染物 CEMS	二氧化硫	示值误差	当满量程≥100 μmol/mol（286 mg/m³）时，示值误差不超过±5%（相对于标准气体标称值）；当满量程<100 μmol/mol（286 mg/m³）时，示值误差不超过±2.5%（相对于仪表满量程值）
		系统响应时间	≤200 s
		零点漂移、量程漂移	不超过±2.5%
	氮氧化物	示值误差	当满量程≥200 μmol/mol（410 mg/m³）时，示值误差不超过±5%（相对于标准气体标称值）；当满量程<200 μmol/mol（410 mg/m³）时，示值误差不超过±2.5%（相对于仪表满量程值）
		系统响应时间	≤200 s
		零点漂移、量程漂移	不超过±2.5%
氧气 CMS	氧气	示值误差	±5%（相对于标准气体标称值）
		系统响应时间	≤200 s
		零点漂移、量程漂移	不超过±2.5%
颗粒物 CEMS	颗粒物	零点漂移、量程漂移	不超过±2.0%

注：氮氧化物以 NO_2 计。

准确度验收技术需满足表 9-2 的要求。

表 9-2　准确度验收技术要求

检测项目			技术要求
气态污染物 CEMS	二氧化硫	准确度	排放浓度≥250 μmol/mol（715 mg/m³）时，相对准确度≤15%
			50 μmol/mol（143 mg/m³）≤排放浓度<250 μmol/mol（715 mg/m³）时，绝对误差不超过±20 μmol/mol（57 mg/m³）
			20 μmol/mol（57 mg/m³）≤排放浓度<50 μmol/mol（143 mg/m³）时，相对误差不超过±30%
			排放浓度<20 μmol/mol（57 mg/m³）时，绝对误差不超过±6 μmol/mol（17 mg/m³）
	氮氧化物	准确度	排放浓度≥250 μmol/mol（513 mg/m³）时，相对准确度≤15%
			50 μmol/mol（103 mg/m³）≤排放浓度<250 μmol/mol（513 mg/m³）时，绝对误差不超过±20 μmol/mol（41 mg/m³）
			20 μmol/mol（41 mg/m³）≤排放浓度<50 μmol/mol（103 mg/m³）时，相对误差不超过±30%
			排放浓度<20 μmol/mol（41 mg/m³）时，绝对误差不超过±6 μmol/mol（12 mg/m³）
	其他气态污染物	准确度	相对准确度≤15%
氧气 CMS	氧气	准确度	>5.0%时，相对准确度≤15%
			≤5.0%时，绝对误差不超过±1.0%
颗粒物 CEMS	颗粒物	准确度	排放浓度>200 mg/m³时，相对误差不超过±15%
			100 mg/m³<排放浓度≤200 mg/m³时，相对误差不超过±20%
			50 mg/m³<排放浓度≤100 mg/m³时，相对误差不超过±25%
			20 mg/m³<排放浓度≤50 mg/m³时，相对误差不超过±30%
			10 mg/m³<排放浓度≤20 mg/m³时，绝对误差不超过±6 mg/m³
			排放浓度≤10 mg/m³，绝对误差不超过±5 mg/m³
流速 CMS	流速	准确度	流速>10 m/s 时，相对误差不超过±10%
			流速≤10 m/s 时，相对误差不超过±12%
温度 CMS	温度	准确度	绝对误差不超过±3℃
湿度 CMS	湿度	准确度	烟气湿度>5.0%时，相对误差不超过±25%
			烟气湿度≤5.0%时，绝对误差不超过±1.5%

注：氮氧化物以 NO_2 计，以上各参数区间划分以参比方法测量结果为准。

9.4.2　联网验收

联网验收由通信及数据传输验收、现场数据比对验收和联网稳定性验收三部分组成。

9.4.2.1 通信及数据传输验收

按照《污染物在线监控（监测）系统数据传输标准》的规定检查通信协议的正确性。数据采集和处理子系统与监控中心之间的通信应稳定，不出现经常性的通信连接中断、报文丢失、报文不完整等通信问题。为保证监测数据在公共数据网上传输的安全性，所采用的数据采集和处理子系统应进行加密传输。监测数据在向监控系统传输的过程中，应由数据采集和处理子系统直接传输。

9.4.2.2 现场数据比对验收

数据采集和处理子系统稳定运行一个星期后，对数据进行抽样检查，对比上位机接收到的数据和现场机存储的数据是否一致，精确至一位小数。

9.4.2.3 联网稳定性验收

在连续一个月内，子系统能稳定运行，不出现除通信稳定性、通信协议正确性、数据传输正确性以外的其他联网问题。

9.4.2.4 联网验收技术指标要求

联网验收技术指标要求见表 9-3

表 9-3 联网验收技术指标要求

验收检测项目	考核指标
通信稳定性	1. 现场机在线率为 95% 以上； 2. 正常情况下，掉线后，应在 5 分钟之内重新上线； 3. 单台数据采集传输仪每日掉线次数在 3 次以内； 4. 报文传输稳定性在 99% 以上，当出现报文错误或丢失时，启动纠错逻辑，要求数据采集传输仪重新发送报文

验收检测项目	考核指标
数据传输安全性	1. 对所传输的数据应按照 HJ 212—2017 中规定的加密方法进行加密处理传输，保证数据传输的安全性。 2. 服务器端对请求连接的客户端进行身份验证
通信协议正确性	现场机和上位机的通信协议应符合 HJ 212—2017 的规定，正确率 100%
数据传输正确性	系统稳定运行一个星期后，对一个星期的数据进行检查，对比接收的数据和现场的数据一致，精确至一位小数，抽查数据正确率 100%
联网稳定性	系统稳定运行一个月，不出现除通信稳定性、通信协议正确性、数据传输正确性以外的其他联网问题

9.5　运行管理要求

废气自动监测系统通过验收后，CEMS 设备即被认定为已处于正常运行状态，设备运行维护单位应按照相关技术规范的要求做好日常运行管理工作。

9.5.1　总体要求

CEMS 运维单位应根据 CEMS 使用说明书和本章节要求编制仪器运行管理规程，确定系统运行操作人员和管理维护人员的工作职责。运维人员应当熟练掌握烟气排放连续监测仪器设备的原理、使用和维护方法。CEMS 日常运行管理应包括日常巡检、日常维护保养和 CEMS 的校准和检验。

9.5.2　管理制度

运维单位应建立 CEMS 运行维护管理制度，主要包括设备操作、使用和维护保养制度；运行、巡检和定期校准、校验制度；标准物质和易耗品的定期更换制度；设备故障及应急处理制度；自动监测数据分析记录、统计制度等一系列管理制度。

9.5.3　日常巡检

CEMS 运维单位应根据本章节要求和仪器使用说明中的相关要求制订巡检规

程，并严格按照规程开展日常巡检工作并做好记录。日常巡检记录应包括检查项目、检查日期、被检项目的运行状态等内容，每次巡检应记录并归档。CEMS 日常巡检时间间隔不超过 7 天。

日常巡检可参照《固定污染源烟气（SO_2、NO_x、颗粒物）排放连续监测技术规范》附录 G 中的表 G.1～表 G.3 表格形式记录。

9.5.4　日常维护保养

运维单位应根据 CEMS 说明书的要求对 CEMS 系统保养内容、保养周期或耗材更换周期等作出明确规定，每次保养情况应记录并归档。每次进行备件或材料更换时，更换的备件或材料的品名、规格、数量等应记录并归档。如更换有证标准物质或标准样品，还需记录新标准物质或标准样品的来源、有效期和浓度等信息。对日常巡检或维护保养中发现的故障或问题，运维人员应及时处理并记录。

CEMS 日常运行管理参照《固定污染源烟气（SO_2、NO_x、颗粒物）排放连续监测技术规范》附录 G 中的格式记录。

9.5.5　校准和检验

运维单位应根据本章 9.6 节规定的方法和质量保证规定的周期制订 CEMS 系统的日常校准和校验操作规程。校准和校验记录应及时归档。

9.6　质量保证要求

9.6.1　总体要求

CEMS 日常运行质量保证是保障 CEMS 正常稳定运行、持续提供有质量保证监测数据的必要手段。当 CEMS 不能满足技术指标而失控时，应及时采取纠正措施，并应缩短下一次校准、维护和校验的间隔时间。

9.6.2　定期校准

CEMS 运行过程中的定期校准是质量保证中的一项重要工作，定期校准应做到：

（1）具有自动校准功能的颗粒物 CEMS 和气态污染物 CEMS 每 24 小时至少自动校准一次仪器零点和量程，同时测试并记录零点漂移和量程漂移。

（2）无自动校准功能的颗粒物 CEMS 每 15 天至少校准一次仪器的零点和量程，同时测试并记录零点漂移和量程漂移。

（3）无自动校准功能的直接测量法气态污染物 CEMS 每 15 天至少校准一次仪器的零点和量程，同时测试并记录零点漂移和量程漂移。

（4）无自动校准功能的抽取式气态污染物 CEMS 每 7 天至少校准一次仪器零点和量程，同时测试并记录零点漂移和量程漂移。

（5）抽取式气态污染物 CEMS 每 3 个月至少进行一次全系统的校准，要求零气和标准气体从监测站房发出，经采样探头末端与样品气体通过的路径（应包括采样管路、过滤器、洗涤器、调节器、分析仪表等）一致，进行零点和量程漂移、示值误差和系统响应时间的检测。

（6）具有自动校准功能的流速 CMS 每 24 小时至少进行一次零点校准，无自动校准功能的流速 CMS 每 30 天至少进行一次零点校准。

（7）校准技术指标应满足表 9-4 要求。定期校准记录按《固定污染源烟气（SO_2、NO_x、颗粒物）排放连续监测技术规范》附录 G 中的表 G.4 表格形式记录。

表 9-4　CEMS 定期校准校验技术指标要求及数据失控时段的判别

项目	CEMS 类型	校准功能	校准周期	技术指标	技术指标要求	失控指标	最少样品数/对
定期校准	颗粒物 CEMS	自动	24 小时	零点漂移	不超过±2.0%	超过±8.0%	—
				量程漂移	不超过±2.0%	超过±8.0%	
		手动	15 天	零点漂移	不超过±2.0%	超过±8.0%	
				量程漂移	不超过±2.0%	超过±8.0%	

项目	CEMS 类型		校准功能	校准周期	技术指标	技术指标要求	失控指标	最少样品数/对
定期校准	气态污染物 CEMS	抽取测量或直接测量	自动	24 小时	零点漂移	不超过±2.5%	超过±5.0%	
					量程漂移	不超过±2.5%	超过±10.0%	
		抽取测量	手动	7 天	零点漂移	不超过±2.5%	超过±5.0%	
					量程漂移	不超过±2.5%	超过±10.0%	
		直接测量	手动	15 天	零点漂移	不超过±2.5%	超过±5.0%	
					量程漂移	不超过±2.5%	超过±10.0%	
	流速 CMS		自动	24 小时	零点漂移或绝对误差	零点漂移不超过±3.0%或绝对误差不超过±0.9 m/s	零点漂移超过±8.0%且绝对误差超过±1.8 m/s	—
			手动	30 天	零点漂移或绝对误差	零点漂移不超过±3.0%或绝对误差不超过±0.9 m/s	零点漂移超过±8.0%且绝对误差超过±1.8 m/s	—
	颗粒物 CEMS		3 个月或 6 个月	准确度	满足本标准 9.3.8	超过本标准 9.3.8 规定范围	5
	气态污染物 CEMS						9
	流速 CMS						5

9.6.3　定期维护

CEMS 运行过程中的定期维护是日常巡检的一项重要工作,维护频次按照《固定污染源烟气（SO_2、NO_x、颗粒物）排放连续监测技术规范》中附表 G.1～G.3 说明的进行,定期维护应做到:

（1）污染源停运到开始生产前应及时到现场清洁光学镜面。

（2）定期清洗隔离烟气与光学探头的玻璃视窗,检查仪器光路的准直情况;定期对清吹空气保护装置进行维护,检查空气压缩机或鼓风机、软管、过滤器等部件。

（3）定期检查气态污染物 CEMS 的过滤器、采样探头和管路的结灰和冷凝水情况、气体冷却部件、转换器、泵膜老化状态。

（4）定期检查流速探头的积灰和腐蚀情况、反吹泵和管路的工作状态。

（5）定期维护记录按《固定污染源烟气（SO$_2$、NO$_x$、颗粒物）排放连续监测技术规范》附录 G 中的表 G.1～表 G.3 表格形式记录。

9.6.4　定期校验

CEMS 投入使用后，燃料、除尘效率的变化、水分的影响、安装点的振动等都会对测量结果的准确性产生影响。定期校验应做到：

（1）有自动校准功能的测试单元每 6 个月至少做一次校验，没有自动校准功能的测试单元每 3 个月至少做一次校验；校验用参比方法和 CEMS 同时段数据进行比对，按《固定污染源烟气（SO$_2$、NO$_x$、颗粒物）排放连续监测技术规范》进行。

（2）校验结果应符合表 9-4 要求，不符合时，则应扩展为对颗粒物 CEMS 的相关系数的校正或/和评估气态污染物 CEMS 的准确度或/和流速 CMS 的速度场系数（或相关性）的校正，直到 CEMS 达到表 9-2 要求，方法见《固定污染源烟气（SO$_2$、NO$_x$、颗粒物）排放连续监测技术规范》附录 A。

（3）定期校验记录按《固定污染源烟气（SO$_2$、NO$_x$、颗粒物）排放连续监测技术规范》附录 G 中的表 G.5 表格形式记录。

9.6.5　常见故障分析及排除

当 CEMS 发生故障时，系统管理维护人员应及时处理并记录。设备维修记录见《固定污染源烟气（SO$_2$、NO$_x$、颗粒物）排放连续监测技术规范》附录 G 中的表 G.6。维修处理过程中，要注意以下几点：

（1）CEMS 需要停用、拆除或者更换的，应当事先报经主管部门批准。

（2）运维单位发现故障或接到故障通知，应在 4 小时内赶到现场处理。

（3）对于一些容易诊断的故障，如电磁阀控制失灵、膜裂损、气路堵塞、数据采集仪死机等，可携带工具或者备件到现场进行针对性维修，此类故障维修时间不应超过 8 小时。

（4）仪器经过维修后，在正常使用和运行之前应确保维修内容全部完成，性能通过检测程序，按本章 9.6.2 对仪器进行校准检查。若监测仪器进行了更换，在正常使用和运行之前应对系统进行重新调试和验收。

（5）若数据存储/控制仪发生故障，应在 12 小时内修复或更换，并保证已采集的数据不丢失。

（6）监测设备因故障不能正常采集、传输数据时，应及时向主管部门报告，缺失数据按本章 9.7.2（2）处理。

9.6.6　定期校准校验技术指标要求及数据失控时段的判别与修约

（1）CEMS 在定期校准、校验期间的技术指标要求及数据失控时段的判别标准见表 9-4。

（2）当发现任一参数不满足技术指标要求时，应及时按照本规范及仪器说明书等的相关要求，采取校准、调试乃至更换设备重新验收等纠正措施直至满足技术指标要求。当发现任一参数数据失控时，应记录失控时段（即从发现失控数据起到满足技术指标要求后止的时间段）及失控参数，并进行数据修约。

9.7　数据审核和处理

9.7.1　数据审核

固定污染源生产状况下，经验收合格的 CEMS 正常运行时段为 CEMS 数据有效时间段。CEMS 非正常运行时段（如 CEMS 故障期间、维修期间、超过本章 9.6.2 规定的期限未校准时段、失控时段以及有计划的维护保养、校准等时段）均为 CEMS 数据无效时段。

污染源计划停运一个季度以内的，不得停运 CEMS，日常巡检和维护要求仍按照本章 9.5 和 9.6 规定执行；计划停运超过一个季度的，可停运 CEMS，但应报当地生态环境主管部门备案。污染源启运前，应提前启运 CEMS 系统，并进行校准，在污染源启运后的两周内进行校验，满足表 9-4 技术指标要求的，视为启运期间自动监测数据有效。

9.7.2　数据无效时间段数据处理

（1）CEMS 故障期间、维修时段数据按照本章 9.7.2（2）处理，超期未校准、失控时段数据按照本章 9.7.2（3）处理，有计划（质量保证/质量控制）的维护保养、校准等时段数据按照本章 9.7.2（4）处理。

（2）CEMS 因发生故障需停机维修时，其维修期间的数据替代按本章 9.7.2（4）处理；亦可以用参比方法监测的数据替代，频次不低于一天一次，直至 CEMS 技术指标调试到符合表 9-1 和表 9-2 时为止。如使用参比方法监测的数据替代，则监测过程应按照《固定污染源排气中颗粒物测定与气态污染物采样方法》和《固定源废气监测技术规范》要求进行，替代数据包括污染物浓度、烟气参数和污染物排放量。

（3）CEMS 系统数据失控时段污染物排放量按照表 9-5 进行修约，污染物浓度和烟气参数不修约。CEMS 系统超期未校准的时段视为数据失控时段，污染物排放量按照表 9-5 进行修约，污染物浓度和烟气参数不修约。

表 9-5　失控时段的数据处理方法

季度有效数据捕集率 α	连续失控小时数 N/h	修约参数	选取值
$\alpha \geqslant 90\%$	$N \leqslant 24$	二氧化硫、氮氧化物、颗粒物的排放量	上次校准前 180 个有效小时排放量最大值
	$N > 24$		上次校准前 720 个有效小时排放量最大值
$75\% \leqslant \alpha < 90\%$	—		上次校准前 2 160 个有效小时排放量最大值

（4）CEMS 系统有计划（质量保证/质量控制）的维护保养、校准及其他异常导致的数据无效时段，该时段污染物排放量按照表 9-6 处理，污染物浓度和烟气参数不修约。

表 9-6　维护期间和其他异常导致的数据无效时段的处理方法

季度有效数据捕集率 α	连续无效小时数 N/h	修约参数	选取值
$\alpha \geqslant 90\%$	$N \leqslant 24$	二氧化硫、氮氧化物、颗粒物的排放量	失效前 180 个有效小时排放量最大值
	$N > 24$		失效前 720 个有效小时排放量最大值
$75\% \leqslant \alpha < 90\%$	—		失效前 2 160 个有效小时排放量最大值

9.7.3　数据记录与报表

9.7.3.1　记录

按《固定污染源烟气（SO_2、NO_x、颗粒物）排放连续监测技术规范》附录 D 的表格形式记录监测结果。

9.7.3.2　报表

按《固定污染源烟气（SO_2、NO_x、颗粒物）排放连续监测技术规范》附录 D（表 D.9、表 D.10、表 D.11、表 D.12）的表格形式定期将 CEMS 监测数据上报，报表中应给出最大值、最小值、平均值、排放累计量以及参与统计的样本数。

第 10 章 厂界环境噪声及周边环境影响监测

厂界环境噪声和周边环境质量监测应按照相关的标准和规范开展。对于厂界噪声而言，重点是监测点位的布设，应能够反映厂内噪声源对厂外，尤其是对厂外居民区等敏感点的影响。对周边环境质量监测，不同的制药工业对地表水、地下水、近岸海域海水和周边土壤有不同程度的影响，在方案制定时依据相关标准规范和管理要求，结合本单位实际排污环境，适当选择应监测的对象，确保监测项目、监测点位的代表性和监测采样的规范性。本章围绕厂界环境噪声、地表水、近岸海域海水、地下水和土壤监测的关键点进行介绍和说明。

10.1 厂界环境噪声监测

10.1.1 环境噪声的含义

《噪声污染防治法》第二条规定：本法所称环境噪声污染，是指所产生的环境噪声超过国家规定的环境噪声排放标准，并干扰他人正常生活、工作和学习的现象。所以在测量厂界环境噪声时应重点关注：①噪声排放是否超过标准规定的排放限值；②是否干扰他人正常生活、工作和学习。

10.1.2 厂界环境噪声布点原则

《工业企业环境噪声排放标准》中规定厂界环境噪声监测点的选择应根据工业企业声源、周围噪声敏感建筑物的布局以及毗邻的区域类别，在工业企业厂界布设多个点位，包括距噪声敏感建筑物较近的以及受被测声源影响大的位置。《排污单位自行监测技术指南 总则》则更具体地指出了厂界环境噪声监测点位设置应遵循的原则：①根据厂内主要噪声源距厂界位置布点；②根据厂界周围敏感目标布点；③"厂中厂"是否需要监测根据内部和外围排污单位协商确定；④面临海洋、大江、大河的厂界原则上不布点；⑤厂界紧邻交通干线不布点；⑥厂界紧邻另一个排污单位的，在临近另一个排污单位侧是否布点由排污单位协商确定。

厂界一侧长度在 100 m 以下，原则上可布设 1 个监测点位；300 m 以下的可布设点位 2～3 个；300 m 以上的可布设点位 4～6 个。通常所说的厂界，是指由法律文书（如土地使用证、土地所有证、租赁合同等）中所确定的业主所拥有的使用权（或所有权）的场所或建筑边界，各种产生噪声的固定设备的厂界为其实际占地边界。

设置测量点时，一般情况下，应选在工业企业厂界外 1 m，高度 1.2 m 以上；当厂界有围墙且周围有受影响的噪声敏感建筑物时，测点应选在厂界外 1 m、高于围墙 0.5 m 以上的位置；当厂界无法测量到声源的实际排放状况时（如声源位于高空、厂界设有声屏障等），应在厂界外高于围墙 0.5 m 处设置测点，同时在受影响的噪声敏感建筑物的户外 1 m 处另设测点，建筑物高于 3 层时，可考虑分层布点；当厂界与噪声敏感建物距离小于 1 m 时，厂界环境噪声应在噪声敏感建筑物室内测量，室内测量点位设在距任何反射面至少 0.5 m 以上、距地面 1.2 m 高度处，在受噪声影响方向的窗户开启状态下测量；固定设备结构传声至噪声敏感建筑物室内，在噪声敏感建筑物室内测量时，测点应距任何反射面至少 0.5 m 以上，距地面 1.2 m、距外窗 1 m 以上，窗户关闭状态下测量，具体要求参照《环境噪声监测技术规范 结构传播固定设备室内噪声》（HJ 707—2014）。

10.1.3　环境噪声测量仪器

测量厂界环境噪声使用的测量仪器为积分平均声级计或环境噪声自动监测仪，其性能应不低于《电声学 声级计 第 1 部分：规范》（GB/T 3785.1—2010）中对 2 型仪器的要求。测量 35dB 以下的噪声时应使用 1 型声级计，且测量范围应满足所测量噪声的需要。校准所用仪器应符合《电声学　声校准器》（GB/T 15173—2010）对 1 级或 2 级声校准器的要求。当需要进行噪声的频谱分析时，仪器性能应符合《电声学 倍频程和分数倍频程滤波器》（GB/T 3241—2010）中对滤波器的要求。

测量仪器和校准仪器应定期检定合格，并在有效使用期限内使用；每次测量前后必须在测量现场进行声学校准，其前后校准示值偏差不得大于 0.5 天，否则测量结果无效。测量时传声器加防风罩。测量仪器时间计权特性设为"F"档，采样时间间隔不大于 1 s。

10.1.4　环境噪声监测注意事项

测量应在无雨雪、无雷电天气，风速为 5 m/s 以下时进行。不得不在特殊气象条件下测量时，应采取必要措施保证测量准确性，同时注明当时所采取的措施及气象情况，测量应在被测声源正常工作时间进行，同时注明当时的工况。

分别在昼间、夜间两个时段测量。夜间有频发、偶发噪声影响时同时测量最大声级。被测声源是稳态噪声，采用 1 min 的等效声级。被测声源是非稳态噪声，测量被测声源有代表性时段的等效声级，必要时测量被测声源整个正常工作时段的等效声级。噪声超标时，必须测量背景值，背景噪声的测量及修正按照《环境噪声监测技术规范 噪声测量值修正》（HJ 706—2014）进行。

10.1.5　监测结果评价

各个测点的测量结果应单独评价。同一测点每天的测量结果按昼间、夜间进行评价。最大声级直接评价。当厂界与噪声敏感建物距离小于 1 m，厂界环境噪声在噪声敏感建筑物室内测量时，应将相应的噪声标准限制减 10dB 作为评价依据。

10.2 地表水监测

本节仅针对监测断面设置和现场采样进行介绍，样品保存、运输以及实验室分析部分参考第 6 章内容。

10.2.1 监测断面设置

排污单位厂界周边的地表水环境质量影响监测点位应参照排污单位环境影响评价文件及其批复和其他环境管理要求设置。

如环境影响评价文件及其批复和其他文件中均未作出要求，排污单位需要开展周边环境质量影响监测的，环境质量影响监测点位设置的原则和方法参照《环境影响评价技术导则 总纲》（HJ 2.1—2016）、《环境影响评价技术导则 地表水环境》和《地表水和污水监测技术规范》等执行。

《环境影响评价技术导则 地表水环境》规定环境影响评价中，应提出地表水环境质量监测计划，包括监测断面或点位位置（经纬度）、监测因子、监测频次、监测数据采集与处理、分析方法等。地表水环境质量监测断面或点位设置需与水环境现状监测、水环境影响预测的断面或点位相协调，并应强化其代表性、合理性。

10.2.1.1 河流监测断面设置

根据《环境影响评价技术导则 地表水环境》对补充调查监测布点的规定，应布设对照断面、控制断面。对照断面宜布置在排放口上游 500 m 以内。控制断面应根据受纳水域水环境质量控制管理要求设置。控制断面可结合水环境功能区或水功能区、水环境控制单元区划情况，直接采用国家及地方确定的水质控制断面。评价范围内不同水质类别区、水环境功能区或水功能区、水环境敏感区及需要进行水质预测的水域，应布设水质监测断面。评价范围以外的调查或预测范围，可以根据预测工作需要增设相应的水质监测断面。水质取样断面上取样垂线的布设按照《地表水和污水监测技术规范》的规定执行。

10.2.1.2　湖库监测点位设置

根据《环境影响评价技术导则　地表水环境》，水质取样垂线的设置可采用以排放口为中心，沿放射线布设或网格布设的方法，按照下列原则及方法设置：一级评价[①]在评价范围内布设的水质取样垂线数宜不少于 20 条；二级评价[②]在评价范围内布设的水质取样线宜不少于 16 条。评价范围内不同水质类别区、水环境功能区或水功能区、水环境敏感区、排放口和需要进行水质预测的水域，应布设取样垂线。水质取样垂线上取样点的布设按照《地表水和污水监测技术规范》的规定执行。

10.2.2　水样采集

10.2.2.1　基本要求

（1）河流

对开阔河流采样时，应包括下列几个基本点：用水地点的采样；污水流入河流后，对充分混合的地点及流入前的地点采样；支流合流后，对充分混合的地点及混合前的主流与支流地点的采样；主流分流后地点的选择；根据其他需要设定的采样地点。各采样点原则上应在河流横向及垂向的不同位置采集样品。采样时间一般选择在采样前至少连续两天晴天，水质较稳定的时间。

---

① 见《环境影响评价技术导则　地表水环境》（HJ 2.3—2018）。
② 见《环境影响评价技术导则　地表水环境》（HJ 2.3—2018）。

（2）水库和湖泊

水库和湖泊的采样，由于采样地点和温度的分层现象可引起很大的水质差异。在调查水质状况时，应考虑到成层期与循环期的水质明显不同。了解循环期水质，可布设和采集表层水样；了解成层期水质，应按照深度布设及分层采样。

10.2.2.2　水样采集要点内容

（1）采样器材

采样器材主要有采样器和水样容器。采样器包括聚乙烯塑料桶、单层采水瓶、直立式采水器、自动采样器。水样容器包括聚乙烯瓶（桶）、硬质玻璃瓶和聚四氟乙烯瓶。聚乙烯瓶一般用于大多数无机物的样品，硬质玻璃瓶用于有机物和生物样品，玻璃或聚四氟乙烯瓶用于微量有机污染物（挥发性有机物）样品。

（2）采样量

在地表水质监测中通常采集瞬时水样。采样量参照规范要求，即考虑重复测定和质量控制的需要的量，并留有余地。

（3）采样方法

在可以直接汲水的场合，可用适当的容器采样，如在桥上等地方用系着绳子的水桶投入水中汲水，要注意不能混入漂浮于水面上的物质；在采集一定深度的水时，可用直立式或有机玻璃采水器。

（4）水样保存

在水样采入或装入容器中后，应按规范要求加入保存剂。

（5）油类采样

采样前先破坏可能存在的油膜，用直立式采水器把玻璃容器安装在采水器的支架中，将其放到 300 mm 深度，边采水边向上提升，在到达水面时剩余适当空间（避开油膜）。

10.2.2.3　注意事项

《地表水环境质量标准》中规定的项目标准值，要求水样采集后自然沉降30 min，取上层非沉降部分按规定方法进行分析。对于某些湖库河道等地表水体一般不存在可沉降物的情况，建议在采样比对验证无显著影响后，可省略自然沉降步骤。规定补充说明：由于地表水水质包括水相、颗粒相、生物相和沉积相，且水质的这四种相态在我国地表水体之间差别较大，如黄河的泥沙等，造成监测分析结果和数据的可比性差异很大，因此规定所有地表水水样均采集后自然沉降30 min，取上层清液按规定方法分析，以尽可能地消除监测分析结果的差异。

水样采集过程中应注意以下方面：

（1）采样时不可搅动水底的沉积物。

（2）采样时应保证采样点的位置准确，必要时用定位仪（GPS）定位。

（3）认真填写采样记录表。

（4）采样结束前，核对采样方案、记录和水样是否正确，否则补采。

（5）测定油类水样，应在水面至 300 mm 范围内采集柱状水样，并单独采集，全部用于测定，采样瓶不得用采集水样冲洗。

（6）测定溶解氧、生化需氧量和有机污染物等项目时，水样必须注满容器，上部不留空间，并用水封口。

（7）如果水样中含沉降性固体，如泥沙（黄河）等，应分离除去，分离方法为：将所采水样摇匀后倒入筒形玻璃容器，静置 30 min，将不含沉降性固体但含有悬浮性固体的水样移入盛样容器，并加入保存剂。测定总悬浮物和油类除外。

（8）测定湖库水的化学需氧量、高锰酸盐指数、叶绿素 a、总氮、总磷时的水样，静置 30 min 后，用吸管一次或几次移取水样，吸管进水尖嘴应插至水样表层 50 mm 以下位置，再加保护剂保存。

（9）测定油类、BOD_5、DO（溶解氧）、硫化物、余氯、粪大肠菌群、悬浮物、挥发性有机物、放射性等项目要单独采样。

（10）降雨与融雪期间地表径流的变化，也是影响水质的因素，在采样时应予以注意并做好采样记录。

10.3　近岸海域海水影响监测

10.3.1　监测点位设置

排污单位厂界周边的海水环境质量影响监测点位应参照排污单位环境影响评价文件及其批复和其他环境管理要求设置。

如环境影响评价文件及其批复和其他文件中均未作出要求，排污单位需要开展周边环境质量影响监测的，环境质量影响监测点位设置的原则和方法参照《环境影响评价技术导则　总纲》《环境影响评价技术导则　地表水环境》《近岸海域环境监测规范》（HJ 442—2008）、《近岸海域环境监测点位布设技术规范》（HJ 730—2014）等执行。

根据《环境影响评价技术导则　地表水环境》，一级评价可布设 5～7 个取样断面，二级评价可布设 3～5 个取样断面。根据垂向水质分别特点，参照《海洋调查规范》（GB/T 12763—2007）、《近岸海域环境监测规范》《近岸海域环境监测点位布设技术规范》执行。排放口位于感潮河段内的，其上游设置的水质取样断面，应根据时间情况参照河流决定，其下游断面的布设与近岸海域相同。

10.3.2　水样采集基本要求

10.3.2.1　采样前环境情况检查

每次采样前均应仔细检查装置的性能及采样点周围的状况。

（1）岸上采样

如果水是流动的，采样人员站在岸边，必须面对水流动方向操作。若底部沉积物受到扰动，则不能继续取样。

（2）船上采样

由于船体本身就是一个重要污染源，船上采样要始终采取适当措施防止船上各种污染源可能带来的影响。采痕量金属水样应尽量避免使用铁质或其他金属制成的小船，采用逆风逆流采样，一般应在船头取样，将来自船体的各种玷污控制在一个尽量低的水平上。当船体到达采样点位后，应该根据风向和流向，立即将采样船周围海面划分为船体玷污区、风成玷污区和采样区三部分，然后在采样区采样。或者待发动机关闭后，当船体仍在缓慢前进时，将抛浮式采水器从船头部位尽力向前方抛出，或者使用小船离开大船一定距离后采样；采样人员应坚持向风操作，采样器不能直接接触船体任何部位，裸手不能接触采样器排水口，采样器内的水样先放掉一部分后再取样；采样深度的选择是采样的重要部分，通常要特别注意避开微表层采集表层水样，也不要在被悬浮沉积物富集的底层水附近采集底层水样；采样时应避免剧烈搅动水体，如发现底层水浑浊，应停止采样；当水体表面漂浮杂质时，应防止其进入采样器，否则重新采样；采集多层次深水水域的样品，按从浅到深的顺序采集；因采水器容积有限不能一次完成时，可进行多次采样，将各次采集的水样集装在大容器中，分样前应充分摇匀。混匀样品的方法不适于溶解氧、BOD、油类、细菌学指标、硫化物及其他有特殊要求的项目；测溶解氧、BOD、pH 等项目的水样，采样时需充满，避免残留空气对测项的干扰；其他测项，装水样至少留出容器体积 10% 的空间，以便样品分析前充分摇匀；取样时，应沿样品瓶内壁注入，除溶解氧等特殊要求外放水管不要插入液面下装样；除现场测定项目外，样品采集后应按要求进行现场加保存剂，颠倒数次使保存剂在样品中均匀分散；水样取好后，仔细塞好瓶塞，不能有漏水现象。如将水样转送他处或不能立刻分析时，应用石蜡或水漆封口。对不同水深，采样层次按照《近岸海域环境监测规范》确定。

10.3.2.2 现场采样注意事项

1）项目负责人或技术负责人同船长协调海上作业与船舶航行的关系，在保证安全的前提下，航行应满足监测作业的需要。

2）按监测方案要求，获取样品和资料。

3）水样分装顺序的基本原则是：不过滤的样品先分装，需过滤的样品后分装；一般按悬浮物和溶解氧（生化需氧量）→pH→营养盐→重金属→COD（其他有机物测定项目）→叶绿素 a→浮游植物（水采样）的顺序进行；如化学需氧量和重金属汞需测试非过滤态，则按悬浮物和溶解氧（生化需氧量）→COD（其他有机物测定项目）→汞→pH→盐度→营养盐→其他重金属→叶绿素 a→浮游植物（水采样）的顺序进行。

4）在规定时间内完成应在海上现场测试的样品，同时做好非现场检测样品的预处理。

5）采样事项：船到达点位前 20 min，停止排污和冲洗甲板，关闭厕所通海管路，直至监测作业结束；严禁用手玷污所采样品，防止样品瓶塞（盖）玷污；观测和采样结束，应立即检查有无遗漏，然后方可通知船方启航；在大雨等特殊气象条件下应停止海上采样工作；遇有赤潮和溢油等情况，应按应急监测规定要求进行跟踪监测。

10.4 地下水监测

10.4.1 监测点位布设

制药工业排污单位周边地下水环境质量监测，主要针对化学合成类制药企业；排污单位厂界周边的地下水环境质量影响监测点位参照排污单位环境影响评价文件及其批复和其他环境管理要求设置。

如环境影响评价文件及其批复和其他文件中均未作出要求，排污单位需要开展周边环境质量影响监测的，地下水环境质量影响监测点位设置的原则和方法参照《环境影响评价技术导则　地下水环境》《地下水环境监测技术规范》等执行。

参考《环境影响评价技术导则　地下水环境》，根据排污单位类别及地下水环境敏感程度，划分排污单位对地下水环境影响的等级见表 10-1，进而确定地下水监测点（井）的数量及分布。

表 10-1　排污单位周边地下水环境影响等级分级表

敏感程度②　　　　　项目类别①	Ⅰ类项目	Ⅱ类项目	Ⅲ类项目
敏感	一级	一级	二级
较敏感	一级	二级	三级
不敏感	二级	三级	三级

注：①参见《环境影响评价技术导则　地下水环境》（HJ 610—2016）附录 A；
　　②参见《环境影响评价技术导则　地下水环境》（HJ 610—2016）表 1。

地下水环境质量影响监测点位（井）数量及设置要求：影响等级为一级、二级的排污单位，点位一般不少于 3 个，应至少在排污单位上、下游各布设 1 个。一级排污单位还应在重点污染风险源处增设监测点。影响等级为三级的排污单位，点位一般不少于 1 个，应至少在排污单位下游布置 1 个。

10.4.2　监测井的建设与管理

开展周边地下水环境质量影响监测的排污单位可选择符合点位布设要求、常年使用的现有井（如经常使用的民用井）作为监测井；在无合适现有井时，可设置专门的监测井。多数情况下地下水可能存在污染的部分集中在接近地表的潜水中，排污单位应根据所在地及周边水文地质条件确定地下水埋藏深度，进而确定地下水监测井井深或取水层位置。

地下水的监测井建设与管理的其他具体要求，应符合《地下水环境监测技术规范》中第 2、第 4 章的规定。

地下水样品的现场采集、保存、实验室分析及质量控制的具体操作过程，应符合《地下水环境监测技术规范》中第 3、第 4、第 6 章的规定。

10.5 土壤监测

制药工业排污单位周边土壤环境质量监测主要针对化学合成类制药企业；排污单位厂界周边的土壤环境质量影响监测点位参照排污单位环境影响评价文件及其批复和其他环境管理要求设置。

如环境影响评价文件及其批复和其他文件中均未作出要求，排污单位需要开展周边环境质量影响监测的，土壤环境质量影响监测点位设置的原则和方法参照《环境影响评价技术导则 土壤环境（试行）》（HJ 964—2018）、《土壤环境监测技术规范》等执行。

参考《环境影响评价技术导则 土壤环境（试行）》中有关污染影响型建设项目的要求，根据排污单位类别、占地面积大小及土壤环境的敏感程度，确定监测点位布设的范围、数量及采样深度。

首先根据表 10-2 的规定，确定排污单位对周边土壤环境影响的等级。

表 10-2 排污单位周边土壤环境影响等级分级表

建设项目类别[①] 占地面积[②] 敏感程度[③]	Ⅰ类项目			Ⅱ类项目			Ⅲ类项目		
	大	中	小	大	中	小	大	中	小
敏感	一级	一级	一级	二级	一级	二级	三级	三级	三级
较敏感	一级	一级	二级	二级	二级	三级	三级	三级	—
不敏感	一级	二级	二级	二级	三级	三级	三级	—	—

注：①参见《环境影响评价技术导则 土壤环境（试行）》（HJ 964—2018）中附录 A；
②排污单位占地面积分为大型（≥50 hm²）、中型（5～50 hm²）、小型（≤5 hm²）；
③参见《环境影响评价技术导则 土壤环境（试行）》（HJ 964—2018）中表 3。

其次，在确定排污单位土壤环境影响的等级后，可根据表 10-3 的规定确定监测点布设的范围及点位数量。

表 10-3　排污单位周边土壤环境质量影响监测点位布设范围及数量

土壤环境影响等级	周边土壤环境监测点的布设范围[①]	点位数量
一级	1 km²	4 个表层点[②]
二级	0.2 km²	2 个表层点[②]
三级	0.02 km²	—[③]

注：①涉及大气沉降途径影响的，可根据主导风向下风向最大浓度落地点适当调整监测点位布设范围。

　　②影响等级为三级的排污单位，除有特殊要求的，一般可不考虑布设周边土壤环境监测点。

　　③表层点一般在 0～0.2 m 采样。

土壤样品的现场采集、样品流转、制备、保存、实验室分析及质量控制的具体过程应符合《土壤环境监测技术规范》中的相关技术规定。

第 11 章 监测质量保证与质量控制体系

　　监测质量保证与质量控制是提高监测数据质量的重要保障，是监测过程的重中之重，同时也涉及监测过程方方面面的内容。本章立足现有经验，对污染源监测应关注的重点内容、质控要点进行梳理，提供了经验性的参考，但很难面面俱到。排污单位或社会化检测机构在开展污染源监测过程中，可参考本章的内容，结合自身实际情况，制定切实有效的监测质量保证与质量控制方案，提高监测数据质量。

11.1　基本概念

　　监测质量保证和质量控制是环境监测过程中的两个重要概念。《环境监测质量管理技术导则》（HJ 630—2011）中这样定义：质量保证是指为了提供足够的信任表明实体能够满足质量要求，而在质量体系中实施并根据需要证实的全部有计划和有系统的活动。质量控制是指为达到质量要求所采取的作业技术或活动。

　　采取质量保证的目的是获取他人对质量的信任，是为使他人确信某实体提供的数据、产品或者服务等能满足质量要求而实施的并根据需要进行证实的全部有计划、有系统的活动。质量控制则是通过监视质量形成过程，消除生产数据、产品或者提供服务的所有阶段中可能引起不合格或不满意效果的因素，使其达到质量要求而采用的各种作业技术和活动。

环境监测的质量保证与质量控制是依靠系统的文件规定来实施的内部的技术和管理手段，既是生产出符合国家质量要求的检测数据的技术管理制度和活动，也是一种"证据"，即向任务委托方、环境管理机构和公众等表明该检测数据是在严格的质量管理中完成的，具有足够的管理和技术上的保证手段，数据是准确可信的。

11.2 质量体系

证明数据质量可靠性的技术管理制度与活动可以千差万别，但是也有其共同点。为了实现质量保证和质量控制的目的，往往需要建立并保证有效运行的一套质量体系。它应覆盖环境监测活动所涉及的全部场所、所有环节，以使检测机构的质量管理工作程序化、文件化、制度化和规范化。

建立一个良好运行的质量体系，如果是专业的向政府、企事业单位或者个人提供排污情况监测数据的社会化检测机构，按照国家的《检验检测机构资质认定管理办法》（质检总局令　第 163 号）、《检验检测机构资质认定评审准则》和《检验检测机构资质认定评审准则及释义》的要求建立并运行质量体系是必要的。如果检测实验室仅为排污单位内部提供数据，质量管理活动的目的则是为本单位管理层、环境管理机构和公众提供证据，证明数据准确可信，质量手册不是必需的，但是利于检测实验室数据质量得到保证的一些程序性规定和记录是必要的（如实验室具体分析工作的实施流程、与数据质量相关的管理流程等的详细规定，具体方法或设备使用的指导性详细说明，数据生产过程和监督数据生产需使用的各种记录表格等）。

建立质量体系不等于需要通过资质认定。质量体系的繁简程度与检测实验室的规模、业务范围、服务对象等密切相关，有时，还需要根据业务委托方的要求修改完善质量体系。质量体系一般包括质量手册、程序文件、作业指导书和记录。有效的质量控制体系应满足以下基本要求：对检测工作的全面规范，且保证全过程留痕。

11.2.1 质量手册

质量手册是检测实验室质量体系运行的纲领性文件，阐明检测实验室的质量目标，描述检测实验室全部检测质量活动的要素，规定检测质量活动相关人员的责任、权限和相互之间的关系，明确质量手册的使用、修改和控制的规定等。质量手册至少应包括批准页、自我声明、授权书、检测实验室概述、检测质量目标、组织机构、检测人员、设施和环境、仪器设备和标准物质以及检测实验室为保证数据质量所做的一系列规定等。

（1）批准页

批准页的主要内容是介绍编制质量体系的目的以及质量手册的内容，并由最高管理者批准实施。

（2）自我声明

检测实验室关于独立承担法律责任、遵守中华人民共和国计量法和监测技术标准规范等相关法律法规、客观出具数据等的承诺。

（3）授权书

检测实验室有多种情形需要授权，包括但不限于：在最高管理者外出期间，授权给其他人员替其行使职权；最高管理者授权人员担任质量负责人、技术负责人等关键岗位；授权给某些人员使用检测实验室的大型贵重仪器等。

（4）检测实验室概述

简单介绍检测实验室的地理位置、人员构成、设备配置概况、隶属关系等信息。

（5）检测质量目标

检测质量目标即定量描述检测工作所达到的质量。

（6）组织机构

即明确检测实验室与检测工作相关的外部管理机构的关系，与本单位中其他部门的关系，完成检测任务相关部门之间的工作关系等。这些关系通常以组织结构框图的方式表明。与检测任务相关的各部门的职责应予以明确和细化。例如，对于检测质量管理部，可以规定其具有下列职责：

1）牵头制订检测质量管理年度计划、监督实施，并编制质量管理年度总结。

2）负责组织质量管理体系建设、运行管理，包括质量体系文件编制、宣贯、修订、内部审核、管理评审、质量督查、检测报告抽查、实验室和现场监督检查、质量保证和质量控制等工作。

3）负责组织人员开展内部持证上岗考核相关工作。

4）负责组织参加外部机构组织的能力验证、能力考核、比对抽测等各项考核工作。

5）负责组织仪器设备检定/校准工作，包括编制检定/校准计划、组织实施和确认。

6）负责标准物质管理工作，包括建立标准物质清册、管理标准物质样品库、标准样品的验收、入库、建档及期间核查等。

（7）检测人员

包括检测岗位划分和检测人员管理两部分内容。

检测岗位划分指检测实验室将检测相关工作分为若干具体的检测工序，并明确各检测工序的职责。例如，对于某检测实验室，应至少有以下岗位：质量负责人、技术负责人、报告签发人、采样岗位、分析岗位、质量监督人、档案管理人等。可以由同一个人兼任不同的岗位，也可以专职从事某一个岗位。但报告编制、审核和签发应由三个不同的人员承担，不能由一个人兼任其中的两个以上职责。

检测人员管理部分别规定从事采样、分析等检测相关工作的人员应接受的教育、培训、应掌握的技能，应履行的职责等。以分析岗位为例，说明人员管理如何描述。

1）分析人员必须经过培训，熟练掌握与所承担分析项目有关的标准监测方法或技术规范及有关法规，且具备对检验检测结果作出评价的判断能力，经内部考核合格后持证上岗。

2）熟练掌握所用分析仪器设备的基本原理、技术性能，以及仪器校准、调试、维护和常见故障的排除技术。

3）熟悉并遵守质量手册的规定，严格按监测标准、规范或作业指导书开展监测分析工作，熟悉记录的控制与管理程序，按时完成任务，保证监测数据准确可靠。

4）认真做好样品分析前的各项准备工作，分析样品的交接工作以及样品分析工作，确保按业务通知单或监测方案要求完成样品分析。

5）分析人员必须确保分析选用的分析方法现行有效，分析依据正确。

6）负责所使用仪器设备日常维护、使用和期间核查，编制/修订其操作规程、维护规程、期间核查规程和自校规程，并在计量检定/校准有效期内使用。负责做好使用、维护和期间核查记录。

7）确保分析质控措施和质控结果符合有关监测标准或技术规范及相关规定要求。

8）当分析仪器设备、分析环境条件或被测样品不符合监测技术标准或技术规范要求时，监测分析人员有权暂停工作，并及时向上级报告。

9）认真做好分析原始记录并签字，要求字迹清楚、内容完整、编号无误。

10）分析人员对分析数据的准确性和真实性负责。

11）校对上级安排的其他检测人员的分析原始记录。

检测实验室建立人员配备情况一览表，有助于提高人员管理效率，其表格样式见表 11-1。

表 11-1　检测人员一览表（样表）

序号	姓名	性别	出生年月	文化程度	职务/职称	所学专业	从事本技术领域年限	所在岗位	持证项目情况	备注
1	张三	男	1988年8月	本科	工程师	分析化学	5	分析岗	水和废水：化学需氧量、氨氮	质量负责人
……										

（8）设施和环境

检测实验室的设施和环境条件指检测实验室配备必要的设施硬件，并建立制度保证监测工作环境适应监测工作需求。检测实验室的设施通常包括空调、除湿机、干湿度温度计、通风橱、纯水机、冷藏柜、超声波清洗仪、电子恒温恒湿箱、灭火器等检测辅助设备。需要明确的规定至少有：

1）防止交叉污染的规定。例如，规定监测区域应有明显标识；严格控制进入和使用影响检测质量的实验区域；对相互有影响的活动区域进行有效隔离，防止交叉污染。比较典型的交叉污染的例子有：挥发酚项目的检测分析会对在同一实验室进行的氨氮检测分析造成交叉污染的影响；在分析总砷、总铅、总汞、总镉等项目时，如果不同的样品间浓度差异较大，规定高、低浓度的采样瓶和分析器皿分别用专用酸槽浸泡洗涤，以免交叉污染。必要时，用优级纯酸稀释后浸泡超低浓度样品所用器皿等。

2）对可能影响检测结果质量的环境条件，规定检测人员进行监控和记录，保证其符合相关技术要求。例如，万分之一以上精度的电子天平正常工作对环境温度、湿度有控制要求，检测实验室应有监控设施，并有记录表格记录环境条件。

3）规定有效控制危害人员安全和人体健康的潜在因素。例如，配备通风橱、消防器材等必要的防护和处置措施。

4）对化学品、废弃物、火、电、气和高空作业等安全相关因素作出规定等。

（9）仪器设备和标准物质

检测用仪器设备和标准物质是保障检测数据量值溯源的关键载体。检测实验室应配备满足检测方法规定的原理、技术性能要求的设备，应对仪器设备的购置、使用、标识、维护、停用、租借等管理作出明确规定，保证仪器设备得到合理配置、正确使用和妥善维护，提高检测数据的准确可靠性。例如，对于设备的配备可规定：

1）根据检测项目和工作量的需要及相关技术规范的要求，合理配备采样、样品制备、样品测试、数据处理和维持环境条件所要求的所有仪器设备种类和数量，并对仪器技术性能进行科学的分析评价和确认。

2）如果需要借用外单位的仪器设备必须严格按本单位仪器设备的规定管理。建立仪器设备配备情况一览表，往往有助于提高设备管理效率，仪器设备配备情况参考样表见表 11-2。

表 11-2 仪器设备配备情况一览表（样表）

序号	设备名称	设备型号	出厂编号	检定/校准方式	检定/校准周期	仪器摆放位置
1	电子天平	TE212 L	####	检定	一年	205 室
......						

此外，应根据检测项目开展情况配备标准物质，并做好标准物质管理。配备的标准物质应该是有证标准物质，保证标准物质在其证书规定的保存条件下贮存，建立标准物质台账，记录标准物质名称、购买时间、购买数量、领用人、领用时间和领用量等信息。

（10）其他

为保证建立的质量管理体系覆盖检测的各个方面、环节、所有场所，除能持续有效地指导实施质量管理活动外，还应对以下质量管理活动作出原则性的规定：

1）质量体系在哪些情形下，由谁提出、谁批准同意修改等。

2）如何正确使用管理质量体系各类管理和技术文件，即如何编制、审批、发放、修改、收回、标识、存档或销毁等。

3）如何购买对监测质量有影响的服务（如委托有资质的机构检定仪器即为购买服务），以及如何购买、验收和存储设备、试剂、消耗材料。

4）检测工作中出现的与相关规定不符合的事项，应如何采取措施。

5）质量管理、实际样品检测等工作中相关记录的格式模板应如何编制，以及实际工作过程中如何填写、更改、收集、存档和处置记录。

6）如何定期组织单位内部熟悉检测质量管理相关规定的人员，对相关规定的执行情况进行内部审核的规定。

7）管理层如何就内部审核或者日常检测工作中发现的相关问题，定期研究解决。

8）检测工作中，如何选用、证实/确认检测方法。

9）如何对现场检测、样品采集、运输、贮存、接收、流转、分析、监测报告编制与签发等检测工作全过程的各个环节都采取有效的质量控制措施，以保证监测工作质量。

10）如何编制监测报告格式模板，实际检测工作中如何编写、校核、审核、修改和签发检测报告等。

11.2.2　程序文件

程序文件是规定质量活动方法和要求的文件，是质量手册的支持性文件，主要目的是对产生检测数据的各个环节、各种影响因素和各项工作全面规范。包括人员、设备、试剂、耗材、标准物质、检测方法、设施和环境、记录和数据录入发布等各关键因素，明确、详细地规定某一项与检测相关的工作，执行人员是谁、经过什么环节、留下哪些记录，以实现高时效地完成工作的同时保证数据质量。

编写程序文件时，应明确每一个程序的控制目的、适用范围、职责分配、活动过程规定和相关质量技术要求，从而使程序文件具有可操作性。例如，制定检测工作程序，对检测任务的下达、检测方案的制定、采样器皿和试剂的准备、样品采集和现场检测、实验室内样品分析，以及测试原始积累的填写等诸多环节，规定分别由谁来实施，以及实施过程中应该填写哪些记录，以保证工作有序开展。

档案管理也是一项涉及较多环节的工作，涉及档案产生后的暂存、收集、交接、保管和借阅查询使用等一系列环节，在各个细节又需要保证档案的完整性，因此需要制定档案管理程序。这个程序可以规定档案如何产生，人员如何暂存档案，暂存的时限是多长，档案收集由谁来负责，交给档案收集人员时应履行的手续，档案集中后由谁负责建立编号，如何保存，借阅查阅时应履行的手续等。

又如检测方案的制定，方案制定人员需要弄清楚的文件有：环评报告中的监测章节内容、环保部门作出的环评批复、执行的排放标准、许可证管理的相关要求、行业涉及的自行监测指南等。在明确管理要求后所制定的检测方案，宜请熟悉环境管理、环境监测、生产工艺和治理工艺的专业人员对方案审核把关，既有利于保证检测内容和频次等满足管理要求，又避免不必要的人力物力浪费。

一般来说，检测实验室需制定的程序性规定应包括：人员培训程序、检测工作程序、设备管理程序、标准物质管理程序、档案管理程序、质量管理程序、服务和供应品的采购和管理程序、内务和安全管理程序、记录控制与管理程序等。

11.2.3　作业指导书

作业指导书是指特定岗位工作或活动应达到的要求和遵循的方法。对于下列情形往往需要检测机构制定作业指导书：

（1）标准检测方法中规定可采取等效措施，而检测机构又的确采取了等效措施。

（2）使用非母语的检测方法。

（3）操作步骤复杂的设备。作业指导书应写得尽可能具体，且语言简洁无歧义，以保证各项操作的可重复。氮氧化物化学发光测试仪作业指导书的编写参见附录5-9。

11.2.4　记录

记录包括质量记录和技术记录。质量记录是质量体系活动产生的记录，如内审记录、质量监督记录等；技术记录是各项监测工作所产生的记录，如《pH分析原始记录表》《废水流量监测记录（流速仪法）》。记录是保证从检测方案的制定开始，到样品采集、样品运输和保存、样品分析、数据计算、报告编制、数据发布的各个环节留下关键信息的凭证，证明数据生产过程满足技术标准和规范的要求的基础。检测实验室的记录既要简洁易懂，也要有足够的信息量并让检测工作重现。这就要求认真学习国家的法律法规等管理规定和技术标准规范，弄清楚哪些信息是必须记录备查的关键信息，在设计记录表格样式的时候予以考虑。比如对于样品采集，除了采样时间、地点、人员等基础信息，还应包括检测项目、样品表观（定性描述颜色、悬浮物含量）、样品气味、保存剂的添加情况等信息。对于具体的某一项污染物的分析，需要记录分析方法名称及代码、分析时间、分析仪器的名称型号、校准曲线的信息、取样量、样品前处理情况、样品测试的信号值、计算公式、计算结果以及质控样品分析的结果等。常用的一些记录表格样式参见附录 5。

11.3　自行监测质控要点

自行监测的质量控制，应抓住人员、设备、监测方法、试剂耗材等关键因素，还要重视设施环境等影响因素。每一项检测任务都应有足够证据表明其数据质量可信，在制定该项检测任务实施方案的同时，制定一个质控方案，或者在实施方案中有质量控制的专门章节，明确该项工作应有针对性地采取哪些措施来保证数据质量。自行监测工作中，包含自行监测点位，项目和频次，采样、制样和分析应执行哪些技术规范等信息的监测方案在许可证发放时经过了环保部门审查。日常监测工作中，需要落实的是谁去现场监测和采样，谁分析样品，谁承担报告编制工作，以及应采取的质控措施。应采取的质控措施可以是一个专门的方案，这个质量控制方案规定承担采样、制样和分析样品的人员应该具有哪些技能（如经过适当的培训后持有上岗证），各环节的执行人员应该落实哪些措施来自证所开展工作的质量，质量控制人员怎样去查证各任务执行人员工作的有效性等。通常来说，质控方案就是保证数据质量所需要满足的人员、设备、监测方法、试剂耗材和环境设施等的共性要求。

11.3.1　人员

人员技能水平是自行监测质量的决定性因素，因此在检测机构制定的规章制度性文件中，要明确规定不同岗位人员应具有的技术能力。例如，应该具有的教育背景、工作经历、胜任该工作应接受的再教育培训，并以考核方式确认是否具有胜任岗位的技能。对于人员适岗的再教育培训，如与行业相关的政策法规、标准方法、操作技能等，由检测机构内部组织或者参加外部培训均可。

适岗技能考核确认的方式也是多样化的，如笔试或者提问、操作演示、实样测试、盲样考核等。不论采用哪一种培训、考核方式，都应有记录来证实工作过程。例如内部培训，应该至少有培训教材、培训签到表、外部培训有会议通知、培训考核结果证明材料等。需要提醒的是，对于口头提问和操作演示等考核方式，也应该有记录，如口头提问，记录信息至少包括考核者姓名、提问内容、被考核者姓名、回答要点，以及对于考核结果的评价；操作演示的考核记录至少包括考核者姓名、要求考核演示的内容、被考核者姓名、演示情况的概述以及评价结论。

11.3.2　仪器设备

监测设备是决定数据质量的另一关键因素。2015 年 1 月 1 日起开始施行的《中华人民共和国环境保护法》第二章第十七条明确规定：监测机构应当使用符合国家标准的监测设备，遵守监测规范。所谓符合国家标准，首先应根据排放标准规定的监测方法选用监测设备，也就是仪器的测定原理、检测范围、测定精密度、准确度以及稳定性等满足方法的要求；其次，设备应根据国家计量的相关要求和仪器性能情况确定检定/校准，列入《中华人民共和国强制检定的工作计量器具目录》或有检定规程的仪器应送有资质的单位进行检定，如烟尘监测仪、天平、砝码、烟气采样器、大气采样器、pH 计、分光光度计、声级计、压力表等。属于非强制检定的仪器与设备可以送有资质的计量检定机构进行校准，无法送去检定或者校准的仪器设备，应由仪器使用单位自行溯源，即自己制定校准规范，对部分计量性能或参数进行检测，以确认仪器性能准确可靠。

对于投入使用的仪器，要确保其得到规范使用。应明确规定如何使用、维护、维修和性能确认仪器设备。例如，编写仪器设备操作规程（即仪器操作说明书）和维护规程（即仪器维护说明书），以保证使用人员能够正确使用或者维护仪器。

与采样和监测结果的准确性和有效性相关的仪器设备，在投入使用前，必须进行量值溯源，即用前述的检定，校准或者自校手段确认仪器性能。对于送到有资质的检定或者校准单位的仪器，收到设备的检定或者校准证书后，应查看检定/校准单位实施的检定/校准内容是否符合实际的检测工作要求。例如，配备多个传感器的仪器，检测工作需要使用的传感器是否都得到了检定；对于有多个量程的仪器，其检定或者校准范围是否满足日常工作需求；对于仪器的检定，校准或者自校，并不是一劳永逸的，应根据国家的检定/校准规程或者使用说明书要求，周期性地定期实施检定/校准或者自校，保持仪器在检定/校准或者自校有效期内使用，且每次监测前，都要使用分析标准溶液、标准气体等方式确认仪器量值，在证实其量值持续符合相应技术要求后使用。如定电位电解法规定烟气中二氧化硫、氮氧化物，每次测量前必须用标气进行校准，示值误差≤±5%方可使用。此外，应规定仪器设备的唯一性标识、状态标识，避免误用。仪器设备的唯一性标识既可以是仪器的出厂编码，也可以是检测单位自行制定的规则编写的代码。

仪器的相关记录应妥善保存。建议给检测仪器建立一仪一档。档案的目录包括：仪器说明书、仪器验收技术报告、仪器的检定/校准证书或者自校原始记录和报告、仪器的使用日志、维护记录、维修记录等，建议这些档案一年归档一次，以免遗失。应特别注意及时如实填写仪器使用日志，切忌事后补记，否则不实的仪器使用记录会影响数据真实性的判断。比较常见的明显与事实不符的记录有：同一台现场检测仪器在同一时间，出现在相距几百千米的两个不同检测任务中、仪器使用日志中记录的分析样品量远大于该仪器最大日分析能力等，这种记录会让检查人员对数据的真实性产生质疑。应该有制度规范在必须修改原始记录时如何修改，避免原始记录被误改。

11.3.3　记录

规范使用监测方法，优先使用被检测对象适用的污染物排放标准中规定的监测方法。若有新发布的标准方法替代排放标准中指定的监测方法，应采用新标准。

若新发布的监测方法与排放标准指定的方法不同，但适用范围相同，也可使用。例如，《固定污染源废气　氮氧化物的测定　非分散红外吸收法》《固定污染源废气　氮氧化物的测定　定电位电解法》的适用范围明确为"固定污染源废气"，因此两项方法均适用于废气中氮氧化物的监测。

正确使用监测方法。污染源排放情况监测所使用的方法包括国家标准方法和国务院行业部门以文件、技术规范等形式发布的标准方法，个别情况下也会用等效分析方法。为此，检测机构或者实验室往往需要根据方法的来源确定应实施方法证实还是方法确认，其中方法证实适用于国家标准方法和国务院行业部门以文件、技术规范等形式发布的方法，方法确认适用于等效分析方法。为实现正确使用监测方法，检测机构仅仅实施了方法证实是不够的，还需要要求使用该监测方法的每一个人员，使用该方法获得的检出限、空白、回收率、精密度、准确度等各项指标均满足方法性能的要求，方可认为检测人员掌握了该方法，才算正确使用监测方法。当然，并非在每一次检测工作中均需要对方法进行证实。那么，在哪些情况下需对方法进行证实呢？一般认为，初次使用标准方法前，应证实能够正确运用标准方法；标准方法发生了变化，应重新予以证实。

如何开展方法证实呢？通常而言，方法证实至少应包括以下 6 个方面的内容：

1）人员：人员的技能是否得到更新；是否能够适应方法的工作要求；人员数量是否满足工作要求。

2）设备：设备性能是否满足方法要求；是否需要添置前处理设备等辅助设备；设备数量是否满足要求。

3）试剂耗材：方法对试剂种类、纯度等的要求如何；数量是否满足；是否建立了购买使用台账。

4）环境设施条件：方法及其所用设备是否对温度湿度有控制要求；这些环境条件能否得到监控。

5）方法技术指标：使用日常工作所用的标准和试剂做方法的技术指标，如校准曲线、检出限、空白、回收率、精密度、准确度等，是否均达到了方法要求。

6）技术记录：日常检测工作须填写的原始记录格式是否包含了足够的关键信息。

11.3.4　试剂耗材

规范使用标准物质。首先，对于标准物质的使用有以下注意事项：

1）应优先考虑使用国家批准的有证标准样品，以保证量值的准确性、可比性与溯源性。

2）选用的标准样品与预期检测分析的样品，尽可能在基体、形态、浓度水平等性状方面接近。其中基体匹配是需要重点考虑的因素，因为只有使用与被测样品基体相匹配的标准样品，在解释实验结果时才很少或没有困难。

3）应特别注意标准样品证书中所规定的取样量与取样方法。证书中规定的固体最小取样量、液体稀释办法等是测量结果准确性和可信度的重要影响因素，宜严格遵守。

4）应妥善贮存标准样品，并建立标准样品使用情况记录台账。有些标准样品有特殊的储存条件要求，应根据标准样品证书规定的储存条件保存标准样品，并在标准样品的有效期内使用，否则可能会影响标准样品量值的准确性。

严格按照方法要求购买和使用试剂/耗材。每一个方法都规定了试剂的纯度，需要注意的是，市售的与方法要求的纯度一致的试剂，不一定就能满足方法的使用要求，对数据结果有影响的试剂、新购品牌或者产品批次不一致时，在正式用于样品分析前应进行空白样品实验，以验证试剂质量是否满足工作需求。对于试剂纯度不满足方法需求的情形，应购买更高纯度的试剂或者由分析人员自行净化。比较典型的案例是分析水中苯系物的二硫化碳，市售分析纯二硫化碳往往需要实验室自行重蒸，或者购买优级纯酸才能满足方法对空白样品的要求；与此类似的还有分析重金属的盐酸硝酸等，采用分析纯的酸往往会导致较高的空白和背景值，建议筛选品质可靠的优级纯酸。

牢记试剂/耗材是有寿命的。对于试剂，尤其是已经配制好的试剂，应注意遵守检测方法中对试剂有效期的规定。若没有特殊规定，建议参考执行《化学试剂　标准滴定溶液的制备》（GB/T 601—2002）中关于标准滴定溶液有效期的规定，即常温（15～25℃）下保存时间不超过 2 个月。特别应注意表观不被磨损类耗材的质保期，比如定电位电解法的传感器、pH 计的电极等，这些仪器的说明书中明确规定了传感器或者电极的使用次数或者最长使用寿命，应严格遵守，以保证量值的准确性。

11.3.5　数据处理

数据的计算和报出也可能发生失误，应高度重视。以火电厂排放标准为例，排放标准根据热能转化设施类型的不同，规定了不同的基准氧含量，实测的火电厂烟尘、二氧化硫、氮氧化物和汞及其化合物排放浓度须折算为基准氧含量下的排放浓度，如果忽略了此要求，将现场测试所得结果直接报出，必然导致较大偏差。对于废水检测，须留意在发生样品稀释后检测时，稀释倍数是否纳入了计算。已经完成的测定结果，还应注意计量单位是否正确，最好有熟悉该项目的工作人员校核，各项目结果汇总后，由专人进行数据审核后发出。录入电脑或者信息平台时，注意检查是否有小数点输入的错误。

完备的质量控制体系运行离不开有效的质量监督。检测机构或者实验室应设置覆盖其检测能力范围的监督员，这些监督员可以是专职的，也可以是兼职的。但不论是哪种情形，监督员应该熟悉检测程序、方法，并能够评价检测结果，发现可能的异常情况。为了使质量监督达到预期效果，最好在年初就制订监督计划，明确监督人、被监督对象、被监督的内容、被监督的频次等。通常情况下，新进上岗人员使用新分析方法，或者新设备，以及生产治理工艺发生变化的初期等实施的污染排放情况检测应受到有效监督。监督的情况应以记录的形式予以妥善保存。此外，检测机构或者实验室应定期总结监督情况、编写监督报告，以保证质量体系中的各标准、规范和质量措施等切实得到落实。

第 12 章　信息记录与报告

监测信息记录和报告是相关法律法规的要求，也是排污许可证制度实施的重要内容，是排污单位必须开展的工作。信息记录和报告的目的是将排污单位与监测相关的内容记录下来，供管理部门和排污单位使用，同时定期按要求进行信息报告，以说明环境守法状况，同时也为社会公众监督提供依据。本章围绕制药行业应开展的信息记录和报告的内容进行说明，为制药排污单位提供参考。

12.1　信息记录的目的与意义

说清污染物排放状况，自证是否正常运行污染治理设施、是否依法排污是法律赋予排污单位的权利和义务。自证守法，首先要有可以作为证据的相关资料，信息记录就是要将所有可以作为证据的信息保留下来，在需要的时候有据可查。具体来说，信息记录的目的和意义体现在以下几个方面。

首先，便于监测结果溯源。监测的环节很多，任何一个环节出现了问题，都可能造成监测结果的错误。通过信息记录，将监测过程中的重要环节的原始信息记录下来，一旦发现监测结果存在可疑之处，就可以通过查阅相关记录，检查哪个环节出现了问题。对于不影响监测结果的问题，可以通过追溯监测过程进行校正，从而获得正确的结果。

其次，便于规范监测过程。认真记录各个监测环节的信息，便于规范监测活动，避免由于个别时候的疏忽而遗忘个别程序，从而影响监测结果。通过对记录信息的分析，也可以发现影响监测过程的一些关键因素，这也有利于监测过程的改进。

再次，可以实现信息间的相互校验。记录各种过程信息，可以更好地反映排污单位的生产、污染治理、排放状况，从而便于建立监测信息与生产、污染治理等相关信息的逻辑关系，从而为实现信息间的互相校验、加强数据间的质量控制提供基础。通过记录各类信息，可以形成排污单位生产、污染治理、排放等全链条的证据链，避免单方面的信息不足以说明排污状况。

最后，丰富基础信息，利于科学研究。排污单位生产、污染治理、排放过程中一系列过程信息，对研究排污单位污染治理和排放特征具有重要的意义。监测信息记录，极大地丰富了污染源排放和治理的基础信息，这为开展科学研究提供了大量基础信息。基于这些基础信息，利用大数据分析方法，可以更好地探索污染排放和治理的规律，为科学制定相关技术要求奠定良好基础。

12.2 信息记录要求和内容

12.2.1 信息记录要求

信息记录是一项具体而琐碎的工作，做好信息记录对于排污单位和管理部门都很重要，一般来说，信息记录应该符合以下要求。

首先，信息记录的目的在于真实反映排污单位生产、污染治理、排放、监测的实际情况，因此信息记录不需要专门针对需要记录的内容进行额外整理，只要保证所要求的记录内容便于查阅即可。为了便于查阅，排污单位应尽可能根据一般逻辑习惯整理成为台账保存。保存方式可以为电子台账，也可以为纸质台账，以便于查阅为原则。

其次，信息记录的内容不限于标准规范中要求的内容，其他排污单位认为有利于说清楚本单位排污状况的相关信息，也可以予以记录。考虑到排污单位污染排放的复杂性，影响排放的因素有很多，而排污单位最了解哪些因素会影响排污状况，因此，排污单位应根据本单位的实际情况，梳理本单位应记录的具体信息，丰富台账资料的内容，从而更好地建立生产、治理、排放的逻辑关系。

12.2.2　信息记录内容

12.2.2.1　手工监测的记录

采用手工监测的指标，至少应记录以下几方面的内容：

（1）采样相关记录，包括采样日期、采样时间、采样点位、混合取样的样品数量、采样器名称、采样人姓名等。

（2）样品保存和交接相关记录，包括样品保存方式、样品传输交接记录。

（3）样品分析相关记录，包括分析日期、样品处理方式、分析方法、质控措施、分析结果、分析人姓名等。

（4）质控相关记录，包括质控结果报告单等。

12.2.2.2　自动监测运维记录

自动监测的正确运行需要定期进行校准、校验和日常运行维护，校准、校验结果、日常运行维护开展情况直接决定了自动监测设备是否能够稳定正常运行，而通过检查运维公司对自动监测设备的运行维护记录，可以对自动监测设备日常运行状态进行初步判断。因此，排污单位或者负责运行维护的公司要如实记录对自动监测设备的运行维护情况，具体包括自动监测系统运行状况、系统辅助设备运行状况、系统校准、校验工作等，仪器说明书及相关标准规范中规定的其他检查项目，校准、维护保养、维修记录等。

12.2.2.3 生产和污染治理设施运行状况

首先，污染物排放状况与排污单位生产和污染治理设施运行状况密切相关，记录生产和污染治理设施运行状况，有利于更好地说清楚污染物排放状况。

其次，考虑到受监测能力的限制，无法做到全面连续监测，记录生产和污染治理设施运行状况可以辅助说明未监测时段的排放状况，同时也可以对监测数据是否具有代表性进行判断。

最后，由于监测结果可能受到仪器设备、监测方法等各种因素的影响，从而造成监测结果的不确定性，记录生产和污染治理设施运行状况，通过不同时段监测信息和其他信息的对比分析，可以对监测结果的准确性进行总体判断。

对于生产和污染治理设施运行状况，主要记录内容包括监测期间企业及各主要生产设施（至少涵盖废气主要污染源相关生产设施）运行状况（包括停机、启动情况）、产品产量、主要原辅料使用量、取水量、主要燃料消耗量、燃料主要成分、污染治理设施主要运行状态参数、污染治理主要药剂消耗情况等。日常生产中上述信息也需整理成台账保存备查。

12.2.2.4 固体废物（危险废物）产生与处理状况

固废作为重要的环境管理要素，排污单位应对固体废物和危险废物的产生、处理情况进行记录，同时固体废物和危险废物信息也可以作为废水、废气污染物产生排放的辅助信息。关于固体废物和危险废物的记录内容包括各类固体废物和危险废物的产生量、综合利用量、处置量、贮存量、倾倒丢弃量，危险废物还应详细记录其具体去向。

12.3 生产和污染治理设施运行状况

在第 3 章已经对化学合成类、发酵类、提取类三大化学原料药制造行业的生产过程及产排污情况进行了详细介绍，下面根据它们各自的特点、生产工艺和主要设备以及重点产排污节点所采用的废气、废水、固体废物治理设施，再介绍一下在生产运行过程中应该重点关注的污染治理设施的运行状况，以便选择关键的记录信息。

12.3.1　化学合成类制药工业

化学合成药物生产特点主要有：品种多、更新快、生产工艺复杂；需要的原辅材料繁多，而用量一般较小；产品质量要求严格；基本采用间歇生产方式；其原辅材料和中间体多数是易燃、易爆、有毒性的物品。

化学合成制药生产过程主要以化学原料为起始反应物，通过化学合成生成药物中间体，然后对其药物结构进行改造，得到目的产物，再经脱保护基、提取、精制和干燥等主要工序得到最终产品。主要生产过程包括：合成反应工段、蒸发浓缩工段、提取工段、蒸馏洗涤工段、精制工段、干燥工段等工序，其中：提取、精制、干燥、蒸发浓缩等工段又可统称为分离纯化工段；精制工段又包括脱色、过滤、结晶等。

12.3.1.1　合成反应工段

在药物合成中有 80%～85%的反应需要催化剂，若在合成反应过程使用重金属催化剂（如钯、铂、镍、汞、镉、铅、铬、铜等），则车间或生产设施应配备废水收集处理设施，以保证车间或生产设施排放废水中第一类污染物的达标排放；若在合成反应过程中使用酸碱物质（如盐酸、氨水等）调节 pH，则会有含氯化氢、氨的酸碱废气产生，应有酸碱废气处理措施。常用的处理方法有水吸收法、酸碱吸收法及活性炭吸收法等。

12.3.1.2　蒸发浓缩、蒸馏工段

在蒸馏、蒸发浓缩工段会产生不凝气、精馏、残液等，现场应配备有不凝气

排放或处理装置，配备精馏残液回用或处理装置和循环冷却水系统。涉及减压蒸馏的还需要配备水环式真空泵排放废水的处理装置。对于不凝气常采用直接高空排放或活性炭吸附法处理。

12.3.1.3　提取、洗涤工段

化学合成制药企业的大部分反应都是在溶剂中进行的，常用的溶剂有二氯甲烷、氯仿、乙酸乙酯、甲苯、氢氟酸—三氟化锦、乙醚、丙酮等。提取、洗涤等工段产生的废液应有回收处理装置，并最终得到无害化处理；对于挥发性的有机溶剂、酸雾，应设有收集、处理或回收利用设施；生产运行过程中应使这些设施保持密闭，避免大量有机气体挥发。对有机溶剂废气常见的处理工艺有吸收法、吸附法、燃烧法、冷凝法等。

12.3.1.4　精制工段

精制工段是在溶解装置中加入溶剂，投入粗品，调节 pH，粗品溶解后再投入活性炭，脱色、过滤分离，滤液纯化、结晶。精制工段产生的废液应有回收处理装置。

12.3.1.5　干燥工段

药物在干燥过程中会产生药物粉尘，这些粉尘作为制药企业的产品，一般都要经过多种除尘方式收集，通常采用袋式除尘、旋风除尘、湿式除尘或几种除尘装置的组合等。干燥过程中也会有一些提取时残留的微量有机溶剂，在干燥时挥发出来，应根据情况配备相应的处理装置。

排污单位在生产运行过程中应对这些处理设施的运行情况进行记录，并根据监测数据分析保证设施的运转正常和达标排放。

12.3.1.6 生产区无组织废气的排放控制

排污单位有的生产工段会使用或产生一些挥发性的化学物质，为控制这些物质无组织排放，应对这些工段或车间采取密闭设备，物料采用管道和液泵输送等措施减少无组织排放，或采取无组织变有组织的方式减少无组织废气排放。

12.3.1.7 **废水污染治理设施**

对于毒性较小、易生化降解的化学合成类制药排污单位的生产废水，可以考虑将高浓度废水与低浓度废水混合，采用厌氧生化（或水解酸化）、好氧生化、后续深度处理的工艺处理；或将高浓度废水厌氧处理后再与低浓度废水混合进行后续处理。

对于毒性较大、较难生化降解的化学合成类制药排污单位的生产废水，提倡将其分类处理。高浓度废水经预处理、厌氧生化处理后，其出水与低浓度废水混合，再进行好氧生化—后续深度处理。

排污单位在生产运行过程中，应通过制药生产工艺流程及装置特点、污水收集管网布设情况，记录废水产生量。

对于排放含第一类污染物（包括总汞、烷基汞、总镉、六价铬、总砷、总铅、总镍）的废水，废水处理多采用中和沉淀法、硫化物沉淀法等化学沉淀法。对于含有机物的废水，其中常含有许多原辅材料、产物和副产物等，在无害处理前应尽可能回收利用，常用的方法有蒸馏、萃取、化学处理等。对于生物毒性较大或难以生化处理的废水，在生物处理之前应进行预处理。预处理常采用的方法有混凝、气浮、微电解、高级氧化技术（Fenton 试剂、O_3 氧化等）。

目前在制药工业废水治理工艺中，较多地采用水解酸化作为好氧生化的前处理，高浓度的制药废水采用厌氧消化法进行生化前处理。采用的厌氧反应器形式主要为以下几种类型：升流式厌氧污泥床（UASB）反应器、厌氧复合床（UBF）反应器、厌氧膨胀颗粒污泥床（EGSB）反应器、厌氧折流板反应器（ABR）；好氧生化处理装置形式以水解—好氧生物接触氧化法和不同类型的序批式活性污泥法居多，主要包括生物接触氧化池、SBR、MSBR、CASS、ICEAS、生物滤池、A^2/O、A/O 等。

在废水污染治理设施运行过程中，应关注加药装置是否正常配药，加药量是否足够，记录加药量；气浮区水面悬浮物浓密情况是否正常；对于微电解，必要时可以检测电解池的电压值或者取样检测其氧化还原电位。对于厌氧处理设施应关注厌氧装置的运行状态，观察厌氧装置中是否形成颗粒状污泥或絮状污泥、污泥分布情况是否均匀、沉降性能是否良好、监测厌氧装置的运行温度，如果是中温厌氧处理工艺，一般温度应在 30～40℃，测量厌氧装置运行的 pH 通常应该在6.5～7.8；如需密封的装置查看其密封是否良好，检查有无恶臭性气体挥发，通过嗅觉，检查恶臭气体的挥发情况。对于好氧处理设施，观察好氧池中曝气是否均匀；若有缺氧池，缺氧池中污水应缓慢翻动。观测活性污泥的颜色和浓度是否正常，取样观测污泥沉降比（SV30），SV30 在 30%左右为正常。查看二沉池出水，其透明度应很高，悬浮颗粒少，无气味。记录污泥产生量，通过污泥产生量与污水处理负荷之间的逻辑关系，判断废水污染防治设施运行情况。

对于水处理循环利用系统，应记录各循环水系统的水泵加药方式、排水周期、每次排水时间、新鲜水补给量，从而判断废水排放量和综合利用情况。

12.3.1.8　自动监控设施的运行情况

自动监控设施作为排污单位污处设施的一部分，排污单位应按照自动监控设施运行维护的技术规范要求，定期进行维护、校准、比对监测，以保证自动监测数据的准确、有效，及时记录维护、校准、比对信息，按照第 7 章和第 9 章的格式要求记录，并保证监测数据完整、准确保存和传输。

12.3.2　发酵类制药工业

发酵类制药主要是指利用微生物在有氧或无氧条件下的生命活动生产药物的

过程。发酵类药物主要分为抗生素类、维生素类、氨基酸类等，以抗生素为主。主要的生产过程一般都需要经过菌种筛选、种子制备、微生物发酵、发酵液预处理和固液分离、提取、精制、干燥、包装等步骤。其中，种子制备一般包括两个过程，即在固体培养基上生产大量孢子的制备过程和在液体培养基中生产大量菌丝或营养体的种子制备过程。

12.3.2.1　发酵工段

发酵车间会产生含 CO_2 尾气和发酵异味，以及发酵罐的清洗和消毒废水，排污单位应配备排气、排风设备以及处理清洗、消毒废水的灭菌装置。

12.3.2.2　发酵液固—液分离以及提取工段

抗生素类药物产品回收常用的方法有溶剂萃取法、直接沉淀法和离子交换吸附法。使用溶剂萃取法时会产生有机溶剂蒸馏残液；使用离子交换吸附法时会产生废弃树脂以及固液分离产生的菌丝废渣。在使用溶剂萃取法时，应对有机溶剂气体进行回收或处理。常见的处理工艺有吸收法、吸附法、冷凝法等。

12.3.2.3　精制工段

精制工段主要包括脱色、结晶和纯化等工序。精制工段产生的主要污染物为脱色过程产生的废活性炭，以及分离过程产生的废液。对于废液应有消毒灭菌装置。

12.3.2.4　干燥及包装工段

干燥和包装工段会有少量药尘产生。应配备除尘设施，多采用袋式除尘器和旋风除尘器等设施处理。干燥过程中也会有一些提取时残留的微量有机溶剂，其在干燥时会挥发出来，应根据情况配备相应的处理装置。

无组织废气、废水的污染治理设施和自动监控设施的运行情况见本章 12.3.1

化学合成类制药工业。

12.3.3 提取类制药工业

提取类制药工业排污单位的生产工艺大体可分为六个阶段：原料的选择和预处理、原料的粉碎、提取、精制、干燥及包装制剂。

12.3.3.1 原料的选择和预处理工段

对动物提取时，原料的选择和预处理车间在原料清洗及粉碎过程会有恶臭气体排放，排污单位应安装除臭设施，并监测其是否正常运行。一般采用活性炭吸附法进行处理或采用生物除臭剂等。

12.3.3.2 粉碎工段

对于大块固体物料常需借助机械力粉碎成一定大小的粒径以供制备药剂或临床使用，在制备过程中会有粉尘产生，排污单位应根据情况配备适宜的除尘设施。

12.3.3.3 提取工段

提取也称抽提、萃取，是利用一种溶剂对物质的不同溶解度，从混合物中分离出一种或几种组分，制成粗品的过程。提取常用的溶剂有水、稀盐、稀碱、稀酸溶液，有的用不同比例的有机溶剂，如乙醇、丙酮、氯仿、三氯乙酸、乙酸乙酯、草酸、乙酸等。提取过程和溶剂回收过程中会有有机溶剂挥发，排污单位应配备有机溶剂气体收集或处理装置。常见的有机废气处理工艺有吸收法、吸附法、冷凝法等。

12.3.3.4 精制工段

精制是指从洗涤后的药品中把不需要的杂质除去的过程，主要利用分离纯化工艺将提取出的粗品精制的过程。主要应用的方法有：盐析法、有机溶剂分级沉淀法、等电点沉淀法、膜分离法、层析法、凝胶过滤法、离子交换法、结晶和再结晶作用法等。在生产过程中会产生一些废液或残余液、废树脂、废过滤膜等。

12.3.3.5　干燥及包装制剂工段

干燥过程是利用热能使湿物料中的水分子等湿分汽化，并利用气体或真空将产生的蒸汽除去，以获得干燥固体的过程。最常用的方法有常压干燥、减压干燥、喷雾干燥和冷冻干燥等。干燥过程中会有少量药尘产生，目前多用袋式除尘器和旋风除尘器等设施处理。

无组织废气、废水的污染治理设施和自动监控设施的运行情况见本章 12.3.1化学合成类制药工业。

12.4　固体废物产生和处理情况

化学合成类制药排污单位产生的固体废物主要为：脱色、过滤、分离等过程产生的废活性炭、有机溶剂废气处理过程中产生的废吸附过滤物及载体、精馏残液、废药品、废试剂、废催化剂、废包装材料、废滤芯（废滤膜）、污水处理站污泥、危险废物焚烧后的残渣。根据各工序逐一记录各类固体废物每班、每日或每月的产生情况、所采取的处置方式，厂区内应建有规范的一般固体废物临时堆场和危废暂存设施，这些堆场和暂存设施必须采取防扬散、防流失、防渗漏措施，对一般固体废物应加强综合利用，对列入《国家危险废物名录》中或按照国家危险废物鉴别标准和鉴定方法认定为危险废物的要按照危险废物管理的程序要求委托有资质的单位进行处理，建立产生、处置台账，对焚烧处理设施进行监测监控，保证处理设施稳定正常运行。

对于发酵类制药排污单位产生的废药品、废试剂、废活性炭、废催化剂、废包装材料、废滤芯（废滤膜）、菌丝废渣、废有机溶剂、废树脂等以及提取类制药排污单位产生的废弃物、废药品、废试剂、废催化剂、废有机溶剂、废包装材料、废滤芯（废滤膜）、釜底残液等也应按照化学合成类制药排污单位的要求处置。

12.5 信息报告及信息公开

12.5.1 信息报告要求

为了排污单位更好掌握本单位实际排污状况，也便于更好地对公众说明本单位的排污状况和监测情况，排污单位应编写自行监测年度报告，年度报告至少应包含以下内容：

（1）监测方案的调整变化情况及变更原因。

（2）企业及各主要生产设施（至少涵盖废气主要污染源相关生产设施）全年运行天数，各监测点、各监测指标全年监测次数、超标情况、浓度分布情况。

（3）按要求开展的周边环境质量影响状况监测结果。

（4）自行监测开展的其他情况说明。

（5）排污单位实现达标排放所采取的主要措施。

自行监测年报不限于以上信息，任何有利于说明本单位自行监测情况和排放状况的信息，都可以写入自行监测年报中。另外，对于领取了排污许可证的排污单位，按照排污许可证管理要求，每年应提交年度执行报告，其中自行监测情况属于年度执行报告中的重要组成部分，排污单位可以将自行监测年报作为年度执行报告的一部分一并提交。

12.5.2 应急报告要求

由于排污单位非正常排放会对环境或者污水处理设施产生影响，因此对于监测结果出现超标的，排污单位应加密监测，并检查超标原因。短期内无法实现稳定达标排放的，应向生态环境主管部门提交事故分析报告，说明事故发生的原因，采取减轻或防止污染的措施，以及今后的预防及改进措施等；若因发生事故或者其他突发事件，排放的污水可能危及城镇排水与污水处理设施安全运行的，应当立即采取措施消除危害，并及时向城镇排水主管部门和生态环境主管部门等有关部门报告。

12.5.3　信息公开要求

信息公开应重点考虑两类群体的信息需求。一是排污单位周围居民的信息需求，周边居民是污染排放的直接影响者，最关心污染物排放状况对自身及环境的影响，因此对污染物排放状况及周边环境质量状况有强烈的需求。二是排污单位同类行业或者其他相关者的信息需求，同一行业不同排污单位之间存在一定的竞争关系，当然都希望在污染治理上得到相对公平的待遇，因此会格外关心同行的排放状况，对同行业其他排污单位的排放状况信息有同行监督需求。

为了照顾这两类群体的信息需求，信息公开的方式应该便于这两大类群体获取。排污单位可以通过在厂区外或当地媒体上发布监测信息，使周边居民及时了解排污单位的排放状况，这类信息公开相对灵活，以便于周边居民获取信息。而为了实现同行监督和一些公益组织的监督，也为了便于政府监督，有组织的信息公开方式更有效率。目前，各级生态环境主管部门都在建设不同类型的信息公开平台，排污单位也应该根据相关要求在信息平台上发布信息，以便于各类群体间的相关监督。

具体来说，排污单位自行监测信息公开内容及方式按照《企业事业单位环境信息公开办法》（环境保护部令　第 31 号）及《国家重点监控企业自行监测及信息公开办法（试行）》（环发（2013）81 号）执行。非重点排污单位的信息公开要求由地方生态环境主管部门确定。

第 13 章　监测数据信息系统报送

为了方便排污单位信息报送和管理部门收集相关信息，受生态环境部生态环境监测司委托，中国环境监测总站组织开发了"全国污染源监测信息管理与共享平台"，排污单位应通过该系统报送监测数据和相关信息。同时，发放了排污许可证的排污单位应通过"全国排污许可证管理信息平台"报送相关信息，为了便于填报，现已实现了"全国污染源监测信息管理与共享平台"和"全国排污许可证管理信息平台"的互联互通，排污单位可以通过两者其中之一登录系统填报监测数据。对于有地方监测数据管理平台的，可以通过数据交换的方式，实现数据的报送。

13.1　总体架构设计

根据《关于印发 2015 年中央本级环境监测能力建设项目建设方案的通知》(环办函〔2015〕1596 号)，中国环境监测总站负责建设"全国重点污染源监测数据管理与信息共享系统"，面向社会公众、企业用户、委托机构用户、环保用户、系统管理用户 5 类用户，针对不同用户的不同业务需求，系统提供数据采集、二噁英监测数据中心、监测体系建设运行考核、数据查询处理与分析、决策支持、信息发布、信息发布移动终端版、自行监测知识库、排放标准管理、个人工作台、系统管理等功能。

另外，面向其他污染源监测信息采集节点（包括部级建设的在线监控系统、各省市级在线监控系统、各省级监测信息公开平台）、二噁英视频监控节点使用数据交换平台进行数据交换。

系统整体架构见图 13-1。

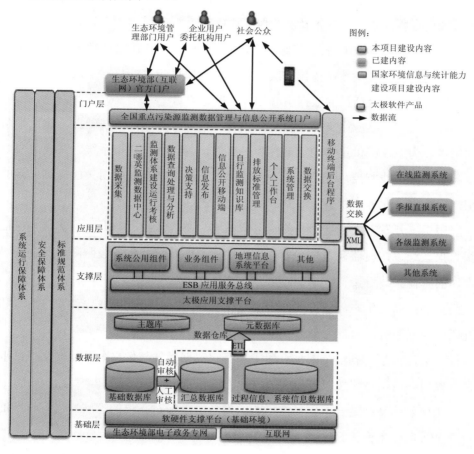

图 13-1　系统总体架构

系统总体架构采用 SOA 面向服务的五层三体系的标准成熟电子政务框架设计，该架构以总线为基础，依托公共组件、通用业务组件和开发工具实现应用系统快速开发和系统集成。并通过门户为所有用户提供个性化服务，包括但不限于门户网站、单点登录、个性化定制服务等。系统由基础层、数据层、支撑层、应用层、门户层五层及贯穿项目始终保障项目顺利实施和稳定、安全运行的系统运行保障体系、安全保障体系及标准规范体系构成。

基础层：本次建设将在利用监测总站现有的软硬件及网络环境基础上配置相应的系统运行所需软硬件设备及安全保障设备。

数据层：建设本次项目的基础数据库、元数据库，并在此基础上建设主题数据库、空间数据库提供数据挖掘和决策支持。本项目建设的数据库依据原环保部相关标准及能力建设项目的数据中心相关标准建设。

支撑层：在太极应用支撑平台企业总线及相关公共组件的基础上，建设本系统的组件，为系统提供足够的灵活性和扩展性，为与季报直报系统、在线监控系统、各省市级在线监控系统及各省级监测信息公开平台进行应用集成提供灵活的框架，也为将来业务变化引起的系统变化提供快速调整的支撑。

应用层：开发本次系统的业务应用子系统，通过 ESB、数据交换实现与包括季报直报系统、在线监控系统、各省市级在线监控系统及各省级监测信息公开平台在内的其他系统对接。

门户层：面向生态环境管理部门用户、企业用户及公众用户提供互联网及移动互联网访问服务。

标准规范体系：制定全国重点污染源监测数据管理与信息公开数据交换标准规范。确保各应用系统按照统一的数据标准进行数据交换。

安全保障体系：结合本项目需采购的设备清单和对需求的理解，进行详细的信息安全等保体系设计。

系统运行保障体系：结合对本项目需求的理解，进行详细的系统运行保障体系设计。

13.2　应用层设计

全国重点污染源监测数据管理与信息共享平台提供的业务应用包括：数据采集、二噁英监测数据中心、监测体系建设运行考核、数据查询处理与分析、决策支持、信息发布、信息发布移动终端版、自行监测知识库、排放标准管理、个人工作台、系统管理及数据交换系统 12 个子系统。系统功能架构见图 13-2。

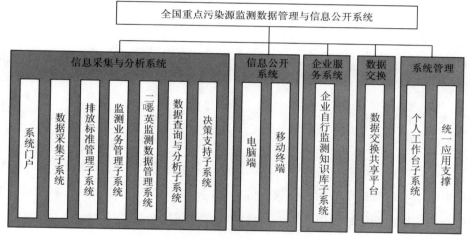

图 13-2　系统功能架构图

（1）数据采集：包括对企业自行监测数据和管理部门进行的监督性监测数据的采集；需要面向全国重点监控企业采集监测数据，对不同年份的企业建立不同的企业基础信息库，提供信息填报、审核、查询、发布功能，并形成关联以持续监督。

同时满足各级生态环境主管部门录入监督性监测数据、质控抽测数据、监督检查信息与结果、采集全国自动监控数据、自动监测数据有效性审核情况、监测站标准化建设情况、环境执法与监管情况等。企业的基础信息录入完成后需由属地生态环境主管部门确认。由于不同来源数据的采集频次和采集方式不同，系统提供不同的数据接入方式。

（2）二噁英监测数据中心：实现中国环境监测总站（以下简称总站）对东北、华东、华中、华南、西北、西南地区的二噁英数据监控。总站可以统一对各分站下达任务计划、通知等，并可实时获取各分站的监测数据。各分站接收到总站任务后进行接收确认，待监测完成后将数据结果统一上报到总站，由总站进行汇总、分析等。

（3）监测体系建设运行考核：根据管理要求，汇总减排监测体系建设运行总体情况，生成考核表格。实现按时间、空间、行业、污染源类型等统计，应开展监测的企业数量、不具备监测条件的企业数量及原因、实际开展监测的企业数量以及监测点位数量、监测指标数量、各监测指标的开展数量（企业自行监测分手工和自动）。

（4）数据查询处理与分析：查询条件可以保存为查询方案，查询时可调用查询方案进行查询。

（5）决策支持：该发布系统除采用基本的数据分析方法外，需要支持 OLAP 等分析技术，对数据中心数据的快速分析访问，向用户显示重要的数据分类、数据集合、数据更新的通知以及用户自己的数据订阅等信息。

提供环保搜索功能，用户可按权限快速查询各类环境信息，也可以直接从系统进行汇总、平均或读取数据，实现多维数据结构的灵活表现。

（6）信息发布：全国污染源监测数据信息公开系统包括电脑端信息发布和移动端信息发布，信息发布系统应满足为社会公众用户提供全国重点污染源自行监测和监督性监测信息公开的查询和浏览功能，推动公众参与监督重点监控企业污染物排放，督促企业按照规范自行监测及信息公开，督促企业自觉履行法定义务和社会责任。

（7）信息发布移动终端版：将环境质量与污染排放相结合，利用移动端便捷、直观的优势，快速、灵活、全面地提供数据中心关键资源的信息，包括 KPI 指标监控、数据查询以及结合电子地图的地图查询。帮助用户随时随地了解环境质量及污染排放的关键数据和信息，提高污染源监管信息公开力度。

（8）自行监测知识库：企业自行监测知识库系统对企业单位提供自行监测相关的法律法规、政策文件、排放标准、监测规范、方法、自行监测方案范例、相关处罚案例等查询服务，帮助和指导企业做好自行监测工作。

（9）排放标准管理：提供排放标准的维护管理和达标评价功能。管理用户可以对标准进行增删改查操作，以保持标准为最新版本。提供接口，数据录入编辑时、数据进行发布时均可调用该接口判定该数据是否超标，超标的给予提示并按超标比例不同给出不同的颜色提醒。

（10）个人工作台：包括信息提醒（邮件和短信）、通知管理、数据报送情况查询、数据校验规则设置与管理等。为不同用户提供针对性强、特定的用户体验，方便用户使用。

（11）系统管理：系统管理实现系统维护相关功能，系统维护人员和数据管理人员基于这些功能对数据采集和服务进行管理，综合信息管理主要包括系统管理、个人工作管理、数据管理等方面的功能。

（12）数据交换系统：建立数据交换共享平台，实现系统中各子系统间的内部数据交换，尤其是实现与外部系统的交换。

内部交换包括采集子系统与查询分析子系统，各子系统与信息发布子系统之间的数据交换。

外部交换主要是与其他信息系统的数据对接，将依据能力建设项目的相关标准制定监测数据标准、交换的工作流程标准、安全标准及交换运行保障标准等标准，制定统一的数据接口供各地现行污染源监测及信息公开平台共享数据，并且为污染源监测数据管理系统及企业污染源自动监测数据采集等相关系统提供传输数据接口。各相关系统按数据标准生成数据 XML 文件通过接口传递到本系统解析入库，以实现与本系统的互联互通，减少企业重复录入，提高数据质量。

13.3 排污单位自行监测数据报送

13.3.1 排污单位自行监测数据报送方式

排污单位自行监测数据采集方式有两种，一种是可直接登录使用本系统录入自行监测方案及数据，另一种是使用各省自建平台录入自行监测方案及数据，再向本系统传送。本系统与排污许可管理信息系统互通，可从排污许可管理信息系统获取已发证企业的基本信息，再将本系统采集的自行监测数据推送给排污许可管理信息系统进行公开。

直接使用本系统采集和报送数据的企业，可先从排污许可管理信息系统共享已发证企业基本信息，使用本系统录入完善企业自行监测方案、监测数据等信息，再将监测数据共享到排污许可管理信息系统进行发布。企业自行监测数据报送流程见图 13-3。

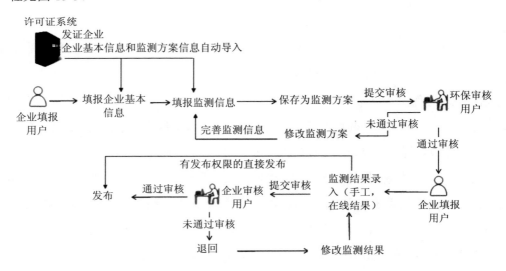

图 13-3　排污单位自行监测数据报送流程

如果各省（自治区、直辖市）使用本地平台采集和发布信息，地方平台将发放许可证的企业信息和方案信息导入地方平台，再由企业在地方平台进行数据录入，然后由地方平台将数据导入国家平台。使用地方平台采集企业自行监测信息的报送流程见图 13-4。

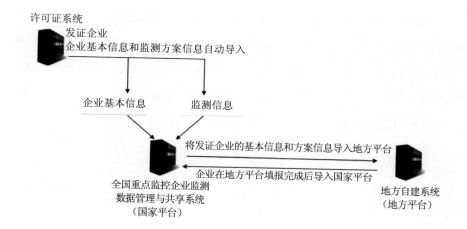

图 13-4　使用地方平台采集自行监测数据的报送流程

13.3.2　方案与数据填报流程

自行监测方案的填报流程。企业用户登录系统，录入企业基本信息、监测信息，保存成方案后提交所属生态环境主管部门审核（审核功能并非强制性，是否需要审核由生态环境主管部门根据本地区管理需求进行设置）。发放了许可证的企业，这两部分信息会自动从许可证系统导入本系统中，企业仅需要完善即可。

自行监测数据填报流程。方案审核通过的企业按监测方案进行监测数据的填报，企业内部可以数据审核，审核通过的进行发布，不通过的退回填报用户修改。具有审核权限的填报用户也可以直接发布。

13.3.3　报送内容

（1）企业基本信息：包括企业名称、社会信用代码、组织机构代码（与社会信用代码二选一）、企业类别、企业规模、注册类型、行业类别、企业注册地址、企业生产地址、企业地理位置。

（2）监测方案信息：包括各排放设备、排放口、监测点位、监测项目、执行的排放标准及限值、监测方法、监测频次、委托服务机构等信息。

（3）监测数据：分为手工监测数据、自动监测数据两类。需填报各监测点开展监测的各项污染物的排放浓度、相关参数信息、未监测原因等信息。其中，自动监测数据可以从各省统一接入，也可由企业自行录入。

附　录

附录 1

排污单位自行监测技术指南　总则

（HJ 819—2017）

前言

为落实《中华人民共和国环境保护法》《中华人民共和国大气污染防治法》《中华人民共和国水污染防治法》，指导和规范排污单位自行监测工作，制定本标准。

本标准提出了排污单位自行监测的一般要求、监测方案制定、监测质量保证和质量控制、信息记录和报告的基本内容和要求。

本标准为首次发布。

本标准由环境保护部环境监测司、科技标准司提出并组织制订。

本标准主要起草单位：中国环境监测总站。

本标准环境保护部 2017 年 4 月 25 日批准。

本标准自 2017 年 6 月 1 日起实施。

本标准由环境保护部解释。

1　适用范围

本标准提出了排污单位自行监测的一般要求、监测方案制定、监测质量保证和质量控制、信息记录和报告的基本内容和要求。

排污单位可参照本标准在生产运行阶段对其排放的水、气污染物，噪声以及对其周边环境质量影响开展监测。

本标准适用于无行业自行监测技术指南的排污单位；行业自行监测技术指南中未规定的内容按本标准执行。

2　规范性引用文件

本标准引用了下列文件或其中的条款。凡是未注明日期的引用文件，其最新版本适用于本标准。

GB 12348　工业企业厂界环境噪声排放标准

GB/T 16157　固定污染源排气中颗粒物测定与气态污染物采样方法

HJ 2.1　环境影响评价技术导则　总纲

HJ 2.2　环境影响评价技术导则　大气环境

HJ/T 2.3　环境影响评价技术导则　地面水环境

HJ 2.4　环境影响评价技术导则　声环境

HJ/T 55　大气污染物无组织排放监测技术导则

HJ/T 75　固定污染源烟气排放连续监测技术规范（试行）

HJ/T 76　固定污染源烟气排放连续监测系统技术要求及检测方法（试行）

HJ/T 91　地表水和污水监测技术规范

HJ/T 92　水污染物排放总量监测技术规范

HJ/T 164　地下水环境监测技术规范

HJ/T 166　土壤环境监测技术规范

HJ/T 194　环境空气质量手工监测技术规范

HJ/T 353　水污染源在线监测系统安装技术规范（试行）

HJ/T 354　水污染源在线监测系统验收技术规范（试行）

HJ/T 355　水污染源在线监测系统运行与考核技术规范（试行）

HJ/T 356　水污染源在线监测系统数据有效性判别技术规范（试行）

HJ/T 397　固定源废气监测技术规范

HJ 442　近岸海域环境监测规范

HJ 493　水质　样品的保存和管理技术规定

HJ 494　水质　采样技术指导

HJ 495　水质　采样方案设计技术规定

HJ 610　环境影响评价技术导则　地下水环境

HJ 733　泄漏和敞开液面排放的挥发性有机物检测技术导则

《企业事业单位环境信息公开办法》（环境保护部令　第 31 号）

《国家重点监控企业自行监测及信息公开办法（试行）》（环发〔2013〕81 号）

3　术语和定义

下列术语和定义适用于本标准。

3.1　自行监测　self-monitoring

指排污单位为掌握本单位的污染物排放状况及其对周边环境质量的影响等情况，按照相关法律法规和技术规范，组织开展的环境监测活动。

3.2　重点排污单位　key pollutant discharging entity

指由设区的市级及以上地方人民政府环境保护主管部门商有关部门确定的本行政区域内的重点排污单位。

3.3　外排口监测点位　emission site

指用于监测排污单位通过排放口向环境排放废气、废水（包括向公共污水处理系统排放废水）污染物状况的监测点位。

3.4 内部监测点位 internal monitoring site

指用于监测污染治理设施进口、污水处理厂进水等污染物状况的监测点位，或监测工艺过程中影响特定污染物产生排放的特征工艺参数的监测点位。

4 自行监测的一般要求

4.1 制定监测方案

排污单位应查清所有污染源，确定主要污染源及主要监测指标，制定监测方案。监测方案内容包括：单位基本情况、监测点位及示意图、监测指标、执行标准及其限值、监测频次、采样和样品保存方法、监测分析方法和仪器、质量保证与质量控制等。

新建排污单位应当在投入生产或使用并产生实际排污行为之前完成自行监测方案的编制及相关准备工作。

4.2 设置和维护监测设施

排污单位应按照规定设置满足开展监测所需要的监测设施。废水排放口，废气（采样）监测平台、监测断面和监测孔的设置应符合监测规范要求。监测平台应便于开展监测活动，应能保证监测人员的安全。

废水排放量大于 100 t/d 的，应安装自动测流设施并开展流量自动监测。

4.3 开展自行监测

排污单位应按照最新的监测方案开展监测活动，可根据自身条件和能力，利用自有人员、场所和设备自行监测；也可委托其他有资质的检（监）测机构代其开展自行监测。

持有排污许可证的企业自行监测年度报告内容可以在排污许可证年度执行报告中体现。

4.4 做好监测质量保证与质量控制

排污单位应建立自行监测质量管理制度，按照相关技术规范要求做好监测质量保证与质量控制。

4.5 记录和保存监测数据

排污单位应做好与监测相关的数据记录，按照规定进行保存，并依据相关法规向社会公开监测结果。

5 监测方案制定

5.1 监测内容

5.1.1 污染物排放监测

包括废气污染物（以有组织或无组织形式排入环境）、废水污染物（直接排入环境或排入公共污水处理系统）及噪声污染等。

5.1.2 周边环境质量影响监测

污染物排放标准、环境影响评价文件及其批复或其他环境管理有明确要求的，排污单位应按照要求对其周边相应的空气、地表水、地下水、土壤等环境质量开展监测；其他排污单位根据实际情况确定是否开展周边环境质量影响监测。

5.1.3 关键工艺参数监测

在某些情况下，可以通过对与污染物产生和排放密切相关的关键工艺参数进行测试以补充污染物排放监测。

5.1.4 污染治理设施处理效果监测

若污染物排放标准等环境管理文件对污染治理设施有特别要求的，或排污单位认为有必要的，应对污染治理设施处理效果进行监测。

5.2　废气排放监测

5.2.1　有组织排放监测

5.2.1.1　确定主要污染源和主要排放口

符合以下条件的废气污染源为主要污染源：

a）单台出力 14 MW 或 20 t/h 及以上的各种燃料的锅炉和燃气轮机组；

b）重点行业的工业炉窑（水泥窑、炼焦炉、熔炼炉、焚烧炉、熔化炉、铁矿烧结炉、加热炉、热处理炉、石灰窑等）；

c）化工类生产工序的反应设备（化学反应器/塔、蒸馏/蒸发/萃取设备等）；

d）其他与上述所列相当的污染源。

符合以下条件的废气排放口为主要排放口：

a）主要污染源的废气排放口；

b）"排污许可证申请与核发技术规范"确定的主要排放口；

c）对于多个污染源共用一个排放口的，凡涉及主要污染源的排放口均为主要排放口。

5.2.1.2　监测点位

a）外排口监测点位：点位设置应满足 GB/T 16157、HJ 75 等技术规范的要求。净烟气与原烟气混合排放的，应在排气筒，或烟气汇合后的混合烟道上设置监测点位；净烟气直接排放的，应在净烟气烟道上设置监测点位，有旁路的旁路烟道也应设置监测点位。

b）内部监测点位设置：当污染物排放标准中有污染物处理效果要求时，应在进入相应污染物处理设施单元的进出口设置监测点位。当环境管理文件有要求，或排污单位认为有必要的，可设置开展相应监测内容的内部监测点位。

5.2.1.3　监测指标

各外排口监测点位的监测指标应至少包括所执行的国家或地方污染物排放（控制）标准、环境影响评价文件及其批复、排污许可证等相关管理规定明确要求的污染物指标。排污单位还应根据生产过程的原辅用料、生产工艺、中间及最终产品，确定是否排放纳入相关有毒有害或优先控制污染物名录中的污染物指标，或其他有毒污染物指标，这些指标也应纳入监测指标。

对于主要排放口监测点位的监测指标，符合以下条件的为主要监测指标：

a）二氧化硫、氮氧化物、颗粒物（或烟尘/粉尘）、挥发性有机物中排放量较大的污染物指标；

b）能在环境或动植物体内积蓄对人类产生长远不良影响的有毒污染物指标（存在有毒有害或优先控制污染物相关名录的，以名录中的污染物指标为准）；

c）排污单位所在区域环境质量超标的污染物指标。

内部监测点位的监测指标根据点位设置的主要目的确定。

5.2.1.4 监测频次

a）确定监测频次的基本原则

排污单位应在满足本标准要求的基础上，遵循以下原则确定各监测点位不同监测指标的监测频次：

1）不应低于国家或地方发布的标准、规范性文件、规划、环境影响评价文件及其批复等明确规定的监测频次；

2）主要排放口的监测频次高于非主要排放口；

3）主要监测指标的监测频次高于其他监测指标；

4）排向敏感地区的应适当增加监测频次；

5）排放状况波动大的，应适当增加监测频次；

6）历史稳定达标状况较差的需增加监测频次，达标状况良好的可以适当降低监测频次；

7）监测成本应与排污企业自身能力相一致，尽量避免重复监测。

b）原则上，外排口监测点位最低监测频次按照表1执行。废气烟气参数和污染物浓度应同步监测。

表 1   废气监测指标的最低监测频次

排污单位级别	主要排放口		其他排放口的监测指标
	主要监测指标	其他监测指标	
重点排污单位	月—季度	半年—年	半年—年
非重点排污单位	半年—年	年	年

注：为最低监测频次的范围，分行业排污单位自行监测技术指南中依据此原则确定各监测指标的最低监测频次。

c）内部监测点位的监测频次根据该监测点位设置目的、结果评价的需要、补充监测结果的需要等进行确定。

5.2.1.5　监测技术

监测技术包括手工监测、自动监测两种，排污单位可根据监测成本、监测指标以及监测频次等内容，合理选择适当的监测技术。

对于相关管理规定要求采用自动监测的指标，应采用自动监测技术；对于监测频次高、自动监测技术成熟的监测指标，应优先选用自动监测技术；其他监测指标，可选用手工监测技术。

5.2.1.6　采样方法

废气手工采样方法的选择参照相关污染物排放标准及 GB/T 16157、HJ/T 397 等执行。废气自动监测参照 HJ/T 75、HJ/T 76 执行。

5.2.1.7　监测分析方法

监测分析方法的选用应充分考虑相关排放标准的规定、排污单位的排放特点、污染物排放浓度的高低、所采用监测分析方法的检出限和干扰等因素。

监测分析方法应优先选用所执行的排放标准中规定的方法。选用其他国家、行业标准方法的，方法的主要特性参数（包括检出下限、精密度、准确度、干扰消除等）需符合标准要求。尚无国家和行业标准分析方法的，或采用国家和行业标准方法不能得到合格测定数据的，可选用其他方法，但必须做方法验证和对比实验，证明该方法主要特性参数的可靠性。

5.2.2 无组织排放监测

5.2.2.1 监测点位

存在废气无组织排放源的，应设置无组织排放监测点位，具体要求按相关污染物排放标准及 HJ/T 55、HJ 733 等执行。

5.2.2.2 监测指标

按本标准 5.2.1.3 执行。

5.2.2.3 监测频次

钢铁、水泥、焦化、石油加工、有色金属冶炼、采矿业等无组织废气排放较重的污染源，无组织废气每季度至少开展一次监测；其他涉及无组织废气排放的污染源每年至少开展一次监测。

5.2.2.4 监测技术

按本标准 5.2.1.5 执行。

5.2.2.5 采样方法

参照相关污染物排放标准及 HJ/T 55、HJ 733 执行。

5.2.2.6 监测分析方法

按本标准 5.2.1.7 执行。

5.3 废水排放监测

5.3.1 监测点位

5.3.1.1 外排口监测点位

在污染物排放标准规定的监控位置设置监测点位。

5.3.1.2 内部监测点位

按本标准 5.2.1.2 b）执行。

5.3.2 监测指标

符合以下条件的为各废水外排口监测点位的主要监测指标：

a）化学需氧量、五日生化需氧量、氨氮、总磷、总氮、悬浮物、石油类中排放量较大的污染物指标；

b）污染物排放标准中规定的监控位置为车间或生产设施废水排放口的污染物指标，以及有毒有害或优先控制污染物相关名录中的污染物指标；

c）排污单位所在流域环境质量超标的污染物指标。

其他要求按本标准 5.2.1.3 执行。

5.3.3 监测频次

5.3.3.1 监测频次确定的基本原则

按本标准 5.2.1.4　a）执行。

5.3.3.2 原则上，外排口监测点位最低监测频次按照表 2 执行。各排放口废水流量和污染物浓度同步监测。

表 2　废水监测指标的最低监测频次

排污单位级别	主要监测指标	其他监测指标
重点排污单位	日—月	季度—半年
非重点排污单位	季度	年

注：为最低监测频次的范围，在行业排污单位自行监测技术指南中依据此原则确定各监测指标的最低监测频次。

5.3.3.3 内部监测点位监测频次

按本标准 5.2.1.4　c）执行。

5.3.4 监测技术

按本标准 5.2.1.5 执行。

5.3.5 采样方法

废水手工采样方法的选择参照相关污染物排放标准及 HJ/T 91、HJ/T 92、HJ 493、HJ 494、HJ 495 等执行，根据监测指标的特点确定采样方法为混合采样方法或瞬时采样的方法，单次监测采样频次按相关污染物排放标准和 HJ/T 91 执行。污水自动监测采样方法参照 HJ/T 353、HJ/T 354、HJ/T 355、HJ/T 356 执行。

5.3.6 监测分析方法

按本标准 5.2.1.7 执行。

5.4 厂界环境噪声监测

5.4.1 监测点位

5.4.1.1 厂界环境噪声的监测点位置具体要求按 GB 12348 执行。

5.4.1.2 噪声布点应遵循以下原则：

　　a）根据厂内主要噪声源距厂界位置布点；

　　b）根据厂界周围敏感目标布点；

　　c）"厂中厂"是否需要监测根据内部和外围排污单位协商确定；

　　d）面临海洋、大江、大河的厂界原则上不布点；

　　e）厂界紧邻交通干线不布点；

　　f）厂界紧邻另一排污单位的，在临近另一排污单位侧是否布点由排污单位协商确定。

5.4.2 监测频次

厂界环境噪声每季度至少开展一次监测，夜间生产的要监测夜间噪声。

5.5 周边环境质量影响监测

5.5.1 监测点位

排污单位厂界周边的土壤、地表水、地下水、大气等环境质量影响监测点位参照排污单位环境影响评价文件及其批复及其他环境管理要求设置。

如环境影响评价文件及其批复及其他文件中均未作出要求，排污单位需要开展周边环境质量影响监测的，环境质量影响监测点位设置的原则和方法参照 HJ 2.1、HJ 2.2、HJ/T 2.3、HJ 2.4、HJ 610 等规定。各类环境影响监测点位设置按照 HJ/T 91、HJ/T 164、HJ 442、HJ/T 194、HJ/T 166 等执行。

5.5.2 监测指标

周边环境质量影响监测点位监测指标参照排污单位环境影响评价文件及其批复等管理文件的要求执行，或根据排放的污染物对环境的影响确定。

5.5.3 监测频次

若环境影响评价文件及其批复等管理文件有明确要求的，排污单位周边环境质量监测频次按照要求执行。

否则，涉水重点排污单位地表水每年丰、平、枯水期至少各监测一次，涉气重点排污单位空气质量每半年至少监测一次，涉重金属、难降解类有机污染物等重点排污单位土壤、地下水每年至少监测一次。发生突发环境事故对周边环境质量造成明显影响的，或周边环境质量相关污染物超标的，应适当增加监测频次。

5.5.4 监测技术

按本标准 5.2.1.5 执行。

5.5.5 采样方法

周边水环境质量监测点采样方法参照 HJ/T 91、HJ/T 164、HJ 442 等执行。

周边大气环境质量监测点采样方法参照 HJ/T 194 等执行。

周边土壤环境质量监测点采样方法参照 HJ/T 166 等执行。

5.5.6 监测分析方法

按本标准 5.2.1.7 执行。

5.6 监测方案的描述

5.6.1 监测点位的描述

所有监测点位均应在监测方案中通过语言描述、图形示意等形式明确体现。描述内容包括监测点位的平面位置及污染物的排放去向等。废水监测点需明确其所在废水排放口、对应的废水处理工艺，废气排放监测点位需明确其在排放烟道的位置分布、对应的污染源及处理设施。

5.6.2 监测指标的描述

所有监测指标采用表格、语言描述等形式明确体现。监测指标应与监测点位相对应，监测指标内容包括每个监测点位应监测的指标名称、排放限值、排放限值的来源（如标准名称、编号）等。

国家或地方污染物排放（控制）标准、环境影响评价文件及其批复、排污许可证中的污染物，如排污单位确认未排放，监测方案中应明确注明。

5.6.3 监测频次的描述

监测频次应与监测点位、监测指标相对应，每个监测点位的每项监测指标的监测频次都应详细注明。

5.6.4 采样方法的描述

对每项监测指标都应注明其选用的采样方法。废水采集混合样品的，应注明混合样采样个数。废气非连续采样的，应注明每次采集的样品个数。废气颗粒物采样，应注明每个监测点位设置的采样孔和采样点个数。

5.6.5 监测分析方法的描述

对每项监测指标都应注明其选用的监测分析方法名称、来源依据、检出限等内容。

5.7 监测方案的变更

当有以下情况发生时，应变更监测方案：

a）执行的排放标准发生变化；

b）排放口位置、监测点位、监测指标、监测频次、监测技术任一项内容发生变化；

c）污染源、生产工艺或处理设施发生变化。

6 监测质量保证与质量控制

排污单位应建立并实施质量保证与控制措施方案，以自证自行监测数据的质量。

6.1 建立质量体系

排污单位应根据本单位自行监测的工作需求，设置监测机构，梳理监测方案制定、样品采集、样品分析、监测结果报出、样品留存、相关记录的保存等监测的各个环节中，为保证监测工作质量应制定的工作流程、管理措施与监督措施，建立自行监测质量体系。

质量体系应包括对以下内容的具体描述：监测机构，人员，出具监测数据所需仪器设备，监测辅助设施和实验室环境，监测方法技术能力验证，监测活动质量控制与质量保证等。

委托其他有资质的检（监）测机构代其开展自行监测的，排污单位不用建立监测质量体系，但应对检（监）测机构的资质进行确认。

6.2 监测机构

监测机构应具有与监测任务相适应的技术人员、仪器设备和实验室环境，明确监测人员和管理人员的职责、权限和相互关系，有适当的措施和程序保证监测结果准确可靠。

6.3 监测人员

应配备数量充足、技术水平满足工作要求的技术人员，规范监测人员录用、培训教育和能力确认/考核等活动，建立人员档案，并对监测人员实施监督和管理，规避人员因素对监测数据正确性和可靠性的影响。

6.4 监测设施和环境

根据仪器使用说明书、监测方法和规范等的要求，配备必要的如除湿机、空调、干湿度温度计等辅助设施，以使监测工作场所条件得到有效控制。

6.5 监测仪器设备和实验试剂

应配备数量充足、技术指标符合相关监测方法要求的各类监测仪器设备、标准物质和实验试剂。

监测仪器性能应符合相应方法标准或技术规范要求，根据仪器性能实施自校准或者检定/校准、运行和维护、定期检查。

标准物质、试剂、耗材的购买和使用情况应建立台账予以记录。

6.6 监测方法技术能力验证

应组织监测人员按照其所承担监测指标的方法步骤开展实验活动，测试方法的检出浓度、校准（工作）曲线的相关性、精密度和准确度等指标，实验结果满足方法相应的规定以后，方可确认该人员实际操作技能满足工作需求，能够承担测试工作。

6.7 监测质量控制

编制监测工作质量控制计划，选择与监测活动类型和工作量相适应的质控方法，包括使用标准物质、采用空白试验、平行样测定、加标回收率测定等，定期进行质控数据分析。

6.8 监测质量保证

按照监测方法和技术规范的要求开展监测活动，若存在相关标准规定不明确但又影响监测数据质量的活动，可编写《作业指导书》予以明确。

编制工作流程等相关技术规定，规定任务下达和实施，分析用仪器设备购买、验收、维护和维修，监测结果的审核签发、监测结果录入发布等工作的责任人和完成时限，确保监测各环节无缝衔接。

设计记录表格，对监测过程的关键信息予以记录并存档。

定期对自行监测工作开展的时效性、自行监测数据的代表性和准确性、管理部门检查结论和公众对自行监测数据的反馈等情况进行评估，识别自行监测存在的问题，及时采取纠正措施。管理部门执法监测与排污单位自行监测数据不一致的，以管理部门执法监测结果为准，作为判断污染物排放是否达标、自动监测设施是否正常运行的依据。

7 信息记录和报告

7.1 信息记录

7.1.1 手工监测的记录

7.1.1.1 采样记录：采样日期、采样时间、采样点位、混合取样的样品数量、采样器名称、采样人姓名等。

7.1.1.2 样品保存和交接：样品保存方式、样品传输交接记录。

7.1.1.3 样品分析记录：分析日期、样品处理方式、分析方法、质控措施、分析结果、分析人姓名等。

7.1.1.4 质控记录：质控结果报告单。

7.1.2 自动监测运维记录

包括自动监测系统运行状况、系统辅助设备运行状况、系统校准、校验工作等；仪器说明书及相关标准规范中规定的其他检查项目；校准、维护保养、维修记录等。

7.1.3 生产和污染治理设施运行状况

记录监测期间企业及各主要生产设施（至少涵盖废气主要污染源相关生产设施）运行状况（包括停机、启动情况）、产品产量、主要原辅料使用量、取水量、主要燃料消耗量、燃料主要成分、污染治理设施主要运行状态参数、污染治理主要药剂消耗情况等。日常生产中上述信息也需整理成台账保存备查。

7.1.4 固体废物（危险废物）产生与处理状况

记录监测期间各类固体废物和危险废物的产生量、综合利用量、处置量、贮存量、倾倒丢弃量，危险废物还应详细记录其具体去向。

7.2 信息报告

排污单位应编写自行监测年度报告，年度报告至少应包含以下内容：

a）监测方案的调整变化情况及变更原因;

b）企业及各主要生产设施（至少涵盖废气主要污染源相关生产设施）全年运行天数，各监测点、各监测指标全年监测次数、超标情况、浓度分布情况;

c）按要求开展的周边环境质量影响状况监测结果;

d）自行监测开展的其他情况说明;

e）排污单位实现达标排放所采取的主要措施。

7.3 应急报告

监测结果出现超标的，排污单位应加密监测，并检查超标原因。短期内无法实现稳定达标排放的，应向环境保护主管部门提交事故分析报告，说明事故发生的原因，采取减轻或防止污染的措施，以及今后的预防及改进措施等;若因发生事故或者其他突发事件，排放的污水可能危及城镇排水与污水处理设施安全运行的，应当立即采取措施消除危害，并及时向城镇排水主管部门和环境保护主管部门等有关部门报告。

7.4 信息公开

排污单位自行监测信息公开内容及方式按照《企业事业单位环境信息公开办法》及《国家重点监控企业自行监测及信息公开办法（试行）》执行。非重点排污单位的信息公开要求由地方环境保护主管部门确定。

8 监测管理

排污单位对其自行监测结果及信息公开内容的真实性、准确性、完整性负责。排污单位应积极配合并接受环境保护行政主管部门的日常监督管理。

附录 2

排污单位自行监测技术指南 提取类制药工业

（HJ 881—2017）

前言

为落实《中华人民共和国环境保护法》《中华人民共和国水污染防治法》《中华人民共和国大气污染防治法》,指导和规范提取类制药工业排污单位自行监测工作,制定本标准。

本标准提出了提取类制药工业排污单位自行监测的一般要求、监测方案制定、信息记录和报告的基本内容和要求。

本标准为首次发布。

本标准由环境保护部环境监测司、科技标准司提出并组织制订。

本标准主要起草单位：中国环境监测总站、南京市环境监测中心站。

本标准环境保护部 2017 年 12 月 21 日批准。

本标准自 2018 年 1 月 1 日起实施。

本标准由环境保护部解释。

1 适用范围

本标准提出了提取类制药工业排污单位自行监测的一般要求、监测方案制定、信息记录和报告的基本内容和要求。

本标准适用于提取类制药工业排污单位在生产运行阶段对其排放的水、气污染物,噪声以及对其周边环境质量影响开展监测。

本标准也适用于与提取类药物结构相似的兽药生产排污单位。

自备火力发电机组（厂）、配套动力锅炉的自行监测要求按照 HJ 820 执行。

2 规范性引用文件

本标准引用了下列文件或其中的条款。凡是未注明日期的引用文件，其最新版本适用于本标准。

GB 14554　恶臭污染物排放标准

GB 16297　大气污染物综合排放标准

GB 21905　提取类制药工业水污染物排放标准

HJ/T 2.3　环境影响评价技术导则　地面水环境

HJ/T 91　地表水和污水监测技术规范

HJ/T 166　土壤环境监测技术规范

HJ 442　近岸海域环境监测规范

HJ 819　排污单位自行监测技术指南　总则

HJ 820　排污单位自行监测技术指南　火力发电及锅炉

《国家危险废物名录》（环境保护部、国家发展改革委、公安部令　第 39 号）

3 术语和定义

GB 21905 界定的以及下列术语和定义适用于本标准。

3.1 提取　extract

指通过溶剂（如乙醇）处理、蒸馏、脱水、经受压力或离心力作用，或通过其他化学或机械工艺过程从物质中制取（如组成成分或汁液）。

3.2 提取类制药　extraction pharmacy

指运用物理的、化学的、生物化学的方法，将生物体中起重要生理作用的各种基本物质经过提取、分离、纯化等手段制造药物的过程。

3.3 直接排放　direct discharge

指排污单位直接向环境水体排放水污染物的行为。

3.4 间接排放 indirect discharge

指排污单位向公共污水处理系统排放水污染物的行为。

3.5 挥发性有机物 volatile organic compounds（VOCs）

指参与大气光化学反应的有机化合物，或者根据规定的方法测量或核算确定的有机化合物。

4 自行监测的一般要求

排污单位应查清本单位的污染源、污染物指标及潜在的环境影响，制定监测方案，设置和维护监测设施，按照监测方案开展自行监测，做好质量保证和质量控制，记录和保存监测数据和信息，依法向社会公开监测结果。

5 监测方案制定

5.1 废水排放监测

5.1.1 监测点位

所有提取类制药工业排污单位均须在废水总排放口、雨水排放口设置监测点位，生活污水单独排入外环境的须在生活污水排放口设置监测点位。

5.1.2 监测指标及监测频次

排污单位废水排放监测点位、监测指标及最低监测频次按照表 1 执行。

表 1 废水排放监测点位、监测指标及最低监测频次

监测点位	监测指标	监测频次	
		直接排放	间接排放
废水总排放口	流量、pH、化学需氧量、氨氮	自动监测	
	总磷	日（自动监测[a]）	月（自动监测[a]）
	总氮	日[b]	月（日[b]）
	悬浮物、色度、动植物油、五日生化需氧量、总有机碳、急性毒性（$HgCl_2$ 毒性当量）	月	季度

监测点位	监测指标	监测频次	
		直接排放	间接排放
生活污水排放口	流量、pH、化学需氧量、氨氮	自动监测	—
	总磷	月（自动监测 [a]）	—
	总氮	月（日 [b]）	—
	悬浮物、五日生化需氧量、动植物油	月	—
雨水排放口	pH、化学需氧量、氨氮、悬浮物	日 [c]	

注：表中所列监测指标设区的市级及以上环境保护主管部门明确要求安装自动监测设备的，须采取自动监测。

[a] 水环境质量中总磷实施总量控制区域，总磷须采取自动监测。

[b] 水环境质量中总氮实施总量控制区域，总氮目前最低监测频次按日执行，待自动监测技术规范发布后，须采取自动监测。

[c] 排放期间按日监测。

5.2 废气排放监测

5.2.1 有组织废气排放监测点位、监测指标及监测频次

5.2.1.1 监测点位

各工序废气通过排气筒等方式排放至外环境，须在排气筒或排气筒前的废气管道设置监测点位。

5.2.1.2 监测指标及监测频次

各工序有组织废气监测点位、监测指标及最低监测频次按照表2执行。对于多个污染源或生产设备共用一个排气筒的，监测点位可布设在共用排气筒上，监测指标应涵盖所对应的污染源或生产设备监测指标，最低监测频次按照严格的执行。

表2　有组织废气排放监测点位、监测指标及最低监测频次

生产工序	监测点位	废气类型	监测指标	监测频次
原料选择和预处理、清洗、粉碎等	破碎、筛分机等设备排气筒或密闭车间排气筒	工艺含尘废气	颗粒物	季度
提取、精制、溶剂回收	酸化罐、吸附塔、结晶罐、蒸馏回收等设备排气筒	工艺有机废气	挥发性有机物 [a]	月
			特征污染物 [b]	年

生产工序	监测点位	废气类型	监测指标	监测频次
干燥	干燥塔、真空干燥器、真空泵等干燥设备排气筒	工艺含尘废气	颗粒物	季度
		工艺有机废气	挥发性有机物 a	月
			特征污染物 b	年
成品	粉碎、研磨、包装等设备排气筒	工艺含尘废气	颗粒物	季度
其他	危废暂存废气排气筒	—	挥发性有机物 a	季度
			臭气浓度、特征污染物 b	年
	危险废物焚烧炉排气筒	—	烟尘、二氧化硫、氮氧化物	自动监测
			烟气黑度、一氧化碳、氯化氢、氟化氢、汞及其化合物、镉及其化合物、(砷、镍及其化合物)、铅及其化合物、(锑、铬、锡、铜、锰及其化合物)	半年
			二噁英类	年
	污水处理设施排气筒	—	挥发性有机物 a	月
			臭气浓度、特征污染物 b	年

注1：废气监测须按照相应监测分析方法、技术规范同步监测烟气参数。

注2：表中所列监测指标设区的市级及以上环境保护主管部门明确要求安装自动监测设备的，须采取自动监测。

a 根据行业特征和环境管理需求，挥发性有机物可选择对主要VOCs物种进行定量加和的方法测量总有机化合物，或者选用按基准物质标定，检测器对混合进样中VOCs综合响应的方法测量非甲烷有机化合物。由于现阶段国家还未出台标准测定方法，本标准暂时使用非甲烷总烃作为挥发性有机物排放的综合控制指标，待相关标准方法发布后，从其规定。

b 特征污染物见GB 14554、GB 16297所列污染物，根据排污许可证、所执行的污染物排放（控制）标准、环境影响评价文件及其批复等相关环境管理规定，以及生产工艺、原辅用料、中间及最终产品，确定具体污染物项目。待制药工业大气污染物排放标准发布后，从其规定。地方排放标准中有要求的，按照严格的执行。

5.2.2 无组织废气排放监测点位、监测指标及监测频次

无组织废气排放监测点位、监测指标及最低监测频次按照表3执行。

表3 无组织废气排放监测点位、监测指标及最低监测频次

监测点位	监测指标	监测频次
厂界	挥发性有机物[a]、臭气浓度、特征污染物[b]	半年

[a] 根据行业特征和环境管理需求，挥发性有机物可选择对主要 VOCs 物种进行定量加和的方法测量总有机化合物，或者选用按基准物质标定，检测器对混合进样中 VOCs 综合响应的方法测量非甲烷有机化合物。由于现阶段国家还未出台标准测定方法，本标准暂时使用非甲烷总烃作为挥发性有机物排放的综合控制指标，待相关标准方法发布后，从其规定。

[b] 特征污染物见 GB 14554、GB 16297 所列污染物，根据排污许可证、所执行的污染物排放（控制）标准、环境影响评价文件及其批复等相关环境管理规定，以及生产工艺、原辅用料、中间及最终产品，确定具体污染物项目。待制药工业大气污染物排放标准发布后，从其规定。地方排放标准中有要求的，按照严格的执行。

5.3 厂界环境噪声监测

厂界环境噪声监测点位设置应遵循 HJ 819 中的原则，主要考虑表4中噪声源在厂区内的分布情况和周边环境敏感点的位置。厂界环境噪声每季度至少开展一次昼间噪声监测，夜间生产的排污单位须监测夜间噪声。周边有敏感点的，应提高监测频次。

表4 厂界环境噪声监测布点应关注的主要噪声源

噪声源	主要设备
原料选择、预处理、清洗、粉碎工序	备料过程的机械、清洗机械、粉碎机械等
提取、精制、干燥、灭菌、制剂工序	电机、离心机、泵、风机、冷冻机、空调机组、凉水塔等
污水处理设施	污水提升泵、曝气设备、风机、污泥脱水设备等

5.4 周边环境质量影响监测

5.4.1 环境管理政策或环境影响评价文件及其批复［仅限 2015 年 1 月 1 日（含）后取得环境影响评价批复的排污单位］有明确要求的，按要求执行。

5.4.2　无明确要求的,若排污单位认为有必要的,可对周边地表水、海水和土壤开展监测。对于废水直接排入地表水、海水的排污单位,可按照 HJ/T 2.3、HJ/T 91、HJ 442 及受纳水体环境管理要求设置监测断面和监测点位;开展土壤监测的排污单位,可按照 HJ/T 166 及土壤环境管理要求设置监测点位。监测指标及最低监测频次按照表 5 执行。

表 5　周边环境质量影响监测指标及最低监测频次

目标环境	监测指标	监测频次
地表水	pH、化学需氧量、溶解氧、五日生化需氧量、氨氮、总磷、总氮等	季度
海水	pH、化学需氧量、五日生化需氧量、溶解氧、活性磷酸盐、无机氮等	半年
土壤	pH、二氯甲烷、三氯甲烷、丙酮等	年

注:地表水、海水、土壤的具体监测指标根据生产过程的原辅用料、产品和副产物确定。

5.5　其他要求

5.5.1　除表 1~表 3、表 5 中的污染物指标外,5.5.1.1 和 5.5.1.2 中的污染物指标也应纳入监测指标范围,并参照表 1~表 3、表 5 和 HJ 819 确定监测频次。

5.5.1.1　排污许可证、所执行的污染物排放(控制)标准、环境影响评价文件及其批复[仅限 2015 年 1 月 1 日(含)后取得环境影响评价批复的排污单位]、相关环境管理规定明确要求的污染物指标。

5.5.1.2　排污单位根据生产过程的原辅用料、生产工艺、中间及最终产品类型、监测结果确定实际排放的,在有毒有害或优先控制污染物相关名录中的污染物指标,或其他有毒污染物指标。

5.5.2　各指标的监测频次在满足本标准的基础上,可根据 HJ 819 中监测频次的确定原则提高监测频次。

5.5.3　涉及化学合成类、发酵类和提取类两种以上工业类型的排污单位,监测方案中应涵盖所涉及工业类型的所有监测指标,监测频次按照严格的执行。

5.5.4　采样方法、监测分析方法、监测质量保证与质量控制等按照 HJ 819 相关要求执行。

5.5.5 监测方案的描述、变更按照 HJ 819 规定执行。

6 信息记录和报告

6.1 信息记录

6.1.1 监测信息记录

手工监测记录和自动监测运维记录按照 HJ 819 规定执行。

6.1.2 生产和污染治理设施运行状况信息记录

排污单位应详细记录其生产及污染治理设施运行状况，日常生产中应参照以下内容记录相关信息，并整理成台账保存备查。

6.1.2.1 生产运行状况记录

按照药品生产批次记录以下相关信息：

a）原料选择和预处理、清洗、粉碎生产工序：记录取水量（新鲜水），主要原辅料（人体、植物、动物、海洋生物）使用量等；

b）提取工序：记录溶剂的使用量和药物粗品的产生量等；

c）精制工序：记录活性炭、碳纤维滤膜、树脂等过滤物及载体使用量，无机盐（氯化钠、硫酸铵、硫酸镁、硫酸钠、磷酸钠等）使用量，溶剂（盐酸、乙醇、丙酮、三氯甲烷、二氯甲烷、乙酸乙酯等）使用量等。

6.1.2.2 溶剂回收运行状况记录

按各产品生产批次记录溶剂名称、回收量、补充量，以及溶剂回收设备能源、耗材使用量等。

6.1.2.3 污水处理设施运行状况记录

按日记录污水处理量、排放量、回用水量、回用率、污泥产生量（记录含水率）、污水处理使用的药剂名称及用量、鼓风机电量等；记录污水处理设施运行、故障及维护情况等。

6.1.2.4 废气处理设施运行状况记录

按日记录废气处理使用的吸附剂、过滤材料等耗材的名称及用量；记录废气处理设施运行参数、故障及维护情况等。

6.1.3 一般工业固体废物和危险废物信息记录

按日记录一般工业固体废物的产生量、综合利用量、处置量、贮存量；按照危险废物管理的相关要求，按日记录危险废物的产生量、综合利用量、处置量、贮存量及其具体去向。原料或辅助工序中产生的其他危险废物的情况也应记录。一般工业固体废物及危险废物产生情况见表6。

表6 一般工业固体废物及危险废物来源

种类	主要产生来源	名称
一般工业固体废物	原料选择、预处理、粉碎、清洗工序	原料中的杂物、废包装材料、变质的动物或海洋生物尸体、动物组织中剔除的结缔组织或脂肪组织等
危险废物	提取、精制、有机溶剂回收、废气处理工序	残余液、废滤芯（滤膜）等吸附过滤物及载体、含菌废液、废药品、废试剂、废催化剂、废渣等

注：污水处理设施（站）污泥及其他可能产生的危险废物按照《国家危险废物名录》或国家规定的危险废物鉴别标准和鉴别方法认定。

6.2 信息报告、应急报告、信息公开

信息报告、应急报告和信息公开按照 HJ 819 规定执行。

7 其他

排污单位应如实记录手工监测期间的工况（包括生产负荷、污染治理设施运行情况等），确保监测数据具有代表性。

本标准规定的内容外，其他内容按照 HJ 819 规定执行。

附录 3

排污单位自行监测技术指南　发酵类制药工业

（HJ 882—2017）

前言

为落实《中华人民共和国环境保护法》《中华人民共和国水污染防治法》《中华人民共和国大气污染防治法》，指导和规范发酵类制药工业排污单位自行监测工作，制定本标准。

本标准提出了发酵类制药工业排污单位自行监测的一般要求、监测方案制定、信息记录和报告的基本内容和要求。

本标准为首次发布。

本标准由环境保护部环境监测司、科技标准司提出并组织制订。

本标准主要起草单位：中国环境监测总站、南京市环境监测中心站。

本标准环境保护部 2017 年 12 月 21 日批准。

本标准自 2018 年 1 月 1 日起实施。

本标准由环境保护部解释。

1　适用范围

本标准提出了发酵类制药工业排污单位自行监测的一般要求、监测方案制定、信息记录和报告的基本内容和要求。

本标准适用于发酵类制药工业排污单位在生产运行阶段对其排放的水、气污染物，噪声以及对其周边环境质量影响开展监测。

本标准也适用于与发酵类药物结构相似的兽药生产排污单位。

自备火电发电机组（厂）、配套动力锅炉的自行监测要求按照 HJ 820 执行。

2 规范性引用文件

本标准引用了下列文件或其中的条款。凡是未注明日期的引用文件，其最新版本适用于本标准。

GB 14554　恶臭污染物排放标准

GB 16297　大气污染物综合排放标准

GB 21903　发酵类制药工业水污染物排放标准

HJ/T 2.3　环境影响评价技术导则　地面水环境

HJ/T 91　地表水和污水监测技术规范

HJ/T 166　土壤环境监测技术规范

HJ 442　近岸海域环境监测规范

HJ 819　排污单位自行监测技术指南　总则

HJ 820　排污单位自行监测技术指南　火力发电及锅炉

《国家危险废物名录》（环境保护部、国家发展改革委、公安部令　第 39 号）

3 术语和定义

GB 21903 界定的以及下列术语和定义适用于本标准。

3.1　发酵　fermentation

指借助微生物在有氧或无氧条件下的生命活动来制备微生物菌体本身，或者直接代谢产物或次级代谢产物的过程。

3.2　发酵类制药　fermentation　pharmacy

指通过发酵的方法产生抗生素或其他的活性成分，然后经过分离、纯化、精制等工序生产出药物的过程。按产品种类分为抗生素类、维生素类、氨基酸类和其他类。

3.3 直接排放 direct discharge

指排污单位直接向环境水体排放水污染物的行为。

3.4 间接排放 indirect discharge

指排污单位向公共污水处理系统排放水污染物的行为。

3.5 挥发性有机物 volatile organic compounds（VOCs）

指参与大气光化学反应的有机化合物，或者根据规定的方法测量或核算确定的有机化合物。

4 自行监测的一般要求

排污单位应查清本单位的污染源、污染物指标及潜在的环境影响，制定监测方案，设置和维护监测设施，按照监测方案开展自行监测，做好质量保证和质量控制，记录和保存监测数据和信息，依法向社会公开监测结果。

5 监测方案制定

5.1 废水排放监测

5.1.1 监测点位

所有发酵类制药工业排污单位均须在废水总排放口、雨水排放口设置监测点位，生活污水单独排入外环境的须在生活污水排放口设置监测点位。

5.1.2 监测指标及监测频次

排污单位废水排放监测点位、监测指标及最低监测频次按照表1执行。

表 1　废水排放监测点位、监测指标及最低监测频次

监测点位	监测指标	监测频次	
		直接排放	间接排放
废水总排放口	流量、pH、化学需氧量、氨氮	自动监测	
	总磷	日（自动监测 [a]）	月（自动监测 [a]）
	总氮	日 [b]	月（日 [b]）
	悬浮物、色度、总有机碳、五日生化需氧量、总氰化物、总锌、急性毒性（HgCl₂ 毒性当量）	月	季度
生活污水排放口	流量、pH、化学需氧量、氨氮	自动监测	—
	总磷	月（自动监测 [a]）	—
	总氮	月（日 [b]）	—
	悬浮物、五日生化需氧量、动植物油	月	—
雨水排放口	pH、化学需氧量、氨氮、悬浮物	日 [c]	

注：表中所列监测指标，设区的市级及以上环境保护主管部门明确要求安装自动监测设备的，须采取自动监测。

[a] 水环境质量中总磷实施总量控制区域，总磷须采取自动监测。

[b] 水环境质量中总氮实施总量控制区域，总氮目前最低监测频次按日执行，待自动监测技术规范发布后，须采取自动监测。

[c] 排放期间按日监测。

5.2　废气排放监测

5.2.1　有组织废气排放监测点位、监测指标及监测频次

5.2.1.1　监测点位

各工序废气通过排气筒等方式排放至外环境，须在排气筒或排气筒前的废气烟道设置监测点位。

5.2.1.2　监测指标与监测频次

各工序有组织废气监测点位、监测指标及最低监测频次按照表 2 执行。对于多个污染源或生产设备共用一个排气筒的，监测点位可布设在共用排气筒上，监测指标应涵盖所对应的污染源或生产设备监测指标，最低监测频次按照严格的执行。

表2　有组织废气排放监测点位、监测指标及最低监测频次

生产工序	监测点位	废气类型	监测指标	监测频次
配料及投料	有机液体配料等设备排气筒	工艺有机废气	挥发性有机物[a]	月
			特征污染物[b]	年
	酸碱调节等设备排气筒	工艺酸碱废气	特征污染物[b]	年
	固体配料机、整粒筛分机、破碎机等设备排气筒	工艺含尘废气	颗粒物	季度
发酵	种子罐、发酵罐、消毒罐、配料补加罐等设备排气筒	发酵废气	颗粒物、挥发性有机物[a]	月
			臭气浓度	年
提取、精制	酸化罐、吸附塔、液贮罐、干燥器、脱色罐、结晶罐等设备排气筒	工艺有机废气	挥发性有机物[a]	月
			特征污染物[b]	年
干燥	干燥塔、真空干燥器、真空泵、菌渣干燥器等排气筒	工艺有机废气	挥发性有机物[a]	月
			特征污染物[b]	年
		工艺含尘废气	颗粒物	季度
成品	粉碎、研磨机械、分装、包装机械等设备排气筒	工艺含尘废气	颗粒物	季度
其他	溶剂回收设备排气筒	工艺有机废气	挥发性有机物[a]	月
			特征污染物[b]	年
	污水处理厂或处理设施排气筒	—	挥发性有机物[a]	月
			臭气浓度、特征污染物[b]	年
	罐区废气排气筒	—	挥发性有机物[a]	季度
			特征污染物[b]	年
	危废暂存废气排气筒	—	挥发性有机物[a]	季度
			臭气浓度、特征污染物[b]	年
	危险废物焚烧炉排气筒	—	烟尘、二氧化硫、氮氧化物	自动监测
			烟气黑度、一氧化碳、氯化氢、氟化氢、汞及其化合物、镉及其化合物、（砷、镍及其化合物）、铅及其化合物、（锑、铬、锡、铜、锰及其化合物）	半年
			二噁英类	年

注1：废气监测须按照相应监测分析方法、技术规范同步监测烟气参数。
注2：表中所列监测指标设区的市级及以上环境保护主管部门明确要求安装自动监测设备的，须采取自动监测。

生产 工序	监测点位	废气类型	监测指标	监测 频次

[a] 根据行业特征和环境管理需求，挥发性有机物可选择对主要 VOCs 物种进行定量加和的方法测量总有机化合物，或者选用按基准物质标定，检测器对混合进样中 VOCs 综合响应的方法测量非甲烷有机化合物。由于现阶段国家还未出台标准测定方法，本标准暂时使用非甲烷总烃作为挥发性有机物排放的综合控制指标，待相关标准方法发布后，从其规定。

[b] 特征污染物见 GB 14554、GB 16297 所列污染物，根据排污许可证、所执行的污染物排放（控制）标准、环境影响评价文件及其批复等相关环境管理规定，以及生产工艺、原辅用料、中间及最终产品，确定具体污染物项目。待制药工业大气污染物排放标准发布后，从其规定。地方排放标准中有要求的，按照严格的执行。

5.2.2 无组织废气排放监测点位、监测指标与监测频次

无组织废气排放监测点位、监测指标及最低监测频次按表 3 执行。

表 3　无组织废气排放监测点位、监测指标及最低监测频次

监测点位	监测指标	监测频次
厂界	挥发性有机物[a]、臭气浓度、特征污染物[b]	半年

[a] 根据行业特征和环境管理需求，挥发性有机物可选择对主要 VOCs 物种进行定量加和的方法测量总有机化合物，或者选用按基准物质标定，检测器对混合进样中 VOCs 综合响应的方法测量非甲烷有机化合物。由于现阶段国家还未出台标准测定方法，本标准暂时使用非甲烷总烃作为挥发性有机物排放的综合控制指标，待相关标准方法发布后，从其规定。

[b] 特征污染物见 GB 14554、GB 16297 所列污染物，根据排污许可证、所执行的污染物排放（控制）标准、环境影响评价文件及其批复等相关环境管理规定，以及生产工艺、原辅用料、中间及最终产品，确定具体污染物项目。待制药工业大气污染物排放标准发布后，从其规定。地方排放标准中有要求的，按照严格的执行。

5.3　厂界环境噪声监测

厂界环境噪声监测点位设置应遵循 HJ 819 中的原则，主要考虑表 4 中噪声源在厂区内的分布情况和周边环境敏感点的位置。厂界环境噪声每季度至少开展一次昼间噪声监测，夜间生产的排污单位须监测夜间噪声。周边有敏感点的，应提高监测频次。

表 4 厂界环境噪声监测布点应关注的主要噪声源

噪声源	主要设备
生产车间及配套工程	发酵设备、提取、精制机械及设备（过滤和离心设备）、干燥机械及设备、真空设备、空调机组、空压机、冷却塔等
污水处理设施	污水提升泵、曝气设备、风机、污泥脱水设备等

5.4 周边环境质量影响监测

5.4.1 环境管理政策或环境影响评价文件及其批复［仅限 2015 年 1 月 1 日（含）后取得环境影响评价批复的排污单位］有明确要求的，按要求执行。

5.4.2 无明确要求的，若排污单位认为有必要的，可对周边地表水、海水和土壤开展监测。对于废水直接排入地表水、海水的排污单位，可按照 HJ/T 2.3、HJ/T 91、HJ 442 及受纳水体环境管理要求设置监测断面和监测点位；开展土壤监测的排污单位，可按照 HJ/T 166 及土壤环境管理要求设置监测点位。监测指标及最低频次按照表 5 执行。

表 5 周边环境质量影响监测指标及最低监测频次

目标环境	监测指标	监测频次
地表水	pH、化学需氧量、溶解氧、五日生化需氧量、氨氮、总磷、总氮等	季度
海水	pH、化学需氧量、五日生化需氧量、溶解氧、活性磷酸盐、无机氮等	半年
土壤	pH、二氯甲烷、苯、甲苯、二甲苯、酚类化合物等	年

注：地表水、海水、土壤的具体监测指标根据生产过程的原辅用料、产品和副产物确定。

5.5 其他要求

5.5.1 除表 1～表 3、表 5 中的污染物指标外，5.5.1.1 和 5.5.1.2 中的污染物指标也应纳入监测指标范围，并参照表 1～表 3、表 5 和 HJ 819 确定监测频次。

5.5.1.1 排污许可证、所执行的污染物排放（控制）标准、环境影响评价文件及其批复［仅限 2015 年 1 月 1 日（含）后取得环境影响评价批复的排污单位］、相关环境管理规定明确要求的污染物指标。

5.5.1.2 排污单位根据生产过程的原辅用料、生产工艺、中间及最终产品类型、监测结果确定实际排放的，在有毒有害或优先控制污染物相关名录中的污染物指标，或其他有毒污染物指标。

5.5.2 各指标的监测频次在满足本标准的基础上，可根据 HJ 819 中监测频次的确定原则提高监测频次。

5.5.3 涉及化学合成类、发酵类和提取类两种以上工业类型的排污单位，监测方案中应涵盖所涉及工业类型的所有监测指标，监测频次按照严格的执行。

5.5.4 采样方法、监测分析方法、监测质量保证与质量控制等按照 HJ 819 相关要求执行。

5.5.5 监测方案的描述、变更按照 HJ 819 规定执行。

6 信息记录和报告

6.1 信息记录

6.1.1 监测信息记录

手工监测记录和自动监测运维记录按照 HJ 819 规定执行。

6.1.2 生产和污染治理设施运行状况信息记录

排污单位应详细记录其生产及污染治理设施运行状况，日常生产中应参照以下内容记录相关信息，并整理成台账保存备查。

6.1.2.1 生产运行状况记录

按照发酵类制药产品种类，记录各生产批次以下相关信息：

a）发酵工序：记录取水量（新鲜水）和主要原辅料使用量等；

b）提取工序：记录溶剂的使用量和药品粗品的产生量等；

c）精制工序：记录活性炭、碳纤维滤膜、树脂等过滤物及载体使用量，无机盐（硫酸钙、碳酸钙、硫酸镁、磷酸二氢钾等）使用量，溶剂（盐酸、乙醇、丙酮、三氯甲烷、二氯甲烷、乙酸丁酯等）使用量等。

6.1.2.2 溶剂回收设备运行状况记录

按各产品生产批次记录溶剂名称、回收量、补充量，以及溶剂回收设备能源、耗材使用量等。

6.1.2.3 污水处理设施运行状况记录

按日记录污水处理量、排放量、回用水量、回用率、污泥产生量（记录含水率）、污水处理使用的药剂名称及用量、鼓风机电量等；记录污水处理设施运行、故障及维护情况等。

6.1.2.4 废气处理设施运行状况记录

按日记录废气处理使用的吸附剂、过滤材料等耗材的名称及用量；记录废气处理设施运行参数、故障及维护情况等。

6.1.3 一般工业固体废物和危险废物信息记录

记录一般工业固体废物的产生量、综合利用量、处置量、贮存量；按照危险废物管理的相关要求，按日记录危险废物的产生量、综合利用量、处置量、贮存量及其具体去向。原料或辅助工序中产生的其他危险废物的情况也应记录。一般工业固体废物及危险废物产生情况见表6。

表6　一般工业固体废物及危险废物来源

种类	主要产生来源	名称
危险废物	发酵工序	抗生素菌丝废渣等
	提取、精制工序	废溶剂、釜残、废吸附剂、废活性炭等
	危险废物焚烧	焚烧处置残渣
一般工业固体废物	生产过程中产生的其他固体废物	

注：其他可能产生的危险废物按照《国家危险废物名录》或国家规定的危险废物鉴别标准和鉴别方法认定。

6.2　信息报告、应急报告、信息公开

信息报告、应急报告和信息公开按照 HJ 819 规定执行。

7　其他

排污单位应如实记录手工监测期间的工况（包括生产负荷、污染治理设施运行情况等），确保监测数据具有代表性。

本标准规定的内容外，其他内容按照 HJ 819 规定执行。

附录 4

排污单位自行监测技术指南 化学合成类制药工业

（HJ 883—2017）

前言

为落实《中华人民共和国环境保护法》《中华人民共和国水污染防治法》《中华人民共和国大气污染防治法》，指导和规范化学合成类制药工业排污单位自行监测工作，制定本标准。

本标准提出了发酵类制药工业排污单位自行监测的一般要求、监测方案制定、信息记录和报告的基本内容和要求。

本标准为首次发布。

本标准由环境保护部环境监测司、科技标准司提出并组织制订。

本标准主要起草单位：中国环境监测总站、南京市环境监测中心站。

本标准环境保护部 2017 年 12 月 21 日批准。

本标准自 2018 年 1 月 1 日起实施。

本标准由环境保护部解释。

1 适用范围

本标准提出了化学合成类制药工业排污单位自行监测的一般要求、监测方案制定、信息记录和报告的基本内容和要求。

本标准适用于化学合成类制药工业排污单位在生产运行阶段对其排放的水、气污染物，噪声以及对其周边环境质量影响开展监测。

本标准也适用于专供药物生产的医药中间体工厂、与化学合成类药物结构相似的兽药生产企业等排污单位。

自备火力发电机组（厂）、配套动力锅炉的自行监测要求按照 HJ 820 执行。

2 规范性引用文件

本标准引用了下列文件或其中的条款。凡是未注明日期的引用文件，其最新版本适用于本标准。

GB 14554　恶臭污染物排放标准

GB 16297　大气污染物综合排放标准

GB 21904　化学合成类制药工业水污染物排放标准

HJ/T 2.3　环境影响评价技术导则　地面水环境

HJ/T 91　地表水和污水监测技术规范

HJ/T 164　地下水环境监测技术规范

HJ/T 166　土壤环境监测技术规范

HJ 442　近岸海域环境监测规范

HJ 610　环境影响评价技术导则　地下水环境

HJ 819　排污单位自行监测技术指南　总则

HJ 820　排污单位自行监测技术指南　火力发电及锅炉

《国家危险废物名录》（环境保护部、国家发展改革委、公安部令　第 39 号）

3 术语和定义

GB 21904 界定的以及下列术语和定义适用于本标准。

3.1 化学合成类制药　chemical synthesis pharmacy

指采用一个化学反应或一系列化学反应生产药物活性成分的过程。

3.2 直接排放　direct discharge

指排污单位直接向环境水体排放水污染物的行为。

3.3 间接排放 indirect discharge

指排污单位向公共污水处理系统排放水污染物的行为。

3.4 反应 reaction

指通过采用合成反应、药物结构改造、脱保护基等一系列方法最终制得药物活性成分或含有药物活性成分的混合物的过程。

3.5 分离纯化 separation and purification

指用物理、化学或其他方法把某一药物活性成分或反应过程中间产物（如医药中间体）从反应混合物中分离出来，必要时进一步去除杂质从而获得纯品的过程，主要包括分离、提取、精制、干燥等阶段。

3.6 溶剂回收设备 solvent recovery equipment

指将化学合成类制药工业生产过程中使用的溶剂收集、提纯以达到再利用目的的装置。

3.7 挥发性有机物 volatile organic compounds（VOCs）

指参与大气光化学反应的有机化合物，或者根据规定的方法测量或核算确定的有机化合物。

4 自行监测的一般要求

排污单位应查清本单位的污染源、污染物指标及潜在的环境影响，制定监测方案，设置和维护监测设施，按照监测方案开展自行监测，做好质量保证和质量控制，记录和保存监测数据及信息，依法向社会公开监测结果。

5 监测方案制定

5.1 废水排放监测

5.1.1 监测点位

所有化学合成类制药工业排污单位均须在废水总排放口、雨水排放口设置监测点位，排放总汞、总镉、六价铬、总砷、总铅、总镍、烷基汞的，须在车间或生产设施废水排放口设置监测点位，生活污水单独排入外环境的还需在生活污水排放口设置监测点位。

5.1.2 监测指标及监测频次

排污单位废水排放监测点位、监测指标及最低监测频次按照表1执行。

表1 废水排放监测点位、监测指标及最低监测频次

监测点位	监测指标	监测频次		备注
		直接排放	间接排放	
废水总排放口	流量、pH、化学需氧量、氨氮	自动监测		—
	总磷	月（自动监测[a]）		—
	总氮	月（日[b]）		—
	悬浮物、色度、五日生化需氧量、急性毒性（$HgCl_2$毒性当量）、总有机碳	月	季度	—
	总氰化物、挥发酚、总铜、总锌、硝基苯类、苯胺类、二氯甲烷	月	季度	根据生产使用的原辅料、生产的产品、副产物确定具体的监测指标
	硫化物	季度	半年	根据生产使用的原辅料、生产的产品、副产物确定是否开展监测
车间或生产设施废水排放口	流量、总汞、总镉、六价铬、总砷、总铅、总镍	月		根据生产使用的原辅料、生产的产品、副产物确定具体监测的重金属指标
	烷基汞	年		
生活污水排放口	流量、pH、化学需氧量、氨氮	自动监测	—	
	总磷	月（自动监测[a]）	—	
	总氮	月（日[b]）	—	
	悬浮物、五日生化需氧量、动植物油	月	—	
雨水排放口	pH、化学需氧量、氨氮、悬浮物	日[c]		—

监测点位	监测指标	监测频次		备注
		直接排放	间接排放	

注：表中所列监测指标，设区的市级及以上环境保护主管部门明确要求安装自动监测设备的，须采取自动监测。

[a] 水环境质量中总磷实施总量控制区域，总磷须采取自动监测。

[b] 水环境质量中总氮实施总量控制区域，总氮目前最低监测频次按日执行，待自动监测技术规范发布后，须采取自动监测。

[c] 排放期间按日监测。

5.2 废气排放监测

5.2.1 有组织废气排放监测点位、监测指标及监测频次

5.2.1.1 监测点位

各工序废气通过排气筒等方式排放至外环境，须在排气筒或排气筒前的废气烟道设置监测点位。

5.2.1.2 监测指标与监测频次

各工序有组织废气监测点位、监测指标及最低监测频次按照表2执行。对于多个污染源或生产设备共用一个排气筒的，监测点位可布设在共用排气筒上，监测指标应涵盖所对应的污染源或生产设备的监测指标，最低监测频次按照严格的执行。

表 2 有组织废气排放监测点位、监测指标及最低监测频次

生产工序	监测点位	废气类型	监测指标	监测频次
配料及投料	有机液体配料机械等设备、设施排气筒	工艺有机废气	挥发性有机物 [a]	月
			特征污染物 [b]	年
	酸碱调节等设备排气筒	工艺酸碱废气	特征污染物 [b]	年
	固体配料机、整粒筛分机、破碎机等设备排气筒	工艺含尘废气	颗粒物	季度
反应	反应釜、缩合罐、裂解罐等反应设备排气筒	工艺有机废气	挥发性有机物 [a]	月
			特征污染物 [b]	年

生产工序	监测点位	废气类型	监测指标	监测频次
分离纯化（分离、提取、精制、干燥）	离心机、过滤器、萃取罐、酸化罐、吸附塔、结晶罐、脱色罐等分离、提取、精制工艺设备排气筒	工艺有机废气	挥发性有机物[a]	月
			特征污染物[b]	年
	干燥塔、真空干燥器、真空泵等干燥机械及设备排气筒	工艺有机废气	挥发性有机物[a]	月
			特征污染物[b]	年
		工艺含尘废气	颗粒物	季度
成品	粉碎、研磨机械、分装、包装机械等设备排气筒	工艺含尘废气	颗粒物	季度
其他	危险废物焚烧炉排气筒	—	烟尘、二氧化硫、氮氧化物	自动监测
			烟气黑度、一氧化碳、氯化氢、氟化氢、汞及其化合物、镉及其化合物、（砷、镍及其化合物）、铅及其化合物、（锑、铬、锡、铜、锰及其化合物）	半年
			二噁英类	年
	溶剂回收设备排气筒	工艺有机废气	挥发性有机物[a]	月
	溶剂回收设备排气筒	工艺有机废气	特征污染物[b]	年
	污水处理厂或处理设施排气筒	—	挥发性有机物[a]	月
			臭气浓度、特征污染物[b]	年
	罐区废气排气筒	—	挥发性有机物[a]	季度
			特征污染物[b]	年
	危废暂存废气排气筒	—	挥发性有机物[a]	季度
			臭气浓度、特征污染物[b]	年

注 1：废气监测须按照相应监测分析方法、技术规范同步监测烟气参数。

注 2：表中所列监测指标，设区的市级及以上环保主管部门明确要求安装自动监测设备的，须采取自动监测。

[a] 根据行业特征和环境管理需求，挥发性有机物可选择对主要 VOCs 物种进行定量加和的方法测量总有机化合物，或者选用按基准物质标定，检测器对混合进样中 VOCs 综合响应的方法测量非甲烷有机化合物。由于现阶段国家还未出台标准测定方法，本标准暂时使用非甲烷总烃作为挥发性有机物排放的综合控制指标，待相关标准方法发布后，从其规定。

[b] 特征污染物见 GB 14554、GB 16297 所列污染物，根据排污许可证、所执行的污染物排放（控制）标准、环境影响评价文件及其批复等相关环境管理规定，以及生产工艺、原辅用料、中间及最终产品，确定具体污染物项目。待制药工业大气污染物排放标准发布后，从其规定。地方排放标准中有要求的，按照严格的执行。

5.2.2 无组织废气排放监测点位、监测指标及监测频次

无组织废气排放监测点位、监测指标及最低监测频次按照表 3 执行。

表 3 无组织废气排放监测点位、监测指标及最低监测频次

监测点位	监测指标	监测频次
厂界	挥发性有机物 [a]、臭气浓度、特征污染物 [b]	半年

[a] 根据行业特征和环境管理需求,挥发性有机物可选择对主要 VOCs 物种进行定量加和的方法测量总有机化合物,或者选用按基准物质标定,检测器对混合进样中 VOCs 综合响应的方法测量非甲烷有机化合物。由于现阶段国家还未出台标准测定方法,本标准暂时使用非甲烷总烃作为挥发性有机物排放的综合控制指标,待相关标准方法发布后,从其规定。

[b] 特征污染物见 GB 14554、GB 16297 所列污染物,根据排污许可证、所执行的污染物排放(控制)标准、环境影响评价文件及其批复等相关环境管理规定,以及生产工艺、原辅用料、中间及最终产品,确定具体污染物项目。待制药工业大气污染物排放标准发布后,从其规定。地方排放标准中有要求的,按照严格的执行。

5.3 厂界环境噪声监测

厂界环境噪声监测点位设置应遵循 HJ 819 中的原则,主要考虑表 4 中噪声源在厂区内的分布情况和周边环境敏感点的位置。厂界环境噪声每季度至少开展一次昼间噪声监测,夜间生产的排污单位须监测夜间噪声。周边有敏感点的,应提高监测频次。

表 4 厂界环境噪声监测布点应关注的主要噪声源

噪声源	主要设备
生产车间及配套工程	生产过程中使用的反应设备、结晶设备、分离机械及设备(过滤、离心设备)、萃取设备、蒸发设备、蒸馏设备、干燥机械及设备、粉碎机械、热交换设备等,以及原料搅拌机械、鼓风机、空压机、水泵、真空泵等辅助设备等
污水处理设施	污水提升泵、曝气设备、污泥脱水设备、风机等

5.4　周边环境质量影响监测

5.4.1　环境管理政策或环境影响评价文件及其批复［仅限 2015 年 1 月 1 日（含）后取得环境影响评价批复的排污单位］有明确要求的，按要求执行。

5.4.2　无明确要求的，若排污单位认为有必要的，可对周边地表水、海水、地下水和土壤开展监测。对于废水直接排入地表水、海水的排污单位，可按照 HJ/T 2.3、HJ/T 91、HJ 442 及受纳水体环境管理要求设置监测断面和监测点位；开展地下水、土壤监测的排污单位，可按照 HJ 610、HJ/T 164、HJ/T 166 及地下水、土壤环境管理要求设置监测点位。监测指标及最低监测频次按表 5 执行。

表 5　周边环境质量影响监测指标及最低监测频次

目标环境	监测指标	监测频次	备注
地表水	pH、溶解氧、五日生化需氧量、化学需氧量、氨氮、总氮、总磷等	季度	—
	铜、锌、汞、镉、六价铬、砷、铅、硝基苯、苯胺、二氯甲烷、镍、氰化物、挥发酚、硫化物等		根据生产使用的原辅料、生产的产品、副产物确定具体的监测指标
海水	pH、溶解氧、悬浮物质、五日生化需氧量、化学需氧量、非离子氨、无机氮、活性磷酸盐等	半年	—
	铜、锌、汞、镉、六价铬、砷、铅、镍、氰化物、挥发性酚、硫化物等		根据生产使用的原辅料、生产的产品、副产物确定具体的监测指标
地下水	pH、铜、锌、汞、镉、六价铬、砷、铅、镍、氰化物、挥发性酚类等	年	根据生产使用的原辅料、生产的产品、副产物确定具体的监测指标
土壤	pH、铜、锌、汞、镉、铬、砷、铅、镍、氰化物、硝基苯、甲基汞、苯胺、苯、甲苯、二甲苯、二氯甲烷、氯苯、各种酚类化合物等	年	根据生产使用的原辅料、生产的产品、副产物确定具体的监测指标

5.5 其他要求

5.5.1 除表1～表3、表5中的污染物指标外，5.5.1.1和5.5.1.2中的污染物指标也应纳入监测指标范围，并参照表1～表3、表5和HJ 819确定监测频次。

5.5.1.1 排污许可证、所执行的污染物排放（控制）标准、环境影响评价文件及其批复［仅限2015年1月1日（含）后取得环境影响评价批复的排污单位］、相关环境管理规定明确要求的污染物指标。

5.5.1.2 排污单位根据生产过程的原辅用料、生产工艺、中间及最终产品类型、监测结果确定实际排放的，在有毒有害或优先控制污染物相关名录中的污染物指标，或其他有毒污染物指标。

5.5.2 各指标的监测频次在满足本标准的基础上，可根据HJ 819中监测频次的确定原则提高监测频次。

5.5.3 涉及化学合成类、发酵类和提取类两种以上工业类型的排污单位，监测方案中应涵盖所涉及工业类型的所有监测指标，监测频次按照严格的执行。

5.5.4 采样方法、监测分析方法、监测质量保证与质量控制等按照HJ 819相关要求执行。

5.5.5 监测方案的描述、变更按照HJ 819规定执行。

6 信息记录和报告

6.1 信息记录

6.1.1 监测信息记录
手工监测的记录和自动监测运维记录按照HJ 819规定执行。

6.1.2 生产和污染治理设施运行状况信息记录
排污单位应详细记录其生产及污染治理设施运行状况，日常生产中应参照以下内容记录相关信息，并整理成台账保存备查。

6.1.2.1 生产运行状况记录

按照化学合成类制药产品种类，记录各生产批次以下相关信息：

a）原辅料用量，主要包括原料用量、催化剂使用量、各类溶剂用量、吸附剂用量、其他辅料用量等；

b）产品产量，产出率及物料平衡；

c）新鲜用水取水量、用水量、用电量等；

d）使用的主要生产设备、设施的操作使用记录等。

6.1.2.2 污水处理设施运行状况记录

按日记录污水处理量、回水用量、回用率、污水排放量、污泥产生量（记录含水率）、污水处理使用的药剂名称及用量、鼓风机电量等；记录污水处理设施运行、故障及维护情况等。

6.1.2.3 废气处理设施运行状况记录

按日记录废气处理使用的吸附剂、过滤材料等耗材的名称及用量；记录废气处理设施运行参数、故障及维护情况等。

6.1.2.4 溶剂回收设备运行状况记录

按各产品生产批次记录溶剂名称、回收量、补充量，以及溶剂回收设备能源、耗材使用量等。

6.1.3 一般工业固体废物和危险废物信息记录

记录一般工业固体废物的产生量、综合利用量、处置量和贮存量；按照危险废物管理的相关要求，按日记录危险废物的产生量、综合利用量、处置量、贮存量及其具体去向。原料或辅助工序中产生的其他危险废物的情况也应记录。一般工业固体废物及危险废物产生情况见表6。

6.2 信息报告、应急报告、信息公开

信息报告、应急报告和信息公开按照 HJ 819 规定执行。

表6　一般工业固体废物及危险废物来源

种类	主要产生来源	名称
危险废物	反应	反应残余物、反应基废物、废催化剂、废有机溶剂与含有机溶剂废物 [a]
	分离纯化	蒸馏残余物、废母液、废脱色过滤介质、废吸附剂、废活性炭、废有机溶剂与含有机溶剂废物 [a]
	成品包装、检验	废弃产品及废弃中间体
	危险废物焚烧	焚烧处置残渣 [a]
一般工业固体废物	生产过程中产生的其他固体废物	

注：其他可能产生的危险废物按照《国家危险废物名录》或国家规定的危险废物鉴别标准和鉴别方法认定。

[a] 具体危险废物种类见《国家危险废物名录》。

7　其他

排污单位应如实记录手工监测期间的工况（包括生产负荷、污染治理设施运行情况等），确保监测数据具有代表性。

本标准规定的内容外，其他内容按照 HJ 819 规定执行。

附录 5

自行监测质量控制相关模板和样表

附录 5-1　检测工作程序（样式）

1　目的

对检测任务的下达、检测方案的制定、采样器皿和试剂的准备，样品采集和现场检测，实验室内样品分析，以及测试原始积累的填写等各个环节实施有效的质量控制，保证检测结果的代表性、准确性。

2　适用范围

适用于本单位实施的检测工作。

3　职责

3.1　×××负责下达检测任务。

3.2　×××负责根据检测目的、排放标准、相关技术规范和管理要求制定检测方案（某些企业的检测方案是环保部门发放许可证时已经完成技术审查的，在一定时间段内执行即可，不必在每一次检测任务均制定检测方案）。

3.3　×××负责实施需现场检测的项目，×××采集样品并记录采集样品的时间、地点、状态等参数，并做好样品的标识，×××负责样品流转过程中的质量控制，负责将样品移交给样品接收人员。

3.4　×××负责接收送检样品，在接收送检样品时，对样品的完整性和对应检测要求的适宜性进行验收，并将样品分发到相应分析任务承担人员（如果没有集中接样后，再由接样人员分发样品到分析人员的制度设计，这一步骤可以省略）。

3.5 ×××负责本人承担项目样品的接收、保管和分析。

4 工作程序

4.1 方案制定

×××负责根据检测目的、排放标准、相关技术规范和环境管理要求，制定检测方案，明确检测内容、频次，各任务执行人，使用的检测方法、采用的检测仪器，以及采取的质控措施。经×××审核、×××批准后实施该检测方案。

4.2 现场检测和样品采集

×××采样人员根据检测方案要求，按国家有关的标准、规范到现场进行现场检测和样品采集，记录现场检测结果相关的信息，以及生产工况。样品采集后，按规定建立样品的唯一标识，填写采样过程质保单和采样记录。必要时，受检部门有关人员应在采样原始记录上签字认可。

4.3 样品的流转

采样人员送检样品时，由接样人员认真检查样品表观、编号、采样量等信息是否与采样记录相符合，确认样品量是否能满足检测项目要求，采样人员和接样人员双方签字认可（如果没有集中接样后再由接样人员分发样品到分析人员的制度设计，这一步骤可以省略）。

分析人员在接收样品时，应认真查看和验收样品表观、编号、采样量等信息是否与采样记录相符合，并核实样品交接记录，分析人员确认无误后在样品交接单签字。

4.4 样品的管理

样品应妥善存放在专用且适宜的样品保存场所，分析人员应准确标识样品所处的实验状态，用"待测""在测"和"测毕"标签加以区别。

分析人员在分析前如发现样品异常或对样品有任何疑问时，应立即查找原因，待符合分析要求后，再进行分析。

对要求在特定环境下保存的样品，分析人员应严格控制环境条件，按要求保存，保证样品在存放过程中不变质、不损坏。若发现样品在保存过程中出现异常情况，应及时向质量负责人汇报，查明原因及时采取措施。

4.5　样品的分析

分析人员按检测任务分工安排，严格按照方案中规定的方法标准/规范分析样品，及时填写分析原始记录、测试环境监控记录、仪器使用记录等相关记录并签字。

4.6　样品的处置

除特殊情况需留存的样品外，检测后的余样应送污水处理站进行处理。

5　相关程序文件

《异常情况处理程序》

6　相关记录表格

《废水采样原始记录表》

《废气检测原始记录表》

《内部样品交接单》

《样品留存记录表》

《pH 分析原始记录表》

《颗粒物监测原始记录》

《烟气黑度测试记录表》

《现场监测质控审核记录》

《废水流量监测记录（流速仪法）》

附录5-2 ××××（单位名称）废（污）水采样原始记录表

（检）字【 　　　】第　　　号　　　　　　　　　　　共　　　页，第　　　页

采样时间	排污口编号	样品编号	水温（℃）	pH	流量		监测项目	废（污）水表观描述	废（污）水主要来源	排放规律（以流速变化判断）
					(m³/h)	(m³/d)				
时　分										
时　分										1. 连续稳定
时　分										
时　分										2. 连续不稳定
时　分										
时　分										3. 间断稳定
时　分										
时　分										4. 间断不稳定
时　分										

治理设施运行情况	治理设施类型及名称						新鲜用水量（吨/天）	
	处理量/（吨/日）	设计	建设日期		COD设计去除率		回用水量/（吨/天）	
		实际	处理规律		氨氮设计去除率		生产负荷	
	主要原料			主要产品				

备注	表观描述应包括颜色、气味、悬浮物含量情况等信息。回用水量不含设施循环水部分。

检测人员：　　　　　校对：　　　　　审核：　　　　　检测日期：　　年　月　日

附录5-3 ××××（单位名称）内部样品交接单

（检）字【　　　】第　　　号　　　　　　　　　　　　　　　第　　页，共　　页

送样人		采样时间		接样人		接样时间		
样品名称及编号	样品类型	样品表观	样品数量	监测项目		质保措施	分析人员签字	
备注		平行样品分析项目及编号：						
		加标样品分析项目及编号：						

填写人员：　　　　　　校对：　　　　　　审核：　　　　　　日期：　年　月　日

附录5-4 重量法分析原始记录表

×环（监）【 　　 】第 　　 　 号　　　　　　　　　　第 　 页，共 　 页

分析项目		仪器名称型号		方法名称		送样日期		环境条件	室温/℃
		仪器编号		方法依据		分析日期			湿度/%
烘干/灼烧温度/℃				烘干/灼烧时间/h			恒重温度/℃		恒重时间/h	

样品名称及编号	器皿编号	取样量（ ）	初重/g			终重/g			样重/g	计算结果（ ）	报出结果（ ）	备 注
			W_1	W_2	$W_{均}$	W_1	W_2	$W_{均}$	ΔW			

分析：　　　　　校对：　　　　　　　审核：　　　　　　报告日期：　　　年　　月　　日

附录 5–5　原子吸收分光光度法原始记录表

×环（检）字【　　　】第　　　　号　　　　　　　　第　　页，共　　　页

测定项目		方法名称		送样日期		环境条件	温度/℃	
仪器名称、型号		方法依据		分析日期			湿度/%	
仪器编号		波长/nm		狭缝/nm		灯电流/mA	火焰条件	
标准曲线	浓度系列/（mg/L）							
	吸光度（A_i）							
	A_i-$A_{0均值}$	$A_{0均值}=$						
	回归方程	$r=$		$a=$		$b=$		$y=bx+a$
样品前处理								
样品名称及编号	稀释方法	取样体积/ml	查曲线值/（mg/L）	计算结果/（mg/L）	报出结果/（mg/L）	备注		

分析：　　　　　　校对：　　　　　审核：　　　　　报告日期：　　年　　月　　日

附录 5-6 容量法原始记录表

（检）字【　　　】第　　　号　　　　　　　　　　　　第　页，共　页

分析项目			接样时间		分析时间	
分析方法				方法依据		
标液名称		标液浓度		滴定管规格及编号		

样品前处理情况：

样品名称及编号	稀释方法	取样量/mL	消耗标准溶液体积/mL	计算结果/（mg/L）	报出结果/（mg/L）	备注

分析：　　　　　校对：　　　　　审核：　　　　　报告日期：　　年　月　日

附录 5-7   pH 分析原始记录表

（检）字【　　　】第　　　号　　　　　　　　　　　　　　第　　页，共　　页

采样日期			分析日期		
分析方法			仪器名称型号		
方法依据			仪器编号		
标准缓冲溶液温度/℃	标准缓冲溶液定位值Ⅰ	标准缓冲溶液定位值Ⅱ		标准缓冲溶液定位值Ⅲ	
样品名称及编号	水温/℃		pH	备注	

分析：　　　　　　校对：　　　　　审核：　　　　　　报告日期：　　年　月　日

附录 5-8 标准溶液配制及标定记录表

环（检）字【　　　】第　　　号　　　　　　　　　　　　　　第　页，共　页

<table>
<tr><td rowspan="8">基准
试剂
恒重</td><td colspan="2">基准试剂</td><td></td><td>恒重日期</td><td colspan="3">年　月　日</td></tr>
<tr><td colspan="2">烘箱名称型号</td><td></td><td>烘箱编号</td><td colspan="3"></td></tr>
<tr><td colspan="2">天平名称型号</td><td></td><td>天平编号</td><td colspan="3"></td></tr>
<tr><td colspan="2">干燥次数</td><td>第一次</td><td>第二次</td><td>第三次</td><td colspan="2">第四次</td></tr>
<tr><td colspan="2">干燥温度/℃</td><td></td><td></td><td></td><td colspan="2"></td></tr>
<tr><td colspan="2">干燥时间/h</td><td></td><td></td><td></td><td colspan="2"></td></tr>
<tr><td colspan="2">总量/g</td><td></td><td></td><td></td><td colspan="2"></td></tr>
<tr><td colspan="7"></td></tr>
<tr><td rowspan="6">基准
溶液
配制</td><td colspan="2">基准试剂</td><td></td><td>配制日期</td><td colspan="3">年　月　日</td></tr>
<tr><td colspan="2">样品编号</td><td>1#</td><td>2#</td><td>3#</td><td colspan="2">4#</td></tr>
<tr><td colspan="2">$W_{始}$/g</td><td></td><td></td><td></td><td colspan="2"></td></tr>
<tr><td colspan="2">$W_{末}$/g</td><td></td><td></td><td></td><td colspan="2"></td></tr>
<tr><td colspan="2">$W_{净}$/g</td><td></td><td></td><td></td><td colspan="2"></td></tr>
<tr><td colspan="2">定容体积 $V_{定}$/mL</td><td></td><td></td><td></td><td colspan="2"></td></tr>
<tr><td></td><td colspan="2">配制浓度 $C_{基}$/（mol/L）</td><td></td><td></td><td></td><td colspan="2"></td></tr>
<tr><td rowspan="7">标准
溶液
标定</td><td colspan="2">待标溶液</td><td>滴定管规格及
编号</td><td></td><td colspan="3">标定日期</td></tr>
<tr><td colspan="2">标定编号</td><td>空白1</td><td>空白2</td><td>1#</td><td>2#</td><td>3#</td><td>4#</td></tr>
<tr><td colspan="2">基准溶液体积 $V_{基}$/mL</td><td></td><td></td><td></td><td></td><td></td><td></td></tr>
<tr><td colspan="2">标准溶液消耗体积 $V_{标}$/mL</td><td></td><td></td><td></td><td></td><td></td><td></td></tr>
<tr><td colspan="2">计算浓度 $C_{标}$/（mol/L）</td><td></td><td></td><td></td><td></td><td></td><td></td></tr>
<tr><td colspan="2">平均浓度 $C_{标}$/（mol/L）</td><td></td><td></td><td></td><td></td><td></td><td></td></tr>
<tr><td colspan="2">相对偏差/%</td><td></td><td></td><td></td><td></td><td></td><td></td></tr>
</table>

基准溶液浓度计算：

$$C_{基}（mol/L）= 1\,000 \times W_{净}/M/V_{定}$$

注：M——基准试剂摩尔质量

标准溶液浓度计算：

$$C_{标}（mol/L）= C_{基} \times V_{基}/V_{标}$$

或

$$C_{标}（mol/L）= 1\,000 \times W_{净}/M/V_{定}$$

备注

分析：　　　　　校对：　　　　　审核：　　　　　报告日期：　年　月　日

附录 5-9　作业指导书样例

（氮氧化物化学发光测试仪作业指导书）

1　概述

1.1　适用范围

本作业指导书适用于化学发光法测试仪测定固定源排气中氮氧化物。

1.2　方法依据

本方法依据《固定污染源排气中颗粒物测定与气态污染物采样方法》（GB/T 16157—1996）、《固定源废气监测技术规范》（HJ/T 397—2007）以及 USEPA Method 7E。

1.3　方法原理及操作概要

试样气体中的一氧化氮（NO）与臭氧（O_3）反应，变成二氧化氮（NO_2）。NO_2 变为激发态（NO_2^*）后在进入基态时会放射光，这一现象就是化学发光。

$$NO + O_3 \rightarrow NO_2^* + O_2$$

$$NO_2^* \rightarrow NO_2 + h\nu$$

这一反应非常快且只有 NO 参与，几乎不受其他共存气体的影响。NO 为低浓度时，发光光量与浓度成正比。

2　测试仪器

便携式氮氧化物化学发光法测试仪

3 测试步骤

3.1 接通电源开关，让测试仪预热。

3.2 设置当次测试的日期及时间。

3.3 预热结束后，将量程设置为实际使用的量程，并进行校正。

从菜单中选择"校正"。进入校正画面后，自动切换成 NO 管路（不通过 NO_x 转换器的管路）。

3.3.1 量程气体浓度设置

1）按下 ▮▮▮ 后，设置量程气体浓度。

2）根据所使用的量程气体，变更浓度设置。

3）设置量程气体钢瓶的浓度，按下"Enter"。

4）按下"back"键，决定变更内容后，返回到校正画面。

3.3.2 零点校正（校正时请先执行零点校正。）

1）选择校正管路。进行零点校正的组分在校正类别中选择"zero"。

2）流入 N_2 气体后，等待稳定。

3）指示值稳定后按下 ⬇ 。

4）按下"是"进行校正。完成零点校正。

3.3.3 量程校正

1）首先，为了进行 NO 的量程校正，NO 以外选择"—"，只有 NO 选择"span"。

2）校正类别中选择"span"的组分会显示窗口，用于确认校正量程和量程气体浓度。确认内容后，按下"OK"返回到校正画面。

3）流入 CO 气体后，等待稳定。

4）指示值稳定后按下 ⬇ 。

5）按下"是"进行校正。

3.4 完成所有的校正后，按下返回到菜单画面、测量画面。

3.5 从测量画面按下每个组分的量程按钮，按组分设置测量浓度的量程。每个组分的测量值/换算值/滑动平均值/累计值量程及校正量程是通用的。变更任何一个值的量程，其他值的量程也会跟着变更。模拟输出的满刻度值也会同时变更。

3.5.1 选择想要变更的组分的量程。

3.5.2 选择想要变更的量程，按下"OK"决定。

3.6 测试过程数据记录保存

3.6.1 将有足够剩余空间且未 LOCK 的 SD 卡插入分析仪正面的 SD 卡插槽中。

3.6.2 从菜单 2/5 中选择"数据记录"。

3.6.3 选择"记录间隔"。

3.6.4 按下前进、后退键选择记录间隔，再按下"OK"决定。

3.6.5 选择保存文件夹。

3.6.6 选择保存文件夹后，按下 。

3.6.7 确认开始记录时，按下"是"开始。

如果开始记录，记录状态就会从记录停止中变为记录中，同时 MEM LED 会亮黄灯。

3.6.8 停止记录时，请再次按下。确认停止记录时，按下"是"停止记录。

3.6.9 记录状态会再次从记录中变为记录停止中，同时 MEM LED 会熄灭。

4 测试结束

4.1 通过采样探头等吸入大气至读数降回到零点附近。

4.2 从菜单中选择测量结束。

4.3 按下"是"结束处理。

4.4 完成测量结束处理，显示关闭电源的信息后，请关闭电源开关。

附录6

自行监测相关标准规范

附录 6-1　污染物排放标准

标准类型	序号	排放标准名称及编号
废水	1	发酵类制药工业水污染物排放标准（GB 21903—2008）
	2	化学合成类制药工业水污染物排放标准（GB 21904—2008）
	3	提取类制药工业水污染物排放标准（GB 21905—2008）
	4	污水综合排放标准（GB 8978—1996）
废气	1	锅炉大气污染物排放标准（GB 13271—2014）
	2	火电厂大气污染物排放标准（GB 13223—2011）
	3	大气污染物综合排放标准（GB 16297—1996）
	4	恶臭污染物排放标准（GB 14554—93）
	5	危险废物焚烧污染控制标准（GB 18484—2001）

标准统计截至 2019 年 3 月。

附录 6-2　相关监测技术规范标准

分类	标准号	标准名称
废气监测技术规范类	GB/T 16157—1996	固定污染源排气中颗粒物测定与气态污染物采样方法
	HJ/T 55—2000	大气污染物无组织排放监测技术导则
	HJ 75—2017	固定污染源烟气（SO_2、NO_x、颗粒物）排放连续监测技术规范
	HJ 76—2017	固定污染源烟气（SO_2、NO_x、颗粒物）排放连续监测系统技术要求及检测方法
	HJ/T 397—2007	固定源废气监测技术规范
	HJ 733—2014	泄漏和敞开液面排放的挥发性有机物检测技术导则
	HJ 905—2017	恶臭污染环境监测技术规范
废水监测技术规范类	HJ/T 91—2002	地表水和污水监测技术规范
	HJ/T 92—2002	水污染物排放总量监测技术规范
	HJ/T 353—2007	水污染源在线监测系统安装技术规范（试行）
	HJ/T 354—2007	水污染源在线监测系统验收技术规范（试行）

分类	标准号	标准名称
废水监测技术规范类	HJ/T 355—2007	水污染源在线监测系统运行与考核技术规范（试行）
	HJ/T 356—2007	水污染源在线监测系统数据有效性判别技术规范（试行）
	HJ 493—2009	水质 样品的保存和管理技术规定
	HJ 494—2009	水质 采样技术指导
	HJ 495—2009	水质 采样方案设计技术规定
	HJ/T 377—2007	环境保护产品技术要求 化学需氧量（COD_{Cr}）水质在线自动监测仪
	HJ/T 101—2003	氨氮水质自动分析仪技术要求
	HJ/T 102—2003	总氮水质自动分析仪技术要求
	HJ/T 103—2003	总磷水质自动分析仪技术要求
	HJ/T 212—2017	污染源在线自动监控（监测）系统数据传输标准
	HJ 477—2009	污染源在线自动监控（监测）数据采集传输技术要求
	HJ/T 15—2007	环境保护产品技术要求 超声波明渠污水流量计
噪声监测技术规范类	GB 12348—2008	工业企业厂界环境噪声排放标准
	HJ 706—2014	环境噪声监测技术规范噪声测量值修正
其他技术规范类	HJ/T 166—2004	土壤环境监测技术规范
	HJ/T 164—2004	地下水环境监测技术规范
	HJ/T 194—2017	环境空气质量手工监测技术规范
	HJ 442—2008	近岸海域环境监测规范
	GB 3838—2002	地表水环境质量标准
	GB 3097—1997	海水水质标准
	GB/T 14848—2017	地下水质量标准
	GB 15618—2018	土壤环境质量 农用地土壤污染风险管控标准（试行）
	GB 36600—2018	土壤环境质量 建设用地土壤污染风险管控标准（试行）
	HJ/T 792—2016	建设项目竣工环境保护验收技术规范 制药
	HJ 2.1—2016	环境影响评价技术导则 总纲
	HJ 2.3—2018	环境影响评价技术导则 地表水环境
	HJ 610—2016	环境影响评价技术导则 地下水环境
	HJ 819—2017	排污单位自行监测技术指南 总则
	HJ 820—2017	排污单位自行监测技术指南 火力发电及锅炉
	HJ 858.1—2017	排污许可证申请与核发技术规范 制药工业-原料药制造
	HJ 881—2017	排污单位自行监测技术指南 提取类制药工业
	HJ 882—2017	排污单位自行监测技术指南 发酵类制药工业
	HJ 883—2017	排污单位自行监测技术指南 化学合成类制药工业
	HJ/T 373—2007	固定污染源监测质量保证与质量控制技术规范（试行）

标准统计截至 2019 年 3 月。

附录 6-3　废水污染物相关监测方法标准

序号	监测项目	分析方法
1	pH	水质 pH 的测定 玻璃电极法（GB/T 6920—1986）
2	pH	便携式 pH 计法《水和废水监测分析方法》(第四版)国家环保总局(2002)3.1.6.2
3	水温	水质 水温的测定 温度计或颠倒温度计测定法（GB 13195—1991）
4	色度	水质 色度的测定（GB 11903—1989）
5	悬浮物	水质 悬浮物的测定 重量法（GB 11901—1989）
6	硫化物	水质 硫化物的测定 亚甲基蓝分光光度法（GB/T 16489—1996）
7	硫化物	水质 硫化物的测定 碘量法（HJ/T 60—2000）
8	硫化物	水质 硫化物的测定 直接显色分光光度法（GB/T 17133—1997）
9	硫化物	水质 硫化物的测定 流动注射-亚甲基蓝分光光度法（HJ 824—2017）
10	硫化物	水质 硫化物的测定 气相分子吸收光谱法（HJ/T 200—2005）
11	总氰化物	水质 氰化物的测定 容量法和分光光度法（HJ 484—2009）
12	总氰化物	水质 氰化物的测定 流动注射-分光光度法（HJ 823—2017）
13	总氰化物	水质 氰化物等的测定 真空检测管-电子比色法（HJ659—2013）
14	化学需氧量	水质 化学需氧量的测定 重铬酸盐法（HJ 828—2017）
15	化学需氧量	水质 化学需氧量的测定 快速消解分光光度法（HJ/T 399—2007）
16	化学需氧量	高氯废水 化学需氧量的测定氯气校正法（HJ/T 70—2001）
17	五日生化需氧量（BOD$_5$）	水质 五日生化需氧量（BOD$_5$）的测定 稀释与接种法（HJ 505—2009）
18	氨氮	水质 氨氮的测定 蒸馏-中和滴定法（HJ 537—2009）
19	氨氮	水质 氨氮的测定 纳氏试剂分光光度法（HJ 535—2009）
20	氨氮	水质 氨氮的测定 水杨酸分光光度法（HJ 536—2009）
21	氨氮	水质 氨氮的测定 连续流动-水杨酸分光光度法（HJ 665—2013）
22	氨氮	水质 氨氮的测定 流动注射-水杨酸分光光度法（HJ 666—2013）
23	氨氮	水质 氨氮的测定 气相分子吸收光谱法（HJ/T 195—2005）
24	总氮	水质 总氮的测定 碱性过硫酸钾消解紫外分光光度法（HJ 636—2012）
25	总氮	水质 总氮的测定 连续流动-盐酸萘乙二胺分光光度法（HJ 667—2013）
26	总氮	水质 总氮的测定 流动注射-盐酸萘乙二胺分光光度法（HJ 668—2013）
27	总氮	水质 总氮的测定 气相分子吸收光谱法（HJ/T 199—2005）
28	总磷	水质 总磷的测定 钼酸铵分光光度法（GB 11893—1989）
29	总磷	水质 磷酸盐和总磷的测定 连续流动-钼酸铵分光光度法（HJ 670—2013）
30	总磷	水质 总磷的测定 流动注射-钼酸铵分光光度法（HJ 671—2013）

序号	监测项目	分析方法
31	总有机碳	水质 总有机碳的测定 燃烧氧化-非分散红外吸收法（HJ 501—2009）
32	总汞	水质 总汞的测定 冷原子吸收分光光度法（HJ 597—2011）
33	总汞	水质 总汞的测定 高锰酸钾-过硫酸钾消解法双硫腙分光光度法（GB 7469—87）
34	总汞	水质 汞、砷、硒、铋和锑的测定 原子荧光法（HJ 694—2014）
35	总砷	水质 总砷的测定 二乙基二硫代氨基甲酸银分光光度法（GB 7485—87）
36	总砷	水质 65 种元素的测定 电感耦合等离子体质谱法（HJ 700—2014）
37	总砷	水质 汞、砷、硒、铋和锑的测定 原子荧光法（HJ 694—2014）
38	总砷	水质 32 种元素的测定 电感耦合等离子体发射光谱法（HJ 776—2015）
39	总镍	水质 镍的测定 火焰原子吸收分光光度法（GB 11912—89）
40	总镍	水质 65 种元素的测定 电感耦合等离子体质谱（HJ 700—2014）
41	总镍	水质 镍的测定 丁二酮肟分光光度法（GB 11910—89）
42	总镍	水质 32 种元素的测定 电感耦合等离子体发射光谱法（HJ 776—2015）
43	六价铬	水质 六价铬的测定 二苯碳酰二肼分光光度法（GB/T 7467—1987）
44	总铜	水质 铜、锌、铅、镉的测定 原子吸收分光光度法（GB 7475—87）
45	总铜	水质 65 种元素的测定 电感耦合等离子体质谱法（HJ 700—2014）
46	总铜	水质 32 种元素的测定 电感耦合等离子体质谱法（HJ 776—2015）
47	总铜	水质 铜的测定 2,9-二甲基-1,10-菲啰啉分光光度法（HJ 486—2009）
48	总铜	水质 铜的测定 二乙基二硫代氨基甲酸钠分光光度法（HJ 485—2009）
49	总锌	水质 铜、锌、铅、镉的测定 原子吸收分光光度法（GB 7475—87）
50	总锌	水质 锌的测定 双硫腙分光光度法（GB 7472—87）
51	总锌	水质 65 种元素的测定 电感耦合等离子体质谱法（HJ 700—2014）
52	总锌	水质 32 种元素的测定 电感耦合等离子体质谱法（HJ 776—2015）
53	总铅	水质 铜、锌、铅、镉的测定 原子吸收分光光度法（GB 7475—87）
54	总铅	水质 铅的测定 双硫腙分光光度法（GB 7470—87）
55	总铅	水质 65 种元素的测定 电感耦合等离子体质谱法（HJ 700—2014）
56	总铅	水质 32 种元素的测定 电感耦合等离子体质谱法（HJ 776—2015）
57	总镉	水质 铜、锌、铅、镉的测定 原子吸收分光光度法（GB 7475—87）
58	总镉	水质 镉的测定 双硫腙分光光度法（GB 7471—87）
59	总镉	水质 65 种元素的测定 电感耦合等离子体质谱法（HJ 700—2014）
60	总镉	水质 32 种元素的测定 电感耦合等离子体质谱法（HJ 776—2015）
61	挥发酚	水质 挥发酚的测定 4-氨基安替比林分光光度法（HJ 503—2009）
62	挥发酚	水质 挥发酚的测定 流动注射-4-氨基安替比林分光光度法（HJ 825—2017）
63	挥发酚	水质 挥发酚的测定 溴化容量法（HJ 502—2009）

序号	监测项目	分析方法
64	动植物油类	水质 石油类和动植物油类的测定 红外分光光度法（HJ 637—2018）
65	苯胺类	水质 苯胺类化合物的测定 气相色谱-质谱法（HJ 822—2017）
66	苯胺类	水质 苯胺类化合物的测定 N-（1-萘基）乙二胺偶氮分光光度法（GB 11889—89）
67	硝基苯类	水质 硝基苯类化合物的测定 气相色谱-质谱法（HJ 716—2014）
68	硝基苯类	水质 硝基苯类化合物的测定 液液萃取/固相萃取-气相色谱法（HJ 648—2013）
69	硝基苯类	水质 硝基苯类化合物的测定 气相色谱-质谱法（HJ 592—2010）
70	急性毒性	水质 急性毒性的测定 发光细菌法（GB/T 15441—1995）
71	二氯甲烷	水质 挥发性卤代烃的测定 顶空气相色谱法（HJ 620—2011）
72	烷基汞	水质 烷基汞的测定 气相色谱法（GB/T 14204—1993）
73	烷基汞	水质 烷基汞的测定 吹扫捕集/气相色谱-冷原子荧光光谱法（HJ 977—2018）

标准统计截至 2019 年 3 月。

附录 6-4　废气污染物相关监测方法标准

序号	监测项目	分析方法名称及编号
1	二氧化硫	固定污染源排气中二氧化硫的测定 碘量法（HJ/T56—2000）
2	二氧化硫	固定污染源废气 二氧化硫的测定 定电位电解法（HJ/T57—2017）
3	二氧化硫	固定污染源废气 二氧化硫的测定 非分散红外吸收法（HJ 629—2011）
4	二氧化硫	环境空气 二氧化硫的测定 甲醛吸收-副玫瑰苯胺分光光度法（HJ 482—2009）
5	二氧化硫	环境空气 二氧化硫的测定 四氯汞盐吸收-副玫瑰苯胺分光光度法（HJ 483—2009）
6	氮氧化物	固定污染源废气 氮氧化物的测定 非分散红外吸收法（HJ 692—2014）
7	氮氧化物	固定污染源废气 氮氧化物的测定 定电位电解法（HJ 693—2014）
8	氮氧化物	固定污染源排气中氮氧化物的测定 盐酸萘乙二胺分光光度法（HJ/T 43—1999）
9	氮氧化物	固定污染源排气中氮氧化物的测定 紫外分光光度法（HJ/T 42—1999）
10	氮氧化物	固定污染源排气 氮氧化物的测定 酸碱滴定法（HJ 675—2013）
11	氮氧化物	环境空气 氮氧化物（一氧化氮和二氧化氮）的测定 盐酸萘乙二胺分光光度法（HJ 479—2009）
12	颗粒物	固定污染源排气中颗粒物测定与气态污染物采样方法（GB/T 16157—1996）

序号	监测项目	分析方法名称及编号
13	颗粒物	固定污染源废气 低浓度颗粒物的测定 重量法（HJ 836—2017）
14	颗粒物	锅炉烟尘测试方法（GB 5468—1991）
15	颗粒物	环境空气 总悬浮颗粒物的测定 重量法（GB/T 15432—1995）
16	氯化氢	固定污染源排气中氯化氢的测定 硫氰酸汞分光光度法（HJ/T 27—1999）
17	氯化氢	环境空气和废气 氯化氢的测定 离子色谱法（HJ 549—2016）
18	氯化氢	固定污染源废气 氯化氢的测定 硝酸银容量法（HJ 548—2016）
19	铬酸雾	二苯基碳酰二肼分光光度法（HJ/T 29—1999）
20	硫酸雾	铬酸钡比色法（GB 4920—85）
21	硫酸雾	《电镀污染物排放标准》（GB 21900—2008）附录 C 铬酸钡分光光度法
22	硫酸雾	《电镀污染物排放标准》 GB 21900—2008）附录 D 离子色谱法
23	硫酸雾	固定污染源废气 硫酸雾的测定 离子色谱法（HJ 544—2016）
24	氟化物	环境空气 氟化物的测定 滤膜采样氟离子选择电极法（HJ 480—2009）
25	氟化物	环境空气 氟化物的测定 石灰滤纸采样氟离子选择电极法（HJ 481—2009）
26	氯气	固定污染源废气 氯气的测定 碘量法（HJ 547—2017）
27	氯气	甲基橙分光光度法（HJ/T 30—1999）
28	铅及其化合物	电感耦合等离子体质谱法（HJ 657—2013）
29	铅及其化合物	电感耦合等离子体发射光谱法（HJ 777—2015）
30	铅及其化合物	火焰原子吸收分光光度法（GB/T 15264—94）
31	铅及其化合物	火焰原子吸收分光光度法（HJ 685—2014）
32	铅及其化合物	火焰原子吸收分光光度法（暂行）（HJ 538—2009）
33	铅及其化合物	石墨炉原子吸收分光光度法（HJ 539—2015）
34	汞及其化合物	环境空气 气态汞的测定 金膜富集/冷原子吸收分光光度法（HJ 910—2017）
35	汞及其化合物	固定污染源废气 气态汞的测定 活性炭吸附/热裂解原子吸收分光光度法（HJ 917—2017）
36	汞及其化合物	固定污染源废气 汞的测定 冷原子吸收分光光度法（暂行）（HJ 543—2009）
37	汞及其化合物	环境空气 汞的测定 巯基棉富集-冷原子荧光分光光度法（暂行）（HJ 542—2009）
38	镉及其化合物	颗粒物中铅等金属元素的测定 电感耦合等离子体质谱法（HJ 657—2013）
39	镉及其化合物	对-偶氮苯重氮氨基偶氮苯磺酸分光光度法（HJ/T 64.3—2001）
40	镉及其化合物	电感耦合等离子体发射光谱法（HJ 777—2015）
41	镉及其化合物	火焰原子吸收分光光度法（HJ/T 64.1—2001）

序号	监测项目	分析方法名称及编号
42	镉及其化合物	石墨炉原子吸收分光光度法（HJ/T 64.2—2001）
43	铍及其化合物	电感耦合等离子体质谱法（HJ 657—2013）
44	铍及其化合物	电感耦合等离子体发射光谱法（HJ 777—2015）
45	铍及其化合物	石墨炉原子吸收分光光度法（HJ 684—2014）
46	镍及其化合物	丁二酮肟-正丁醇萃取分光光度法（HJ/T 63.3—2001）
47	镍及其化合物	火焰原子吸收分光光度法（HJ/T 63.1—2001）
48	镍及其化合物	石墨炉原子吸收分光光度法（HJ/T 63.2—2001）
49	镍及其化合物	电感耦合等离子体质谱法（HJ 657—2013）
50	镍及其化合物	电感耦合等离子体发射光谱法（HJ 777—2015）
51	苯	工作场所空气有毒物质测定 芳香烃类化合物（GBZ/T 160.42—2007）
52	苯	环境空气 苯系物的测定 固体吸附/热脱附-气相色谱法（HJ 583—2010）
53	苯	固定污染源废气 挥发性有机物的测定 固体吸附/热脱附-气相色谱-质谱法（HJ 734—2014）
54	苯	环境空气 苯系物的测定 活性炭吸附/二硫化碳解吸-气相色谱法（HJ 584—2010）
55	苯	环境空气 挥发性有机物的测定 吸附管采样-热脱附/气相色谱-质谱法（HJ 644—2013）
56	甲苯	工作场所空气有毒物质测定 芳香烃类化合物（GBZ/T 160.42—2007）
57	甲苯	苯系物的测定 固体吸附/热脱附-气相色谱法（HJ 583—2010）
58	甲苯	挥发性有机物的测定 固体吸附/热脱附-气相色谱-质谱法（HJ 734—2014）
59	甲苯	活性炭吸附/二硫化碳解吸-气相色谱法（HJ 584—2010）
60	甲苯	挥发性有机物的测定 吸附管采样-热脱附/气相色谱-质谱法（HJ 644—2013）
61	二甲苯	工作场所空气有毒物质测定 芳香烃类化合物（GBZ/T 160.42—2007）
62	二甲苯	环境空气 苯系物的测定 固体吸附/热脱附-气相色谱法（HJ 583—2010）
63	二甲苯	固定污染源废气 挥发性有机物的测定 固体吸附/热脱附-气相色谱-质谱法（HJ 734—2014）
64	二甲苯	环境空气 苯系物的测定 活性炭吸附/二硫化碳解吸-气相色谱法（HJ 584—2010）
65	二甲苯	环境空气 挥发性有机物的测定吸附管采样-热脱附/气相色谱-质谱法（HJ 644—2013）
66	酚类化合物	环境空气 酚类化合物的测定 高效液相色谱法（HJ 638—2012）
67	酚类化合物	固定污染源排气中酚类化合的测定 4-氨基安替比林分光光度法（HJ/T 32—1999）

序号	监测项目	分析方法名称及编号
68	甲醛	空气质量 乙酰丙酮分光光度法（GB/T 15516—1995）
69	乙醛	气相色谱法（HJ/T 35—1999）
70	丙烯腈	固定污染源排气中丙烯腈的测定 气相色谱法（HJ/T 37—1999）
71	丙烯醛	固定污染源排气中丙烯醛的测定 气相色谱法（HJ/T 36—1999）
72	氰化氢	异烟酸-吡唑啉酮分光光度法（HJ/T 28—1999）
73	甲醇	固定污染源排气中甲醇的测定 气相色谱法（HJ/T 33—1999）
74	苯胺类	大气固定污染源 苯胺类的测定 气相色谱法（HJ/T 68—2001）
75	苯胺类	空气质量 苯胺类的测定 盐酸萘乙二胺分光光度法（GB/T 15502—1995）
76	氯苯类	氯苯类化合物的测定 气相色谱法（HJ/T 66—2001）
77	氯苯类	气相色谱法（HJ/T 39—1999）
78	硝基苯类	锌还原-盐酸萘乙二胺分光光度法（GB/T 15501—1999）
79	硝基苯类	环境空气 硝基苯类化合物的测定 气相色谱-质谱法（HJ 739—2015）
80	硝基苯类	环境空气 硝基苯类化合物的测定 气相色谱法（HJ 738—2015）
81	氯乙烯	固定污染源排气中氯乙烯的测定 气相色谱法（HJ/T 34—1999）
82	氯乙烯	环境空气 挥发性有机物的测定 罐采样-气相色谱-质谱法（HJ 759—2015）
83	苯并[a]芘	环境空气 苯并[a]芘的测定 高效液相色谱法（GB/T 15439—1995）
84	苯并[a]芘	环境空气和废气 气相和颗粒物中多环芳烃的测定 高效液相色谱法（HJ 647—2013）
85	苯并[a]芘	固定污染源排气中苯并[a]芘的测定 高效液相色谱法（HJ/T 40—1999）
86	苯并[a]芘	环境空气和废气气相和颗粒物中多环芳烃的测定 气相色谱-质谱法（HJ 646—2013）
87	光气	苯胺紫外分光光度法（HJ/T 31—1999）
88	光气	固定污染源排气中颗粒物测定与气态污染物采样方法（GB/T 16157—1996）
89	非甲烷总烃	固定污染源废气总烃、甲烷和非甲烷总烃的测定 气相色谱法（HJ/T 38—2017）
90	非甲烷总烃	环境空气总烃、甲烷和非甲烷总烃的测定 直接进样-气相色谱法（HJ 604—2017）
91	烟气黑度	固定污染源排放烟气黑度的测定 林格曼烟气黑度图法（HJ/T 398—2007）
92	氟化氢	固定污染源废气 氟化氢的测定 离子色谱法（暂行）（HJ 688—2013）
93	氟化氢	大气固定污染源 氟化物的测定 离子选择电极法（HJ/T 67—2001）
94	砷及其化合物	电感耦合等离子体质谱法（HJ 657—2013）
95	砷及其化合物	电感耦合等离子体发射光谱法（HJ 777—2015）
96	砷及其化合物	固定污染源废气 砷的测定 二乙基二硫代氨基甲酸银分光光度法（HJ 540—2016）

序号	监测项目	分析方法名称及编号
97	砷及其化合物	黄磷生产废气气态砷的测定 二乙基二硫代氨基甲酸银分光光度法（暂行）（HJ 541—2009）
98	铬及其化合物	颗粒物中铅等金属元素的测定 电感耦合等离子体质谱法（HJ 657—2013）
99	铬及其化合物	电感耦合等离子体发射光谱法（HJ 777—2015）
100	锡及其化合物	电感耦合等离子体质谱法（HJ 657—2013）
101	锡及其化合物	电感耦合等离子体发射光谱法（HJ 777—2015）
102	锡及其化合物	石墨炉原子吸收分光光度法（HJ/T 65—2001）
103	锑及其化合物	电感耦合等离子体质谱法（HJ 657—2013）
104	锑及其化合物	电感耦合等离子体发射光谱法（HJ 777—2015）
105	铜及其化合物	电感耦合等离子体质谱法（HJ 657—2013）
106	铜及其化合物	电感耦合等离子体发射光谱法（HJ 777—2015）
107	锰及其化合物	电感耦合等离子体质谱法（HJ 657—2013）
108	锰及其化合物	电感耦合等离子体发射光谱法（HJ 777—2015）
109	二噁英类	环境空气和废气 二噁英类的测定 同位素稀释高分辨气相色谱-高分辨质谱法（HJ 77.2—2008）
110	二噁英类	环境二噁英类监测技术规范（HJ 916—2017）
111	氨	环境空气 氨的测定 次氯酸钠-水杨酸分光光度法（HJ 534—2009）
112	氨	环境空气和废气 氨的测定 纳氏试剂分光光度法（HJ 533—2009）
113	氨	空气质量 氨的测定 离子选择电极法（GB/T 14669—93）
114	硫化氢	空气质量 硫化氢、甲硫醇、甲硫醚、二甲二硫的测定 气相色谱法（GB/T 14678—93）
115	硫化氢	固定污染源排气中颗粒物测定与气态污染物采样方法（GB/T 16157—1996）
116	甲硫醇	空气质量 硫化氢、甲硫醇、甲硫醚、二甲二硫的测定 气相色谱法（GB/T 14678—93）
117	甲硫醚	空气质量 硫化氢、甲硫醇、甲硫醚、二甲二硫的测定 气相色谱法（GB/T 14678—93）
118	二甲二硫	空气质量 硫化氢、甲硫醇、甲硫醚、二甲二硫的测定 气相色谱法（GB/T 14678—93）
119	二硫化碳	空气质量 二硫化碳的测定 二乙胺分光光度法（GB/T 14680—93）
120	苯乙烯	固定污染源废气 挥发性有机物的测定 固体吸附/热脱附-气相色谱-质谱法（HJ 734—2014）
121	苯乙烯	环境空气 苯系物的测定 固体吸附/热脱附-气相色谱法（HJ 583—2010）
122	苯乙烯	环境空气 苯系物的测定 活性炭吸附/二硫化碳解吸-气相色谱法（HJ 584—2010）
123	臭气浓度	空气质量 恶臭的测定 三点比较式臭袋法（GB/T 14675—93）

序号	监测项目	分析方法名称及编号
124	三甲胺	空气质量 三甲胺的测定 气相色谱法（GB/T 14676—1993）
125	一氧化碳	固定污染源排气中一氧化碳的测定 非色散红外吸收法（HJ/T 44—1999）
126	一氧化碳	固定污染源废气 一氧化碳的测定 定电位电解法（HJ 973—2018）
127	氯化氢	固定污染源排气中氯化氢的测定 硫氰酸汞分光光度法（HJ/T 27—1999）
128	氯化氢	固定污染源废气 氯化氢的测定 硝酸银容量法（HJ/T 27—1999）
129	氯化氢	环境空气和废气 氯化氢的测定 离子色谱法（HJ/T 27—1999）

标准统计截至 2019 年 3 月。

附录 6-5 危险废物相关监测方法标准

序号	分析方法名称及编号
1	固体废物鉴别标准 通则（GB 34330—2017）
2	危险废物鉴别技术规范（HJ/T 298－2007）
3	危险废物鉴别标准 通则（GB 5085.7—2007）
4	危险废物鉴别标准 毒性物质含量鉴别（GB 5085.6—2007）
5	危险废物鉴别标准 反应性鉴别（GB 5085.5—2007）
6	危险废物鉴别标准 易燃性鉴别（GB 5085.4—2007）
7	危险废物鉴别标准 浸出毒性鉴别（GB 5085.3—2007）
8	危险废物鉴别标准 急性毒性初筛（GB 5085.2—2007）
9	危险废物鉴别标准 腐蚀性鉴别（GB 5085.1—2007）

标准统计截至 2019 年 3 月。

附录 6-6 固体废物相关监测方法标准

序号	分析方法名称及编号
1	固体废物 多氯联苯的测定 气相色谱-质谱法（HJ 891—2017）
2	固体废物 多环芳烃的测定 高效液相色谱法（HJ 892—2017）
3	固体废物 丙烯醛、丙烯腈、乙腈的测定 顶空-气相色谱法（HJ 874—2017）
4	固体废物 铅和镉的测定 石墨炉原子吸收分光光度法（HJ 787—2016）
5	固体废物 铅、锌和镉的测定 火焰原子吸收分光光度法（HJ 786—2016）
6	固体废物 有机物的提取 加压流体萃取法（HJ 782—2016）
7	固体废物 22 种金属元素的测定 电感耦合等离子体发射光谱法（HJ 781—2016）
8	固体废物 钡的测定 石墨炉原子吸收分光光度法（HJ 767—2015）
9	固体废物 金属元素的测定 电感耦合等离子体质谱法（HJ 766—2015）

序号	分析方法名称及编号
10	固体废物 有机物的提取 微波萃取法（HJ 765—2015）
11	固体废物 有机质的测定 灼烧减量法（HJ 761—2015）
12	固体废物 挥发性有机物的测定 顶空-气相色谱法（HJ 760—2015）
13	固体废物 铍 镍 铜和钼的测定 石墨炉原子吸收分光光度法（HJ 752—2015）
14	固体废物 镍和铜的测定 火焰原子吸收分光光度法（HJ 751—2015）
15	固体废物 总铬的测定 石墨炉原子吸收分光光度法（HJ 750—2015）
16	固体废物 总铬的测定 火焰原子吸收分光光度法（HJ 749—2015）
17	固体废物 挥发性卤代烃的测定 顶空/气相色谱-质谱法（HJ 714—2014）
18	固体废物 挥发性卤代烃的测定 吹扫捕集/气相色谱-质谱法（HJ 713—2014）
19	固体废物 总磷的测定 偏钼酸铵分光光度法（HJ 712—2014）
20	固体废物 酚类化合物的测定 气相色谱法（HJ 711—2014）
21	固体废物 汞、砷、硒、铋、锑的测定 微波消解/原子荧光法（HJ 702—2014）
22	固体废物 六价铬的测定 碱消解/火焰原子吸收分光光度法（HJ 687—2014）
23	固体废物 挥发性有机物的测定 顶空/气相色谱-质谱法（HJ 643—2013）
24	固体废物 浸出毒性浸出方法 水平振荡法（HJ 557—2010）
25	固体废物 二噁英类的测定 同位素稀释高分辨气相色谱-高分辨质谱法 （HJ 77.3—2008）
26	危险废物（含医疗废物）焚烧处置设施二噁英排放监测技术规范（HJ/T 365—2007）
27	固体废物 浸出毒性浸出方法 醋酸缓冲溶液法（HJ/T 300—2007）
28	固体废物 浸出毒性浸出方法 硫酸硝酸法（HJ/T 299—2007）
29	固体废物 浸出毒性浸出方法 翻转法（GB 5086.1—1997）
30	固体废物 总铬的测定 硫酸亚铁铵滴定法（GB/T 15555.8—1995）
31	固体废物 六价铬的测定 硫酸亚铁铵滴定法（GB/T 15555.7—1995）
32	固体废物 总铬的测定 直接吸入火焰原子吸收分光光度法（GB/T 15555.6—1995）
33	固体废物 六价铬的测定 二苯碳酰二肼分光光度法（GB/T 15555.4—1995）
34	固体废物 砷的测定 二乙基二硫代氨基甲酸银分光光度法（GB/T 15555.3—1995）
35	固体废物 铜、锌、铅、镉的测定 原子吸收分光光度法（GB/T 15555.2—1995）
36	固体废物 总汞的测定 冷原子吸收分光光度法（GB/T 15555.1—1995）
37	固体废物 镍的测定 丁二酮肟分光光度法（GB/T 15555.10—1995）
38	固体废物 氟化物的测定 离子选择性电极法（GB/T 15555.11—1995）
39	固体废物 腐蚀性测定 玻璃电极法（GB/T 15555.12—1995）
40	固体废物 镍的测定 直接吸入火焰原子吸收分光光度法（GB/T 15555.9—1995）
41	固体废物 总铬的测定 二苯碳酰二肼分光光度法（GB/T 15555.5—1995）

标准统计截至 2019 年 3 月。

附录 7

自行监测方案参考模板

××××有限公司

自行监测方案

企业名称：　　××××　有限公司

编制时间：　　2018 年 2 月

一、企业概况

（一）基本情况

主要介绍排污单位的地理位置、生产规模、产品生产情况、人员等基本信息。如：×××××有限公司位于×××××市××××路 175 号，成立于 1969年 4 月，2005 年 5 月，×××××集团整体上市后，成立新的×××××股份公司，××××公司成为××××股份的子公司。公司占地面积为 188550 平方米，现有员工 3000 余名。公司目前主要产品有：×××××、×××××、××××××、×××××……，年产量分别为×××××、×××××、×××××、×××××……。

（二）排污及治理情况

主要介绍排污单位生产的工业流程，并分析产排污节点及污染治理的情况。如：×××××厂区主要生产工序包括原料的清洗、种子的发酵、过滤、浸提、有机溶剂提取、脱色、干燥、粉碎、包装等生产过程。

1. 废气污染物产生的主要环节是种子发酵、有机溶剂提取、有机溶剂回收、药品真空干燥生产过程，还有污水处理系统的生化处理阶段。主要污染物有：颗粒物、臭气浓度、氨、硫化氢、丙酮、丁醇、乙酸乙酯、挥发性有机物。在异味治理方面，我公司投入资金 3800 万元，采用国内最先进的生物滴滤异味治理技术、碱洗化学吸收等工艺，建成配套完善的异味治理设施。

2. 废水污染物产生的主要环节是原料的清洗、发酵罐、脱色罐、结晶罐等容器的清洗以及一些废的母液。这些环节产生的废水经过管道集中送入污水处理站集中处理，处理达到《青霉素类制药挥发性有机物和恶臭特征污染物排放标准》（DB13/2208—2015）排放标准后，排入××××河。在污水治理方面，我公司投资近两亿元，采用"絮凝沉淀+水解酸化+全混氧化+MBR+芬顿氧化"工艺，占地 70 余亩建成了工艺技术先进、配套设施完善的专业化污水处理中心。

3. 噪声主要由离心过滤、真空干燥系统、空压机以及污水处理设施的设备和风机等高噪声机械产生。我公司尽量选择性能优良的设备、加强设备维修、合理布局、弹性减振等措施降低噪声影响。

4. 固体废物产生的主要环节是原料分拣的杂质、过滤的残渣、废的活性炭、废溶剂、废包装材料、废弃药品、污水处理站的污泥以及一些装溶剂的废溶剂桶等。这些固体废物根据《国家危险废物名录》或国家规定的危险废物鉴别标准和鉴别方法进行分类管理，属于危险废物的委托有资质的×××××公司进行处理，按照危险废物管理程序进行申报、记录、处理。

二、企业自行监测开展情况说明

主要介绍排污单位废水、废气、噪声等开展的监测项目、采取的监测方式等进行总体概况。如公司自行监测手段采用手动监测和自动监测相结合的方式。监测分析采取自主监测和委托第三方检测机构相结合的方式。

通过梳理公司相关项目的环评及批复、排污许可证及废水、废气、噪声执行的相关标准，对照单位生产及产排污情况，确定自行监测应开展的监测点位、监测指标、采用的监测分析方法及监测过程中应采取的质量控制和保证措施。

各工序废水经预处理后进入公司污水处理厂进行集中处理，处理达标后进市政管网，属于间接排放，监测点位主要为公司总排放口、生活污水排放口和雨水排放口。涉及的主要监测指标有：pH、化学需氧量（COD_{Cr}）、氨氮（NH_3-N）、急性毒性（$HgCl_2$ 毒性当量）、色度、五日生化需氧量、悬浮物、总氮、总磷、总氰化物、总锌、总有机碳。其中 pH、化学需氧量（COD_{Cr}）、氨氮（NH_3-N）和流量采取自动监测，并与省、市环保部门联网，委托×××××××环境科技工程有限公司运维，其他项目采取手工监测方式，急性毒性（$HgCl_2$ 毒性当量）、总氰化物、总锌和总有机碳委托×××环境监测有限公司检测。

废气涉及的主要排气筒有：吸附箱、吸收塔、真空系统、碟片离心机系统、发酵罐、种子罐、真空干燥器、常压罐、生物滴滤塔、污泥脱水间、混凝沉淀池、缩合罐、粉磨机、尾气净化系统的排气筒。有组织废气监测主要污染物有：挥发性有机物、氨、丙酮、丁醇、颗粒物、氯化氢、臭气浓度、硫化氢、乙酸丁酯。无组织废气监测主要污染物有：挥发性有机物、氨、丙酮、丁醇、氯化氢、臭气浓度、硫化氢、乙酸丁酯。丙酮、丁醇、乙酸丁酯和挥发性有机物委托××××环境监测有限公司检测。

通过对现场生产设备进行梳理，根据设备在厂区的布置情况，在厂区的东、西、南、北 4 个边界和 1 个环境敏感点布置噪声监测点位，每季度 1 次，昼夜各一次。

三、监测方案

本部分是排污单位自行监测方案的核心部分，是自行监测内容的具体化、细化。按照废水、废气、噪声等不同污染类型以不同监测点位分别列出各监测指标的监测频次、监测方法、执行标准等监测要求。

（一）有组织废气监测方案

1. 有组织废气监测点位、监测项目及监测频次见表 1。

表 1　有组织废气监测内容一览表

类型	序号	点位编号	监测点位	监测指标	监测频次	监测方式	自主/委托
有组织废气	1	DA001	磨粉机（MF0003）	挥发性有机物	1 次/月	手工	委托
	2	DA001	磨粉机（MF0003）	丙酮	1 次/年	手工	委托
	3	DA002	磨粉机（MF0006）	颗粒物	1 次/季度	手工	自主
	4	DA015	尾气净化系统（MF0016）	挥发性有机物	1 次/月	手工	委托

类型	序号	点位编号	监测点位	监测指标	监测频次	监测方式	自主/委托
有组织废气	5	DA017	缩合罐（MF0016）	挥发性有机物	1 次/月	手工	委托
	……	DA017	缩合罐（MF0016）	丙酮	1 次/年	手工	委托
	41	DA017	缩合罐（MF0016）	颗粒物	1 次/季度	手工	自主
	42	DA017	缩合罐（MF0016）	丁醇	1 次/年	手工	委托
	……	DA017	缩合罐（MF0016）	氨	1 次/年	手工	自主
	125	DA017	缩合罐（MF0016）	臭气浓度	1 次/年	手工	自主
	126	DA022	混凝沉淀池（MF0065）	臭气浓度	臭气浓度	1 次/年	手工
	……	DA022	混凝沉淀池（MF0065）	硫化氢	臭气浓度	1 次/年	手工
	221	DA074	吸附箱（MF0104）	挥发性有机物	1 次/月	手工	委托
	222	DA074	吸附箱（MF0104）	乙酸丁酯	1 次/年	手工	委托
	228	DA095	发酵罐（MF0118）	挥发性有机物	1 次/月	手工	委托
	……	DA095	发酵罐（MF0118）	臭气浓度	1 次/年	手工	自主
	249	DA095	发酵罐（MF0118）	颗粒物	1 次/季度	手工	自主
	250	DA115	碟片离心机系统（MF0121）	挥发性有机物	1 次/月	手工	委托
	251	DA115	碟片离心机系统（MF0121）	乙酸丁酯	1 次/年	手工	委托
备注		1. DA010、DA012、DA013、DA014、DA083、DA090、DA097 不具备监测条件； 2. 排口测量时同步监测烟气参数					

2. 有组织废气排放监测方法及依据见表 2。

表 2　有组织废气排放监测方法及依据一览表

序号	监测项目	监测方法及依据	分析仪器
1	颗粒物	《固定污染源排气中颗粒物测定与气态污染物采样方法》（GB/T 16157—1996）《固定污染源废气中低浓度颗粒物的测定　重量法》（HJ 836—2017）	智能烟尘平行采样仪电子分析天平
2	挥发性有机物（非甲烷总烃）	《固定污染源废气总烃、甲烷和非甲烷总烃的测定　气相色谱法》（HJ/T 38—2017）	气相色谱仪
3	丙酮	《固定污染源废气挥发性有机物的测定　固体吸附-热脱附/气相色谱-质谱法》（HJ 734—2014）	气相色谱-质谱联用仪
4	丁醇	工作场所空气有毒物质测定　第 85 部分：丁醇、戊醇和丙烯醇（GBZ/T 300.85—2017）	气相色谱仪
5	乙酸丁酯	《固定污染源废气挥发性有机物的测定　固体吸附-热脱附/气相色谱-质谱法》（HJ 734—2014）	气相色谱-质谱联用仪
6	臭气浓度	《恶臭污染源环境监测技术规范》（HJ 905—2017）《空气质量　恶臭的测定　三点比较式臭袋法》（GB/T 14675—1993）	真空瓶或气袋
7	氨	《环境空气和废气　氨的测定　纳氏试剂分光光度法》（HJ533—2009）	分光光度计
……	硫化氢	《固定污染源排气中颗粒物测定与气态污染物采样方法》（GB/T 16157—1996）《空气质量　硫化氢、甲硫醇、甲硫醚和二甲二硫的测定　气相色谱法》（GB/T 14678—1993）	气相色谱仪
29	流量	《固定污染源排气中颗粒物测定与气态污染物采样方法》（GB/T 16157—1996）	烟尘仪皮托管法自动流量测试仪

3．废气有组织排放监测结果执行标准见表 3。

表 3　有组织废气排放监测结果执行标准

单位：mg/m³　臭气浓度：无量纲

序号	排放口编号	监测点位	监测项目	执行标准限值	执行标准
1	DA001	磨粉机（MF0003）	挥发性有机物	60	《工业企业挥发性有机物排放控制标准》（DB 13/2322—2016）
2	DA001	磨粉机（MF0003）	丙酮	60	《青霉素类制药挥发性有机物和恶臭特征污染物排放标准》（DB13/2208—2015　DB13/2322—2016）
3	DA002	磨粉机（MF0006）	颗粒物	120	《大气污染物综合排放标准》（GB 16297—1996）
4	DA015	尾气净化系统（MF0016）	挥发性有机物	60	《工业企业挥发性有机物排放控制标准》（DB13/2322—2016）
5	DA017	缩合罐（MF0016）	挥发性有机物	60	《工业企业挥发性有机物排放控制标准》（DB13/2322—2016）
……	DA017	缩合罐（MF0016）	丙酮	60	《青霉素类制药挥发性有机物和恶臭特征污染物排放标准》（DB13/2208—2015　DB13/2322—2016）
41	DA017	缩合罐（MF0016）	丁醇	100	
42	DA017	缩合罐（MF0016）	颗粒物	120	《大气污染物综合排放标准》（GB 16297—1996）
……	DA017	缩合罐（MF0016）	氨	27（kg/h）	
125	DA017	缩合罐（MF0016）	臭气浓度	15000	
126	DA022	混凝沉淀池（MF0065）	臭气浓度	15000	《恶臭污染物排放标准》（GB 14554—93）表 2
……	DA022	混凝沉淀池（MF0065）	硫化氢	1.8（kg/h）	
221	DA074	吸附箱（MF0104）	挥发性有机物	60	《工业企业挥发性有机物排放控制标准》（DB13/2322—2016）
222	DA074	吸附箱（MF0104）	乙酸丁酯	200	《青霉素类制药挥发性有机物和恶臭特征污染物排放标准》（DB13/2208—2015　DB13/2322—2016）
228	DA095	发酵罐（MF0118）	挥发性有机物	60	《工业企业挥发性有机物排放控制标准》（DB13/2322—2016）
……	DA095	发酵罐（MF0118）	臭气浓度	15000	《恶臭污染物排放标准》（GB 14554—93）表 2

序号	排放口编号	监测点位	监测项目	执行标准限值	执行标准
249	DA095	发酵罐（MF0118）	颗粒物	120	《大气污染物综合排放标准》（GB 16297—1996）
250	DA115	碟片离心机系统（MF0121）	挥发性有机物	60	《工业企业挥发性有机物排放控制标准》（DB13/2322—2016）
251	DA115	碟片离心机系统（MF0121）	乙酸丁酯	200	《青霉素类制药挥发性有机物和恶臭特征污染物排放标准》（DB13/2208—2015　DB13/2322—2016）

（二）无组织废气排放监测方案

1. 无组织废气监测项目及监测频次见表 4，监测项目是在梳理有组织废气排放污染物的基础上确定的。

表 4　无组织废气污染源监测内容一览表

类型	监测点位	监测项目	监测频次	监测方式	自主/委托
无组织废气排放	厂界	硫化氢（mg/m³）	1 次/半年	手工	自主
		臭气浓度		手工	自主
		氨（氨气）		手工	自主
		挥发性有机物		手工	委托
		丙酮		手工	委托
		乙酸丁酯		手工	委托
		丁醇		手工	委托

2. 无组织废气排放监测方法及依据见表 5。

表 5　无组织废气排放监测方法及依据一览表

序号	监测项目	监测方法及依据	分析仪器
1	臭气浓度	《空气质量　恶臭的测定　三点比较式臭袋法》（GB/T 14675—1993）	真空瓶或气袋
2	氨	《环境空气和废气　氨的测定　纳氏试剂分光光度法》（HJ533—2009）	分光光度计

序号	监测项目	监测方法及依据	分析仪器
3	硫化氢	《空气质量 硫化氢、甲硫醇、甲硫醚和二甲二硫的测定 气相色谱法》（GB/T 14678—1993）	气相色谱仪
4	挥发性有机物	《环境空气 总烃、甲烷和非甲烷总烃的测定 直接进样-气相色谱法》（HJ 604—2017）	气相色谱仪
5	丙酮	《工作场所空气有毒物质测定 第103部分：丙酮、丁酮和甲基异丁基甲酮》（GBZ/T 300.103—2017）	气相色谱仪
6	乙酸丁酯	《工作场所空气有毒物质测定 饱和脂肪族酯类化合物》（GBZ/T 160.63—2007）	气相色谱仪
7	丁醇	《环境空气 挥发性有机物的测定 罐采样/气相色谱-质谱法》（HJ759—2015）	气相色谱-质谱联用仪

3. 无组织废气排放监测结果执行标准见表6。

表6 无组织废气排放监测结果执行标准

单位：mg/m³ 臭气浓度：无量纲

序号	监测项目	执行标准名称	标准限值
1	臭气浓度	《恶臭污染物排放标准》（GB 14554—1993）	20
2	氨	《恶臭污染物排放标准》（GB 14554—1993）	1.5
3	硫化氢	《恶臭污染物排放标准》（GB 14554—1993）	0.06
4	挥发性有机物	《挥发性有机物排放控制标准》（DB13/2322—2016）	2.0
5	丙酮	《青霉素类制药挥发性有机物和恶臭特征污染物排放标准》（DB13/2208—2015）	0.6
6	乙酸丁酯		1.2
7	丁醇		0.9

（三）废水监测方案

1. 废水监测项目及监测频次见表7。

表7 废水污染源监测内容一览表

序号	监测点位	监测项目	监测频次	监测方式	自主/委托
1	污水总排放口	流量、pH	连续	自动	委托
2		化学需氧量、氨氮	1次/2小时	自动	委托

序号	监测点位	监测项目	监测频次	监测方式	自主/委托
3	污水总排放口	总氮（以N计）、总磷（以P计）	1次/月	手工	自主
4		五日生化需氧量、色度、悬浮物	1次/季度	手工	自主
5		总锌、总有机碳、总氰化物、急性毒性	1次/季度	手工	委托
6	生活污水排放口	流量、pH	连续	自动	自主
7		化学需氧量、氨氮	1次/2小时	自动	自主
8		总氮（以N计）、总磷（以P计）、悬浮物、五日生化需氧量、动植物油	1次/月	手工	自主
9	雨水排放口	pH、化学需氧量、氨氮、悬浮物	1次/日（排放期间）	手工	自主
备注		化学需氧量和氨氮为自动监测，每两小时测量一次，当自动监测设备发生故障时改为手工监测，监测频率为每天不少于4次，间隔不得超过6小时。			

2. 废水污染物监测方法及依据情况见表8。

表8 废水污染物监测方法及依据一览表

序号	监测项目	监测方法及依据	分析仪器
1	pH	《水质 pH的测定 玻璃电极法》（GB/T 6920—1986）	pH计
2	化学需氧量（COD$_{Cr}$）	《水质 化学需氧量的测定 快速消解分光光度法》（HJ/T 399—2007）、《高氯废水 化学需氧量的测定 碘化钾碱性高锰酸钾法》（HJ/T 132—2003）、《高氯废水 化学需氧量的测定 氯气校正法》（HJ/T 70—2001）、《水质 化学需氧量的测定 重铬酸盐法》（HJ828—2017）	消解器、分光光度计 哈希 CODMaxII
3	氨氮（NH$_3$-N）	《水质 氨氮的测定 纳氏试剂分光光度法》（HJ 535—2009）、《水质 氨氮的测定 水杨酸分光光度法》（HJ 536—2009）、《水质 氨氮的测定 连续流动-水杨酸分光光度法》（HJ 665—2013）	分光光度计 哈希 AmtaxCompactII
4	悬浮物	《水质 悬浮物的测定 重量法》（GB 11901—1989）	电子天平
5	五日生化需氧量（BOD$_5$）	《水质 五日生化需氧量（BOD$_5$）的测定 稀释与接种法》（HJ 505—2009）	溶解氧仪
6	总磷（以P计）	《水质 总磷的测定 流动注射-钼酸铵分光光度法》（HJ 671—2013）、《水质 磷酸盐和总磷的测定 连续流动-钼酸铵分光光度法》（HJ 670—2013）、《水质 总磷的测定 钼酸铵分光光度法》（GB 11893—1989）	分光光度计

序号	监测项目	监测方法及依据	分析仪器
7	总氮 （以 N 计）	《水质 总氮的测定 流动注射-盐酸萘乙二胺分光光度法》（HJ 668—2013）、《水质 总氮的测定 连续流动-盐酸萘乙二胺分光光度法》（HJ 667—2013）、《水质 总氮的测定 碱性过硫酸钾消解紫外分光光度法》（HJ 636—2012）、《水质 总氮的测定 气相分子吸收光谱法》（HJ/T 199—2005）	分光光度计
8	总锌	《水质 铜、锌、铅、镉的测定 原子吸收分光光度法》（GB/T 7475—1987）	分光光度计
9	总氰化物	《水质 氰化物测定 容量法和分光光度法》（HJ 484—2009）	分光光度计
……	动植物油	《水质 石油类和动植物油类的测定 红外分光光度法》（HJ 637—2012）	分光光度计
23	急性毒性	《水质 急性毒性的测定 发光细菌法》（GB/T 15441—1995）	生物发光光度计
24	流量	超声流量计	E+H 明渠式超声流量计

3. 废水污染物监测结果评价标准见表 9。

表 9　废水污染物排放执行标准

单位：mg/L（pH、色度除外）

序号	排放口编号	监测点位	污染物种类	执行标准	标准限值
1	DW001	污水总排放口	pH		6～9
2	DW001	污水总排放口	化学需氧量		180
3	DW001	污水总排放口	氨氮		45
4	DW001	污水总排放口	总氮（以 N 计）		90
5	DW001	污水总排放口	总磷（以 P 计）		2.0
6	DW001	污水总排放口	五日生化需氧量	《发酵类制药工业水污染物排放标准》	50
7	DW001	污水总排放口	色度		80
8	DW001	污水总排放口	悬浮物		100
9	DW001	污水总排放口	总锌		4.0
10	DW001	污水总排放口	总有机碳		50
11	DW001	污水总排放口	总氰化物		0.5
12	DW001	污水总排放口	急性毒性		0.07

序号	排放口编号	监测点位	污染物种类	执行标准	标准限值
13	DW002	生活污水排放口	pH	《污水综合排放标准》（GB 8978—1996）表 4 一级	6～9
14	DW002	生活污水排放口	化学需氧量		100
15	DW002	生活污水排放口	氨氮		15
16	DW002	生活污水排放口	总氮（以 N 计）		/
17	DW002	生活污水排放口	总磷（以 P 计）		0.5
18	DW002	生活污水排放口	悬浮物		70
19	DW002	生活污水排放口	五日生化需氧量		20
20	DW002	生活污水排放口	动植物油		10
21	DW003	雨水排放口	pH	参照《污水综合排放标准》（GB 8978—1996）表 4 一级	6～9
22	DW003	雨水排放口	化学需氧量		100
23	DW003	雨水排放口	氨氮		15
24	DW003	雨水排放口	悬浮物		70

（四）厂界环境噪声监测方案

1. 厂界环境噪声监测内容见表 10。

表 10 厂界环境噪声监测内容表（L_{eq}）　　　　　　单位：dB（A）

监测点位	主要噪声源	监测频次	执行标准	标准限值
东侧厂界（Z1）	污水处理系统	1 次/季	《工业企业厂界环境噪声排放标准》（GB 12348—2008）3 类	昼间：65dB（A），夜间：55dB（A）
南侧厂界（Z2）	空压机	1 次/季		
西侧厂界（Z3）	物料粉碎机	1 次/季		
北侧厂界（Z4）	真空系统设备	1 次/季		
环境敏感点（××小区 15 幢）（Z5）	/	1 次/季		

2. 厂界环境噪声监测方法见表 11。

表 11 厂界环境噪声监测方法

监测项目	监测方法	分析仪器	备注
厂界环境噪声（Leq）	《工业企业厂界环境噪声排放标准》（GB 12348—2008）	AWA6270+噪声统计分析仪	昼间：6：00—22：00；夜间：22：00—06：00，昼夜各测一次

四、监测点位示意图

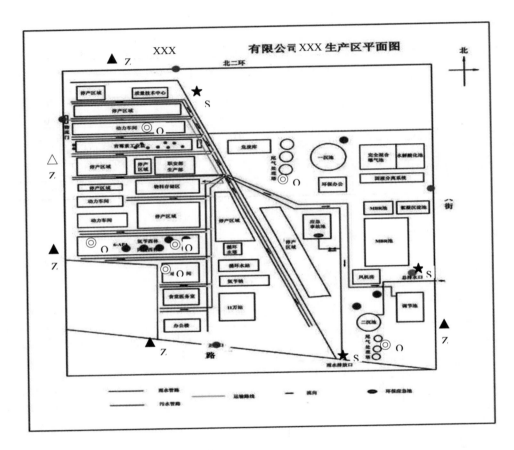

图 1 ×××××有限公司×××××生产区废水、废气、噪声监测点位示意图

废水、废气、噪声监测点位对应表

序号	点位编号	监测点位
1	S1	污水总排放口
2	S2	生活污水排放口
3	S3	雨水排放口
4	Q1	磨粉机（MF0006）废气排放口

序号	点位编号	监测点位
5	Q2	尾气净化系统（MF0016）废气排放口
6	Q3	缩合罐（MF0016）废气排放口
7	Q4	发酵罐（MF0118）废气排放口
8	Q5	吸附箱（MF0104）
9	Q6	混凝沉淀池（MF0065）
10	Z1	东侧厂界（污水处理系统）
11	Z2	南侧厂界（空压机）
12	Z3	西侧厂界（物料粉碎机）
13	Z4	北侧厂界（真空系统设备）
14	Z5	环境敏感点（××小区 15 幢）（Z5）

▲代表噪声监测点位；◎代表噪声敏感点监测点位；△代表废水监测点位；★代表废气监测点位

五、质量控制措施

主要从内部、外部对监测人员、实验室能力、监测技术规范、仪器设备、记录等质控管理提出适合本单位的质控管理措施。如：

××××公司自配有环境监测中心，中心实验室依据 CNAS-CL01：2006《检测和校准实验室能力认可准则》及化学检测领域应用说明建立质量管理体系，与所从事的环境监测活动类型、范围和工作量相适应，规范环境监测人、机、物、料、环、法的管理，满足认可体系共计 25 类质量和技术要素，实现了监测数据的"五性"目标。

监测中心制定《质量手册》《质量保证工作制度》《质量监督（员）管理制度》《检测结果质量控制程序》《检测数据控制与管理程序》《检测报告管理程序》，并依据管理制度每年制定"年度实验室质量控制计划"，得到有效实施。

质控分内部和外部两种形式，外部是每年组织参加由 CNAS 及 CNAS 承认的能力验证提供者（如原环保部标准物质研究所）组织的能力验证、测量审核，并对结果分析和有效性评价，得出仪器设备的性能状况和人员水平的结论。

内部质控使用有证标样、加标回收、平行双样和空白值测试等方式，定期对结果进行统计分析，形成质量分析报告。

1．人员持证上岗

××××环境监测中心现有监测岗位人员共计人员 24 名，其中管理人员 1 名，技术人员 6 名、检测人员 15 名、其他辅助人员 2 名。中心建立执行《人员培训管理程序》，对内部检测人员上岗资质执行上岗前的技术能力确认和上岗后技术能力持续评价。实行上岗证（中心发公司认可的上岗证）和国家环境保护监察员技能等级证（发证单位是人力资源和社会保障部）双证管理模式。

运维单位负责污染源在线监控系统运行和维护的人员均取得了"污染源在线监测设备运行维护"资格证书，分为废水和废气项目，并按照相关法规要求，定期安排运维人员进行运维知识和技能培训。每年与运维单位签订污染源在线监控系统运维委托协议，明确运行维护工作内容、职责及考核细则。

2．实验室能力认定

×××××××有限公司监测分自行监测和委托第三方检测机构检测两种模式。

委外检测的主要指标有：废水中的总锌、总氰化物、总有机碳和急性毒性（$HgCl_2$ 毒性当量）；废气中的丙酮、丁醇、乙酸乙酯和挥发性有机物。

中心实验室按照国家实验室认可准则开展监测，对资质认定许可范围内的监测项目进行监测。

委外检测的××××工业技术服务有限公司也是通过国家计量认定的实验室，取得 CMA 检测资质证书，编号为 170912341506。所委托检测项目，该公司均具备检测能力，如有方法出现变更等检测能力发生变化时，该公司应及时向我单位提供最新检测能力表。

3．监测技术规范性

×××××××环境监测中心建立执行《检测方法及方法确认程序》。自行监测遵守国家环境监测技术规范和方法，每年开展标准查新工作和编制"标准方法现行有效性核查报告"。检测项目依据的标准均为现行有效的国家标准和行业标准，不使用非标准。

4．仪器要求

监测中心建立执行《仪器设备管理程序》《量值溯源程序》《期间核查程序》等制度用于仪器、环境监控设备的配置、使用、维护、标识、档案管理等。

中心配备了满足检测工作所需的重要仪器设备有：烟尘采样仪 8 台、定电位电解法烟气分析仪（3 台）、非分散红外烟气分析仪（1 台）、常规空气采样器（16 台）、紫外/可见分光光度计 4 台、离子色谱仪 1 台、吹扫捕集-气相色谱仪（1 台）、原子吸收光谱仪（火焰、石墨炉）各 1 台、红外油分仪 3 台、pH 计 3 台，以及其他若干实验室辅助设备等，性能状况良好，都能够满足现有检测能力的要求。

所有主要仪器均单建设备档案并信息完整，均能按照量值溯源要求制定仪器设备计量检定/校准计划并实施，并在有效期内使用。中心对主要检测设备开展检定/校准结果技术确认工作，并定期实施关键参数性能期间核查，以确保仪器的技术性能处于稳定状体。

委外检测中，××××工业技术服务有限公司测量仪器有：智能烟尘平行采样仪、电子分析天平、高分辨率气质谱联用仪、气相色谱/质谱联用仪，所有仪器设备也均应经过计量检定。

5．记录要求

监测中心建立执行《记录控制程序》《检测物品管理程序》《检测数据控制与管理程序》《检测报告管理程序》。对监测记录进行全过程控制，确保所有记录客观、及时、真实、准确、清晰、完整、可溯源，为监测活动提供客观证据。

中心记录分管理和技术两大类，其中主要技术类包括原始记录、采样单、样品接收单、分析记录、仪器检定/校准、期间核查、数据审核、质量统计分析、检测报告等。

尤其对原始记录的填写、修改方式、保存、用笔规定、记录人员（采样、检测分析、复核、审核）标识做了明确规定。

自动监测设备应保存仪器校验记录。校验记录根据××××市环保局在线监测科要求，按照规范进行，记录内容需完整准确，各类原始记录内容应完整，不得随意涂改，并有相关人员签字。

手动监测记录必须提供原始采样记录，采样记录的内容须准确完整，至少 2 人共同采样和签字，规范修改；采样必须按照《固定源废气监测技术规范》（HJ/T 397—2007）和《固定污染源监测质量保证与质量控制技术规范》（HJ/T 373—2007）中的要求进行；样品交接记录内容需完整、规范。

6. 环境管理体系

公司建立了完善的环境管理体系，2007 年 1 月，通过了 ISO 14001 环境管理体系认证，每年由 BSI 对环境管理体系进行监督审核。

公司制定了《环保设施运行管理办法》《环境监测管理办法》等一系列的环保管理制度，明确了各部门环保管理职责和管理要求。多年来，公司按照体系化要求开展环保管理及环境监测工作，日常工作贯彻"体系工作日常化，日常工作体系化"的原则。

公司设立环境监测中心，全面负责污染治理设施、污染物排放监测，实验室通过 CNAS 认可。年初，公司制定、下发的环境监测计划，其中包括对废水、废气等污染源的监测要求，监测中心按照计划确定监测点位和监测时间，并组织环境监测采样、分析，对监测结果进行审核，为环保管理提供依据。

监测中心以 CNAS-CL-01-2006《检测和校准实验室能力认可准则》为依据，建立和运行实验室质量管理体系，建立了质量手册和程序文件等体系文件，规范环境监测人、机、物、料、环、法等一系列质量和技术要素的日常管理，强化了环境监测的质量管理。

根据 CNAS 质量管理体系要求，围绕人员、设施和环境条件、检测和校准方法及方法的确认、设备、测量溯源性、抽样、检测和校准物品的处置、检测和校准结果质量的保证、结果报告等技术要素编制的程序文件；制定了监测流程、质量保证管理制度，规范了环境监测从采样、分析到报告的流程，编制了质量控制计划及控制指标，通过平行测定、加标回收、标准物质验证、仪器期间核查等手段使用质控图对质量数据进行把关，确保监测过程可控、监测结果及时、准确。

采样和样品保存方法按照每个项目相应标准方法进行。

自动监控系统的运行过程中，对日常巡检、维护保养以及设备的校准和校验都作出了明确的规定，对于系统运行中出现的故障，做到了及时现场检查、处理，并按要求快速修复设备，确保了系统持续正常运行。

六、信息记录和报告

（一）信息记录

1. 监测和运维记录

手工监测和自动监测的记录均按照《排污单位自行监测技术指南 发酵类制药工业》要求执行。

（1）现场采样时，记录采样点位、采样日期、监测指标、采样方法、采样人姓名、保存方式等采样信息，并记录废水水温、流量、色嗅等感官指标。

（2）实验室分析时，记录分析日期、样品点位、监测指标、样品处理方式、分析方法、测定结果、质控措施、分析人员等。

（3）自动设备运行台账应记录自动监控设备名称、运维单位、巡检、校验日期、校验结果、标准样品浓度、有效期、运维人员等信息。

2. 生产和污染治理设施运行状况记录

（1）生产设施运行状况：记录各生产单元主要生产设施的启停机时间、累计生产时间、生产负荷、主要产品产量、原辅料及燃料使用情况、溶剂使用量等数据；按各产品生产批次记录溶剂名称、回收量、补充量，以及溶剂回收设备能源、耗材使用量。

（2）污染治理设施运行状况：记录污水处理量、回水用量、回用率、污水排放量、污泥产生量（记录含水率）、污水处理使用的药剂名称及用量、鼓风机电量、污水处理设施运行、故障及维护情况等；记录废气处理使用的吸附剂、过滤材料等耗材的名称及用量、废气处理设施运行参数、故障及维护情况。

3．固体废物信息记录

按照一般工业固体废物和危险废物的分类情况分别进行记录。记录一般工业固体废物记录的产生量、综合利用量、处置量和贮存量；记录危险废物的产生量、综合利用量、处置量、贮存量及其具体去向。

所有记录均保存完整，以备检查。台账保存期限三年以上。

（二）信息报告

每年年底编写第二年的自行监测方案。自行监测方案包含以下内容：

1．监测方案的调整变化情况及变更原因；

2．企业及各主要生产设施（至少涵盖废气主要污染源相关生产设施）全年运行天数，各监测点、各监测指标全年监测次数、超标情况、浓度分布情况；

3．自行监测开展的其他情况说明；

4．实现达标排放所采取的主要措施。

（三）应急报告

1．当监测结果超标时，我公司对超标的项目增加监测频次，并检查超标原因。

2．若短期内无法实现稳定达标排放的，公司应向环境保护局提交事故分析报告，说明事故发生的原因，采取减轻或防止污染的措施，以及今后的预防及改进措施。

七、自行监测信息公布

（一）公布方式

自动监测和手动监测分别在××××省重点监控企业自行监测信息发布平台（网址：http：//218.94.78.61：8080）、百度云盘、公司 15 号门大屏公布。

（二）公布内容

1. 基础信息，包括单位名称、组织机构代码、法定代表人、生产地址、联系方式，以及生产经营和管理服务的主要内容、产品及规模；

2. 排污信息，包括主要污染物及特征污染物的名称、排放方式、排放口数量和分布情况、排放浓度和总量、超标情况，以及执行的污染物排放标准、核定的排放总量；

3. 防治污染设施的建设和运行情况；

4. 建设项目环境影响评价及其他环境保护行政许可情况；

5. 公司自行监测方案；

6. 未开展自行监测的原因；

7. 自行监测年度报告；

8. 突发环境事件应急预案。

（三）公布时限

1. 企业基础信息随监测数据一并公布，基础信息、自行监测方案一经审核备案，一年内不得更改；

2. 手动监测数据根据监测频次按时公布；

3. 自动监测数据实时公布，废气自动监测设备产生的数据为时均值；

4. 每年1月底前公布上年度自行监测年度报告。

参考文献

[1] EPA Office of Wastewater Management-Water Permitting. Water permitting 101[EB/OL]. [2015-06-10]. http：//www. epa. gov/npdes/pubs/101pape. pdf.

[2] Office of Enforcement and Compliance Assurance. NPDES compliance inspection manual[R]. Washington D. C. ：U. S. Environmental Protection Agency，2004.

[3] U. S. EPA. Interim guidance for performance-based reductions of NPDES permit monitoring frequencies[EB/OL]. [2015-07-05]. http：//www. epa. gov/npdes/pubs/perf-red. pdf.

[4] U. S. EPA. U. S. EPA NPDES permit writers' manual[S]. Washington D. C. ：U. S. EPA，2010.

[5] UK. EPA. Monitoring discharges to water and sewer：M18 guidance note[EB/OL]. [2017-06-05]. https：//www.gov.uk/government/publications/m18-monitoring-of-discharges-to-water-and-sewer

[6] 常杪，冯雁，郭培坤，等. 环境大数据概念、特征及在环境管理中的应用[J]. 中国环境管理，2015，7（6）：26-30.

[7] 冯晓飞，卢瑛莹，陈佳. 政府的污染源环境监督制度设计[J]. 环境与可持续发展，2017，42（4）：33-35.

[8] 环境保护部. 关于印发《国家监控企业污染源自动监测数据有效性审核办法》和《国家重点监控企业污染源自动监测设备监督考核规程》的通知[EB/OL]. ［2018-02-12］. http://www. zhb.gov.cn/gkml/hbb/bwj/200910/t20091022_174629.htm.

[9] 环境保护部大气污染防治欧洲考察团，刘炳江，吴险峰，王淑兰，等. 借鉴欧洲经验加快我国大气污染防治工作步伐——环境保护部大气污染防治欧洲考察报告之一[J]. 环境与可持续发展，2013（5）：5-7.

[10] 姜文锦，秦昌波，王倩，等. 精细化管理为什么要总量质量联动？——环境质量管理的国际经验借鉴[J]. 环境经济，2015（3）：16-17.

[11] 罗毅. 环境监测能力建设与仪器支撑[J]. 中国环境监测，2012，28（2）：1-4.

[12] 罗毅. 推进企业自行监测 加强监测信息公开[J]. 环境保护，2013，41（17）：13-15.

[13] 钱文涛. 中国大气固定源排污许可证制度设计研究[D]. 北京：中国人民大学，2014.

[14] 曲格平. 中国环境保护四十年回顾及思考（回顾篇）[J]. 环境保护，2013（10）：10-17.

[15] 宋国君，赵英煦. 美国空气固定源排污许可证中关于监测的规定及启示[J]. 中国环境监测，2015，31（6）：15-21.

[16] 孙强，王越，于爱敏，等. 国控企业开展环境自行监测存在的问题与建议[J]. 环境与发展，2016，28（5）：68-71.

[17] 谭斌，王丛霞. 多元共治的环境治理体系探析[J]. 宁夏社会科学，2017（6）：101-103.

[18] 唐桂刚，景立新，万婷婷，等. 堰槽式明渠废水流量监测数据有效性判别技术研究[J]. 中国环境监测，2013，29（6）：175-178.

[19] 王军霞，陈敏敏，穆合塔尔·古丽娜孜，等. 美国废水污染源自行监测制度及对我国的借鉴[J]. 环境监测管理与技术，2016，28（2）：1-5.

[20] 王军霞，陈敏敏，唐桂刚，等. 我国污染源监测制度改革探讨[J]. 环境保护，2014，42（21）：24-27.

[21] 王军霞，陈敏敏，唐桂刚，等. 污染源，监测与监管如何衔接？——国际排污许可证制度及污染源监测管理八大经验[J]. 环境经济，2015（Z7）：24.

[22] 王军霞，唐桂刚，景立新，等. 水污染源五级监测管理体制机制研究[J]. 生态经济，2014，30（1）：162-164，167.

[23] 王军霞，唐桂刚. 解决自行监测"测""查""用"三大核心问题[J]. 环境经济，2017，（8）：32-33.

[24] 薛澜，张慧勇. 第四次工业革命对环境治理体系建设的影响与挑战[J]. 中国人口·资源与环境，2017，27（9）：1-5.

[25] 张紧跟，庄文嘉. 从行政性治理到多元共治：当代中国环境治理的转型思考[J]. 中共宁波市委党校学报，2008，30（6）：93-99.

[26] 张静，王华. 火电厂自行监测现状及建议[J]. 环境监控与预警，2017，9（4）：59-61.

[27] 张伟，袁张燊，赵东宇. 石家庄市企业自行监测能力现状调查及对策建议[J]. 价值工程，2017，36（28）：36-37.

[28] 张秀荣. 企业的环境责任研究[D]. 北京：中国地质大学，2006：21-26.

[29] 赵吉睿，刘佳泓，张莹，等. 污染源 COD 水质自动监测仪干扰因素研究[J]. 环境科学与技术，2016，39（S1）：299-301，314.

[30] 左航，杨勇，贺鹏，等. 颗粒物对污染源 COD 水质在线监测仪比对监测的影响[J]. 中国环境监测，2014，30（5）：141-144.

[31] 李淑芬，白鹏. 制药分离工程[M]. 北京：化学工业出版社，2009：4.

[32] 张雪蓉. 药物分离与纯化技术[M]. 北京：化学工业出版社，2010：4.

[33] 中国药学大辞典编委会. 中国药学大辞典[M]. 北京：人民卫生出版社，2010：253

[34] 闻欣，张迪生，王军霞. 化学药品原料药制造业自行监测技术指南设计研究[J]. 环境监测管理与技术，2018，30（1）：4-7.

[35] 闻欣，张迪生，王军霞，等. 化学合成类制药工业污染排放自行监测方案设计要点[J]. 环境监测管理与技术，2018，30（5）：4-7.

[36] 王效山，夏伦祝. 制药工业三废处理技术[M]. 北京：化学工业出版社，2010：11.

[37] 王军霞，唐桂刚，赵春丽. 企业污染物排放自行监测方案设计研究——以造纸行业为例[J]. 环境保护，2016，44（23）：45-48.

[38] 张静，王华. 火电厂自行监测关键问题研究[J]. 环境监测管理与技术，2017，29（3）：5-7.

[39] 王娟，余勇，张洋，等. 精细化工固定源废气采样时机的选择探讨[J]. 环境监测管理与技术，2017，29（6）：58-60.

[40] 尹卫萍. 浅谈加强环境现场监测规范化建设[J]. 环境监测管理与技术，2013，25（2）：1-3.

[41] 环境保护部环境工程评估中心. 化工石化及医药类环境影响评价[M]. 北京：中国环境科学出版社，2012：486-487.

[42] 成钢. 重点工业行业建设项目环境监理技术指南[M]. 北京：化学工业出版社，2016：

442-443.

[43] 杨驰宇，滕洪辉，于凯，等. 浅论企业自行监测方案中执行排放标准的审核[J]. 环境监测管理与技术，2017，29（4）：5-8.

[44] 王亘，耿静，冯本利，等. 天津市恶臭投诉现状与对策建议[J]. 环境科学与管理，2008，33（9）：49-52.

[45] 邬坚平，钱华. 上海市恶臭污染投诉的调查分析[J]. 海市环境科学，2003（增刊）：85-189.

[46] 吴敦虎，李鹏，王曙光，等. 混凝法处理制药废水的研究[J]. 大连铁道学院学报，1999，20（3）：92-93.

[47] 赵庆良，蔡萌萌，刘志刚，等. 气浮—活性污泥工艺处理制药废水[J]. 中国给水排水，2006，22（1）：77-79.

[48] 黄丁毅. 制药企业执行环保新标准的对策[J]. 食品药品监管，2008，24（17）：4-5.

[49] 张旭东. 工业有机废气污染治理技术及其进展探讨[J]. 环境研究与监测，2005，18（1）：24-26.

[50] 王宝庆，马广大，陈剑宁. 挥发性有机废气净化技术研究进展[J]. 环境污染治理技术与设备，2003，4（5）：47-51.

[51] 陈平，陈俊. 挥发性有机化合物的污染控制[J]. 石油化工环境保护，2006，29（3）：20-23.

[52] 吕唤春，潘洪明，陈英旭. 低浓度挥发性有机废气的处理进展[J]. 化工环保，2001，21（6）：324-327.

[53] 李雪玉. 制药工业污染物排放标准体系与案例研究[D]. 北京：中国环境科学研究院，2006.

[54] 提取类制药企业环境监察技术指南[EB/OL]. www.docin.com，2012-06-17.

[55] 发酵类制药企业环境监察技术指南[EB/OL]. www.docin.com，2012-05-03.

[56] 化学合成类制药企业环境监察技术指南[EB/OL]. www.docin.com，2012-05-14.